*Auf der Suche
nach dem
Unendlichen*

Springer

Berlin
Heidelberg
New York
Barcelona
Hongkong
London
Mailand
Paris
Singapur
Tokio

Gordon Fraser
Egil Lillestøl
Inge Sellevåg

Auf der Suche nach dem Unendlichen

Mit einer Einleitung von
Stephen Hawking

Übersetzt von C. Ascheron und J. Urbahn
mit 175 Abbildungen, davon 122 in Farbe

Springer

Dr. Gordon Fraser
Professor Egil Lillestøl
CERN
CH-1211 Geneva, Switzerland

Dr. Inge Sellevåg
Hallskaret 41
N-5095 Ulset, Norway

Zuerst erschienen in Großbritannien 1994 unter dem Titel
The Search for Infinity: Solving the Mysteries of the Universe
von Mitchell Beazley, ein Abdruck von Octopus Publishing Ltd.
2–4 Heron Quays, London E14 4JP, UK
© 1994 Octopus Publishing Group Ltd.
Revised edition 1998
Alle Rechte vorbehalten

ISBN 3-540-64660-4 Springer-Verlag Berlin Heidelberg New York

Die Deutsche Bibliothek – CIP-Einheitsaufnahme
Fraser, Gordon: Auf der Suche nach dem Unendlichen/Gordon Fraser, Egil Lillestøl und Inge Sellevåg.
Aus dem Engl. übers. von C. Ascheron und J. Urbahn. Mit einer Einleitung von Stephen Hawking. –
Berlin; Heidelberg; New York; Barcelona; Hongkong; London; Mailand; Paris; Singapur; Tokio:
Springer, 1999. Einheitssacht.: The search for infinity ‹dt.› ISBN 3-540-64660-4

Umschlagbild: Künstlerische Darstellung des Raumschiffes Ulysses, das von der European Space Agency (ESA) gebaut und im Oktober 1990 durch die US-Raumfähre Discovery ausgesetzt wurde. Von diesem Beobachtungspunkt kann Ulysses kosmische Strahlen detektieren, die sich in das Solarsystem hinein- und in die Galaxis hinausbewegen.

Buchrückseite: Portraits (von oben nach unten): Newton (National Portrait Gallery, London), Hawking (Sygma/ Abe Frajndlich), Einstein (Culver Pictures) und Feynman (Associated Press)

Herstellung: Claus-Dieter Bachem, Heidelberg
Satz: Schreiber VIS, Seeheim
Einbandgestaltung: Erich Kirchner, Heidelberg
SPIN: 10678758   55/3144-5 4 3 2 1 0 – Gedruckt auf säurefreiem Papier

Inhalt

Einleitung von Stephen Hawking. 9

Teil Eins – Blick nach Innen 10

Die Entdeckung der Materie

Große und kleine Welt
Die Zehnerpotenzen......................... 12

Die griechische Revolution
Die griechische Philosophie und das Atom ... 14

Atome mit Gott auf ihrer Seite
Der Beginn der modernen Wissenschaften... 16

Teilchen oder Wellen?
Zwei rivalisierende Theorien des Lichts....... 18

Verwirrung in der Chemie
Periodizität der chemischen Elemente 20

Wellen über den Äther
Die Theorie des Elektromagnetismus 22

Die Geburt der Teilchenphysik

Alles enthüllende Strahlung
Die Entdeckung der Röntgenstrahlen 24

Ein neues Fenster wird geöffnet
Die Curies und die Radioaktivität 26

Das erste subatomare Teilchen
Die Entdeckung des Elektrons................ 28

Ist Licht schizophren?
Die Quantenrevolution 30

Das kernige Atom
Die Entdeckung des Atomkerns.............. 32

Quantensprung
Bohrs Atommodell 34

Eine krause Welt der Unsicherheit
Das Bild der Quantenmechanik 36

Das Atom zertrümmern
Den Kern enthüllen.......................... 38

Versteckte Kräfte im Kern
Protonen, Neutronen
und die Bindungsenergie 40

Die Welt der Quarks

Etwas in der Luft
Kosmische Strahlen 42

Ein Spiegelbild unserer Welt
Antimaterie und Positronen 44

Viel Lärm um fast Nichts
Das geisterhafte Neutrino 46

Nuklearer Klebstoff
Starke und schwache Kernkräfte.............. 48

Das Karussell der Physiker
Die Beschleunigerrevolution................. 50

Das Myon tritt auf
Ein Überfluß an Teilchen..................... 52

Eine seltsame Familie von Greisen
Teilchen mit Seltsamkeit 54

Die ersten großen Maschinen
Synchrotrons und der kalte Krieg 56

Der zweite Geist
Die Entdeckung des Myon-Neutrinos 58

Abenteuer im Quarkland
Vorschläge für eine neue Materieebene...... 60

Auf der Jagd nach dem Quark
In das Proton vorstoßen 62

Die Vereinheitlichung der Kräfte

Einsteins letzter Traum
Die Große Vereinheitlichte Theorie 64

Die Symmetrie zeigt den Weg
Die elektroschwache Vereinheitlichung...... 66

Gargamelles Geist
Der neutrale Strom......................... 68

Charmante Quarks
Die Entdeckung des Charm-Quarks.......... 70

Lebenslange Haftstrafe
Die Farbkraft zwischen Quarks 72

Ein Blick auf die Schöpfung
Träger der schwachen Kraft.................. 74

Das Standardmodell
Elementarteilchenfamilien................... 76

Teilchenphysik heute

Die Z-Fabrik
Das LEP-Synchrotron........................ 78

Den Deckel vom LEP genommen
Der Große Elektronen-Positronen-Collider ... 80

Die Kunst, das Unsichtbare zu sehen
Teilchendetektoren......................... 82

Große Vereinheitlichung
Protonenzerfall und Supersymmetrie........ 84

Unterkühlte Supercollider
Die nächste Beschleunigergeneration 86

Alles mit Strings verbunden?
Superstring-Theorien 88

Teil Zwei – Blick nach Außen 90

Das Universum verstehen

Vom Chaos zum Kosmos
Unsere Einordnung im Universum............ 92

Durch das Teleskop
Die Erde ist nicht der Nabel der Welt......... 94

Eine Galaxis unter vielen
Das expandierende Universum.............. 96

Ein Tag ohne Gestern
In der Zeit zurückzeigen..................... 98

Durchbruch der Urknallhypothese
Den Urknall akzeptieren 100

Ein sehr spezieller Knall
Die rechten Anfangsbedingungen finden 102

Die größte je aufgetretene Explosion
Der Urknall................................ 104

Das Universum erforschen

Der sternengesprenkelte Himmelsgrund
Die Kernphysik erklärt die Sterne 106

Von der Asche zum Nebel
Alte Sterne bilden neue Materie............. 108

Stellare Leuchttürme
Neutronensterne und Pulsare 110

Anbruch der Neutrino-Astronomie
Teilchen von einer Supernova 112

Kosmischer Beschleuniger
Die Quellen der kosmischen Strahlen 114

Der endgültige Kollaps
Der Eintritt in das schwarze Loch 116

Die Kraft der schwarzen Löcher
Quanteneffekte im Kosmos 118

Ein großes neues Auge am Himmel
Hubble-Raumteleskop...................... 120

Der gewaltige Himmel
Das Universum in einem anderen Licht 122

Mysteriöse Ausbrüche am Himmel
Das Rätsel der Gammastrahlen.............. 124

Das heutige Universum

Muster der Unendlichkeit
Die allergrößten Strukturen 126

Lodernde Funken
Aktive Galaxien 128

Die dunkle Seite der Materie
Das fehlende Universum..................... 130

Machos und braune Zwerge
Die ersten Anzeichen dunkler Materie? 132

Die Kosmologie geht in den Weltraum
Der COBE-Satellit.......................... 134

Keime des Universums
Wispern vom Anfang der Zeit 136

Wie alt ist das Universum?
Messen, wie sich der Raum ausdehnt........ 138

Das ultimative Quizspiel
Physik und Metaphysik 140

Sachverzeichnis 142

Picture Acknowledgements 144

Die Idee zu diesem Buch entstammt einer Artikelserie von Inge Sellevåg in Zusammenarbeit mit Professor Egil Lillestøl, die in der norwegischen Zeitung *Bergens Tidende* erschienen ist und zu der Broschüre *Atomer og kvarker* (Atome und Quarks) verarbeitet wurde. Das Material wurde in Zusammenarbeit mit Gordon Fraser am CERN, dem Europäischen Forschungszentrum für Teilchenphysik in Genf, weiterentwickelt.

Wir danken dem Norwegischen Forschungsrat, *Bergens Tidende* und dem CERN für ihre fortwährende Unterstützung und Hilfe sowie Robin Rees und seinem enthusiastischen Team bei Mitchell Beazley, die unsere Ansammlung von Texten zu diesem attraktiven Buch verarbeitet haben.

Einleitung

Die Menschheit wollte schon immer hinter den Horizont blicken, um zu sehen, was es dort draußen gibt. In frühen Zeiten dachten die Menschen, der Himmel wäre ein großes Gewölbe oder eine Puddingschüssel, über die einmal täglich Sonnen- und Mondgott ihre Wagen lenkten. Jenseits des Himmels lag das Reich der Götter; der für Menschen sichtbare Bereich war jedoch begrenzt und endlich. Die verbesserten astronomischen Beobachtungsmethoden, die durch Galileo und andere im 16. und 17. Jahrhundert eingeführt wurden, verschoben die Grenze unseres Wissens zunächst an den Rand des Sonnensystems, dann zu den benachbarten Sternen und schließlich bis ans Ende des sichtbaren Universums. Dort stoßen wir in der Tat an eine Grenze. Obwohl das Universum möglicherweise räumlich unendlich ausgedehnt ist, ist es eindeutig zeitlich begrenzt, zumindest in der Vergangenheit, in der es vor ungefähr 15 Milliarden Jahren mit dem Urknall entstand. Das bedeutet, daß wir keine Objekte weiter als 15 Milliarden Lichtjahre entfernt sehen können, da das Licht sonst keine Zeit gehabt hätte, hierher zu gelangen. Darum ist unser Horizont nicht ganz unendlich, sondern nur 100 Trillionen Kilometer entfernt, was fast unendlich ist.

Während wir immer weiter und weiter ins All vorstießen, untersuchten wir gleichzeitig Materie in immer kleineren Maßstäben. Die Erfindung des Mikroskops erlaubte uns, Objekte wie z. B. Zellen und Bakterien, die ein tausendstel Millimeter oder sogar kleiner sind, zu sehen. Will man aber noch kleinere Objekte untersuchen, stößt man auf das Problem, daß Licht aus Wellen besteht, deren Wellenlänge, d. h. die Distanz von Kamm zu Kamm, zwischen 4 und 8 Hunderttausendstel eines Zentimeters beträgt. Das bedeutet, daß man kleinere Strukturen nicht direkt sehen kann. Genauere Untersuchungen sind erst mit Hilfe von kurzen Wellenlängen möglich. Aufgrund eines Gesetzes des deutschen Physikers Max Planck bedeutet dies höhere Energie. Aus diesem Grund wurden gigantische Maschinen gebaut, um Teilchen auf enorme Energien zu beschleunigen. Durch Kollidieren dieser Teilchen mit *Fixed Targets* (feststehenden Zielen) oder mit ähnlichen, aus entgegengesetzter Richtung kommenden Teilchen konnten wir Materie bis zu einem Maßstab von einem Billiardstel eines Zentimeters untersu-

chen. Man könnte denken, indem man weiter noch leistungsfähigere Beschleuniger baut, könnte man immer neue Strukturebenen in kleineren und kleineren Dimensionen entdecken. Doch es scheint eine Grenze zu geben, die wir nicht überschreiten können. Ein Teilchen mit einer kürzeren Wellenlänge als der sogenannten Plancklänge, ein Quintillionstel-Zentimeters, würde eine so hohe Energie besitzen, daß es ein schwarzes Loch bilden und in sich zusammenfallen würde. Die benötigte Teilchenenergie, um die Plancklänge zu erreichen, ist etwa eine Trillion mal größer als die in den heute leistungsfähigsten Beschleunigern verfügbaren Energien. Also werden wir sie bei der derzeitigen Finanzlage in nächster Zukunft wohl nicht erlangen. Doch die Tatsache, daß es eine begrenzende Wellenlänge gibt, selbst wenn diese sehr klein ist, ist sehr wichtig. Das bedeutet, daß der zu untersuchende Größenbereich nicht unendlich ist. Vielmehr ist er nach unten durch die Plancklänge und nach oben durch die Größe des beobachtbaren Universums begrenzt. Der Radius des Universums ist etwa 1 mit 60 Nullen dahinter mal größer als die Plancklänge. Gewöhnliche menschliche Maßstäbe wie Zentimeter oder Meter befinden sich etwa in der Mitte dieses enormen Bereiches zwischen den beiden Grenzen. Man kann sagen, daß wir etwa soviele Male größer als die Plancklänge sind, wie das Universum größer ist als wir.

Auf jeder Seite von uns hat das Universum Strukturen, die etwa 10^{30} mal größer oder kleiner sind als wir. Da dieser Bereich nicht unendlich ist, gibt es Hoffnung, daß wir eines Tages vielleicht die Strukturen des Universums vollständig verstehen werden, vom Kleinsten bis zum Größten, das wir bereits kennen. Dieses Buch beschreibt den bemerkenswerten Fortschritt, den wir bereits auf dem Weg dorthin gemacht haben. Streng genommen sollte der Titel vielleicht *Die Suche nach dem fast Unendlichen* lauten. Das einzige, was unbegrenzt erscheint, ist die Kraft des Verstandes.

Stephen Hawking
Cambridge, 3. Februar 1994

TEIL EINS
Blick nach Innen

Die Physik des 20. Jahrhunderts hat sich auf zwei große Entdeckungsreisen gewagt. Eine der Reisen hat mit Teleskopen zum Rand des Universums geblickt; die andere stieß in den Mikrokosmos vor, die winzige Welt der Atome und subatomaren Teilchen.

Wir können in den Weltraum sehen und spüren, daß sich dort ein riesiger Kosmos erstreckt, bis weit hinter die mattesten Sterne. Es ist schwerer zu erfassen, daß eine Mikrowelt vergleichbarer Tiefe und Komplexität existiert. Die kleinsten mit dem Auge sichtbaren Distanzen – z. B. der Durchmesser eines Haares – sind kleiner als ein Millimeter. Darunter wird alles unscharf.

Das Auge nimmt Licht auf und wandelt es in Reize um, die das Gehirn als Bilder interpretiert. Aber selbst das schärfste Auge kann keine Objekte unterscheiden, die kleiner als die Distanz zwischen den sensitiven Zellen auf der Netzhaut sind. Solche Objekte kann man nur mit einem Vergrößerungsglas oder einem Mikroskop sehen.

Das erste Mikroskop wurde von Anton van Leeuwenhoek entwickelt, dessen Hobby das Herstellen von Linsen war. Er baute ein einfaches Instrument, das 200fach vergrößern konnte. Beim Untersuchen eines Regentropfens entdeckte er 1683 die ersten Mikroorganismen, die er animalcules oder „kleine Tiere" nannte. Bald darauf hatte er einen ganzen „Zoo" winziger Organismen entdeckt. Die wissenschaftliche Welt betrachtete seine Behauptungen skeptisch, obwohl sie sorgfältig dokumentiert waren. Damals wurde die Milbe als Gottes kleinstes Geschöpf angesehen. Aus Leeuwenhoeks Zeichnungen wurde später geschlossen, daß er wohl als erster Bakterien, die kleinsten abgeschlossenen Organismen, gesehen hat.

Große und kleine Welt

Die Zehnerpotenzen

Bakterien, typischerweise 1 Mikrometer (ein Tausendstel eines Millimeters) groß, sind die kleinsten mit einem optischen Mikroskop sichtbaren Objekte. Ein Mikrometer (auch kurz Mikron genannt) ist ein Millionstel eines Meters oder 0,000 001 m.

Es gibt einen Weg, die vielen Nullen bei sehr großen oder kleinen Zahlen zu vermeiden. Ein Mikrometer ist ein Meter 6mal nacheinander durch 10 geteilt und kann als 10^{-6} „zehn hoch minus sechs" geschrieben werden. Dieselbe Technik wird zum Schreiben großer Zahlen benutzt, nur diesmal ist die „Potenz" eine positive Zahl. Die Zahl 100 Millionen (100 000 000) ist eine 1 8mal multipliziert mit 10 und kann so als 10^8 („zehn hoch acht") geschrieben werden. Aus beiden Beispielen wird ersichtlich, daß die Zehnerpotenz sagt, wieviele Nullen die Zahl enthält. So ist z. B. 10^{32} eine 1 gefolgt von 32 Nullen.

Kleine Welt: Mikrokosmos

Sind Objekte kleiner als Bakterien, also kleiner als die Wellenlänge des sichtbaren Lichts, so bleiben Lichtwellen von ihnen unbeeinflußt. Licht ist allerdings nicht die einzige Alternative. Teilchen können sich wie Wellen verhalten – z. B. haben Elektronen Wellenlängen tausende Male kürzer als die des Lichts.

Das erste Elektronenmikroskop wurde 1931 entwickelt und erschloß die Welt der Viren (10^{-7} m). Heutige Elektronenmikroskope können die Strukturen von Molekülen sichtbar machen (10^{-9} m) und die Oberfläche eines einzelnen Atoms untersuchen.

Zunächst scheint es paradox, daß etwas so kleines wie ein Atom ein so umfangreiches Inneres hat. Tief im Atom befindet sich ein winziger dichter Kern (10^{-14} m Durchmesser), umgeben von einer Elektronenwolke, die etwa 10 000mal größer als der Kern ist, aber nur ein

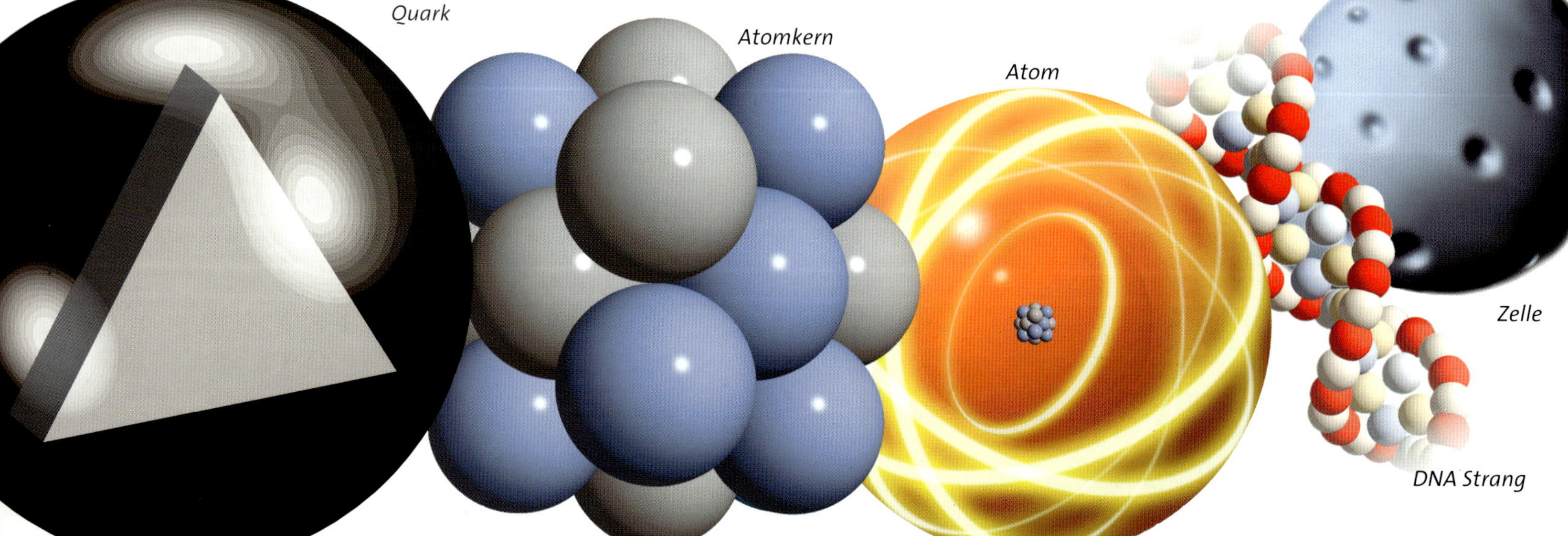

Zweitausenstel des Gewichts des Atoms besitzt. Hier beginnt der wahre Mikrokosmos (griechisches Wort für „kleine Welt").

Vor 60 Jahren wußten Physiker, daß der Atomkern aus Protonen und Neutronen besteht, und glaubten, dies sei der abschließende Mikrokosmos. Aber Untersuchungen kosmischer Strahlen aus dem Weltall und Experimente mit leistungsstärkeren Beschleunigern deckten noch tiefer gelegene Materiestrukturen auf. Protonen und Neutronen sind aus kleineren Teilchen, sogenannten Quarks, zusammengesetzt. Diese, zusammen mit den Elektronen, sind die Bausteine der modernen Physik.

Quarks und Elektronen sind kleiner als 10^{-18} m. Dennoch könnte sich die Mikrowelt noch weit über diese Größe hinaus erstrecken. Neue Ideen besagen, daß diese Teilchen keine Punkte, sondern kleine Bänder von bis 10^{-35} m Länge sind. Diese winzigen Distanzen sind vergleichbar mit der Größe des Universums im ersten Sekundenbruch-

◄ **Die Ebenen der Materie:** *Die natürliche Welt umfaßt eine unglaublich große Bandbreite von Dimensionen, von den winzigen Bausteinen, die tief in den Protonen und Neutronen von Atomkernen verborgen sind, zu den fadenartigen Bändern, in denen Galaxien zusammenhängen. Die begrenzte Welt unserer menschlichen Wahrnehmung liegt ungefähr auf der Mitte dieser beiden kosmischen Extreme.*

teil, nachdem es im Urknall geboren wurde – die Struktur des Mikrokosmos führt zum absoluten Anfang zurück und hilft, die Geheimnisse des großen Kosmos zu enthüllen.

Große Welt: Makrokosmos

Der Himmel über uns ist ein unermeßlicher Bildteppich kleiner blinkender Punkte – der Sterne. An einem klaren Nachthimmel sind etwa 3 000 mit bloßem Auge sichtbar, alle nach kosmischen Maßstäben recht nahe, nur der allernächste Bereich des Universums. Wir leben auf einem kleinen Planeten, der einen Stern durchschnittlicher Größe, die Sonne, umkreist, im Außenbezirk eines gigantischen spiralenförmigen Sternensystems – der Milchstraße. Diese Galaxie enthält 1 Billion Sterne, so viele Sterne wie man Sandkörner brauchen würde, um einen großen Raum zu füllen. Im übrigen Universum gibt es noch mindestens 100 Milliarden anderer Galaxien.

Die Distanzen im Weltraum sind so riesig, daß gewöhnliche Längenmaße keinen Sinn mehr machen. Statt dessen wird Licht als Längenmaß verwendet. Die Strecke, die Licht während eines Jahres im leeren Raum zurücklegt, wird ein Lichtjahr genannt und entspricht fast 10 Billionen Kilometern. Licht braucht etwa vier Jahre, um von Alpha Centauri, dem uns nächsten Stern außerhalb des Sonnensystems, zu uns zu gelangen; die bekannten Plejaden (sieben Schwestern) sind ungefähr 400 Lichtjahre von der Erde entfernt; und die Distanz zu unserer Nachbar-

galaxie Andromeda, dem am weitesten entfernten mit dem blossen Auge sichtbaren Objekt, beträgt etwa 2 Millionen Lichtjahre.

Weil das Licht eine so lange Zeit braucht, um uns zu erreichen, bedeutet das Hinausblicken ins Weltall auch gleichzeitig ein Zurückblicken in der Zeit. Das Sternenlicht, das wir heute sehen, wurde vor langer Zeit ausgesendet. Mit leistungsfähigen Teleskopen können Astronomen bis an den Rand des beobachtbaren Universums sehen, wo sie einige extrem helle Quasi-Sterne, die „Quasare" genannt werden, entdeckt haben, jeder hunderte Male stärker leuchtend als gewöhnliche Galaxien und mehr als 10 Milliarden Lichtjahre entfernt. Das bringt uns fast zu dem Zeitpunkt zurück, an dem das Universum geboren wurde.

Die beiden langen Reisen, die eine überquert immer größere Distanzen im Weltraum und führt so zeitlich zurück, die andere vertieft sich in die Mikrowelt und untersucht die Mikromechanismen, die das frühe Universum bestimmt haben, treffen schließlich aufeinander.

Vor etwa 2 500 Jahren stellten frühe griechische Philosophen die Mythologie und ihre Erklärungen der Welt in Frage, indem sie eine logische Antwort auf die Frage „Woraus ist die Welt gemacht?" forderten. Diese Revolution des menschlichen Denkens führte zur Geburt der Naturwissenschaften.

Es wird häufig angenommen, daß die griechische Philosophie von Thales ausgegangen ist, der in der Stadt Milet in Kleinasien ca. 600 v. Chr. lebte. Er versuchte, die Struktur der Welt um ihn herum durch ein fundamentales Prinzip zu erklären, das alle Substanzen aus einer „Primärmaterie" zusammengesetzt annahm. Die Wichtigkeit von Wasser in der Natur im Blick habend, schloß er, daß alles letztlich aus Wasser gemacht ist.

Die Idee war nicht vollständig neu. Einige der alten Schöpfungsgeschichten betrachteten Wasser als die urzeitliche Materie. Die Idee von Thales war allerdings radikal anders. Anstatt Götter oder übernatürliche Erklärungen zu erfinden, war er auf die Natur selbst neugierig und versuchte eine erste logische Erklärung.

Das goldene Verhältnis

Thales Wassertheorie war kontrovers. Bald danach behauptete Anaximander, die Welt bestehe aus einer abstrakten Materie, die er „to apeiron" (das Unbestimmte) nannte. Anaximenes, sein Schüler, war der Meinung, alles würde aus Luft bestehen.

Eine Generation später entdeckte Pythagoras, berühmt durch seine Regel der rechtwinkligen Dreiecke, die musikalischen Intervalle, die auf einfachen numerischen Beziehungen beruhen. Auf dieser Basis entwickelte er die Theorie, daß alles aus Zahlen besteht. Zahlen sind die fundamentalen Bausteine des Universums, sagte er, und betrachtete die Zehn als die perfekte Zahl. Durch Zeichnen eines Pentagramms – einem Pentagon mit allen seinen Diagonalen – entdeckte er das „Goldene Verhältnis", eine Proportion, die er für das Auge am angenehmsten hielt. Pythagoras war einer der ersten, die sich der Bedeutung der Mathematik für die Naturwissenschaft bewußt waren.

Die griechische Revolution

Die griechische Philosophie und das Atom

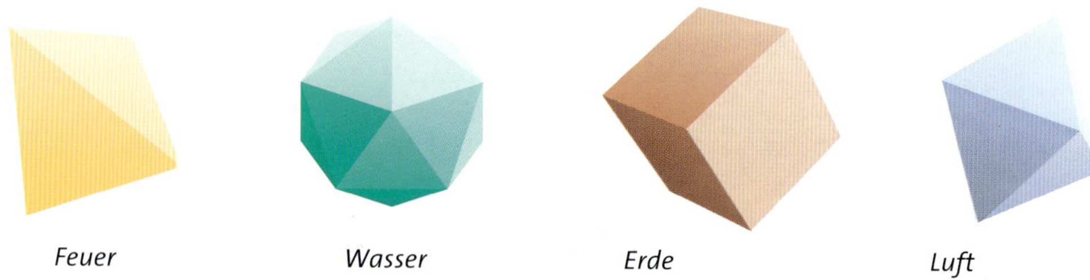

Demokrit – ein heiterer Denker

Im 4. Jahrhundert v. Chr. schrieb Aristoteles über Demokrit: „Er scheint über alles nachgedacht zu haben." Neben seinen Ideen über Atome leistete Demokrit Beiträge auf vielen anderen Wissensgebieten: Psychologie und menschliches Verhalten, Agrikultur, Dichtung, Geometrie, Diät, Kriegsführung und Betonungslehre. Von den 200 Büchern, die er geschrieben haben soll, sind leider nur wenige verstreute Sätze erhalten.

Er war ein heiterer Mann, bekannt als „der lachende Philosoph", und wurde 90 Jahre alt, einige sagen sogar 110. Als Bürger von Abdera in Thrace erbte er ein großes Vermögen und gab es für Reisen aus. Eine Geschichte erzählt, er verstarb verarmt, eine andere, daß er als verrückt angesehen wurde. Der berühmte Hippokrates wurde ausgesandt, ihn zu heilen, kehrte jedoch zurück mit der Nachricht, er hätte nie einen Gesünderen getroffen!

Der Dunkle

Heraklit, 40 Jahre jünger als Pythagoras und bekannt als „der Dunkle", weil er in obskuren Rätseln sprach und bewußt seine Idee schwer zu verstehen machte, sagte, daß die Welt aus Feuer gemacht sei. Werner Heisenberg, eine der führenden Figuren der Physik des 20. Jahrhunderts, schrieb in seinem Buch *Physik und Philosophie*: „Wenn wir das Wort ‚Feuer' durch ‚Energie' ersetzen, können wir Heraklits Thesen Wort für Wort übernehmen ... Energie ist die Substanz, aus der alle Dinge geschaffen sind, und Energie ist das, was sich bewegt."

Heraklit war hauptsächlich mit dem Problem von Bewegung und Veränderung beschäftigt. Die Welt ist in ständigem Wechsel, sagte er, und beschrieb sie als ein immerwährendes Feuer. Parmenides, ein Zeitgenosse Heraklits, behauptete im Gegenteil, daß sich nichts verändert. Veränderung sei logisch unmöglich, argumentierte er, da sie einen Zustand des Nichts beinhalte. Veränderung sei bloß eine Illusion.

Er führte die Griechen auf einen neuen Weg des abstrakten Denkens, ohne Bezug zur umgebenden Welt, und stellte ein so starkes Argument für seine anscheinend absurde Behauptung auf, daß er eine Krise in der griechischen Philosophie heraufbeschwor. Bevor weiterer Fortschritt erzielt werden konnte, mußte eine Lösung für das Problem der Veränderung gefunden werden.

Atome und ein Nichts

Während des 5. Jahrhunderts v. Chr. wurden verschiedene Lösungen vorgeschlagen. Die erste stammte von Empedokles. Er meinte, die Welt bestehe aus vier Grundsubstanzen, die er zuerst „Wurzeln" und später „Elemente" nannte: Erde, Feuer, Luft und Wasser. Diese kombinierten sich, um neue Substanzen zu erzeugen und ergaben so Veränderung. Empedokles war ein religiöser Mystiker und stellte sich vor, die Elemente würden durch moralische Kräfte – Liebe und Streit – verbunden und getrennt.

Die nächste Lösung stammte von Anaxagoras, der behauptete, daß alle Dinge aus einer unsichtbaren Saat bestehen. Etwas von jedem ist in allem, sagte er. Beide, Anaxagoras und Empedokles glaubten, daß Materie ein Kontinuum war, so daß sie im Prinzip in immer kleinere Teile unterteilt werden könnte.

Demokrit brachte die Idee der nicht kontinuierlichen Materie ein. Nach einer gewissen Anzahl von Unterteilungen, sagte er, wird eine Grenze erreicht, ab der die Teile nicht mehr weiter unterteilt werden können. Alle Substanzen sind aus unsichtbaren und unteilbaren Teilchen zusammengesetzt, die er „Atome" nannte – vom griechischen Wort für unteilbar. Diese Teilchen hätten verschiedene Formen und Gewichte und würden sich zu neuen Substanzen verbinden, indem sie sich durch ein Nichts oder eine Leere bewegen.

Die Theorie der Atome lebte im 17. Jahrhundert mit dem Beginn der modernen Wissenschaften wieder auf. Um akzeptiert zu werden, mußte diese offensichtlich atheistische Theorie zunächst so modifiziert werden, daß sie Gott enthielt. Es wurden alternative Ideen vorgeschlagen, um die vier Elemente der Griechen zu ersetzen.

Die meisten griechischen Philosophen lehnten den Atomismus ab, hauptsächlich weil er die Idee eines Nichts enthielt. Sie bevorzugten die von Plato und Aristoteles, den Giganten der griechischen Naturphilosophie, vertretene Theorie der vier Elemente. Aristoteles führte auch ein fünftes Element ein, das für die Reinheit – „die Quintessenz" – stand, aus dem himmlische Körper geschaffen waren.

Atome mit Gott auf ihrer Seite

Der Beginn der modernen Wissenschaften

Aufgrund seiner Autorität und seines Ansehens setzte sich das Bild der Elemente durch und herrschte 2 000 Jahre lang vor, während das Atombild fast vergessen wurde.

Die Atomtheorie von Demokrit wurde gegen Ende des 4. Jahrhunderts v. Chr. von Epikur kurzzeitig wiederbelebt. Er arbeitete Atomismus in eine materialistische Philosophie ein, die die Angst vor den Göttern abschaffen wollte und für Zufriedenheit und innere Ruhe warb. Später, im 1. Jahrhundert v. Chr. machte der römische Philosoph Lukrez den Atomismus in seinem Buch *De Rerum Natura* (Über die Natur der Dinge) populär. Durch dieses Buch wurde im 17. Jahrhundert die Idee unsichtbarer „Bausteine" wiederentdeckt.

Pierre Gassendi – Eine Theorie der Gravitation

Pierre Gassendi „erfand" nicht nur die Atome neu, sondern entwickelte auch das erste Konzept der Gravitation. Er nahm an, daß jedes Teilchen in einem fallenden Körper an dünnen mit der Erde verbundenen Fäden herabgezogen wurde. Ein großes Objekt war schwerer, da es mehr Teilchen beinhaltete und folglich mehr Fäden hatte.

Gassendi vermutete, daß die Anziehung ins Weltall bis zu den Planeten hinausreicht, konnte aber nicht erkennen, wie sie die Himmelsbewegung erklären könnte.

Isaac Newton gab 1687 die erste gültige Beschreibung der Gravitation. Er stellte sie als eine gegenseitige Anziehung zwischen allen Körpern aufgrund ihrer Masse dar, womit er sowohl den Fall von Körpern zur Erde, als auch den Zusammenhalt des Sonnensystems erklärte. Er sprach wohlwollend von Gassendis Arbeit und könnte von ihr beeinflußt worden sein.

Ebenfalls im 17. Jahrhundert begannen die Wissenschaftler zu vermuten, daß die vier Elemente nicht die ganze Geschichte waren. Ihre Skepsis erschütterte das Weltbild des Aristoteles und gab dem Atomismus eine neue Chance. Aber die ursprüngliche Atomtheorie zeigte keine Notwendigkeit für einen Schöpfer, und keine wissenschaftliche Theorie konnte sich leisten, Gott zu übersehen.

Der Atomismus wurde von dem französischen Priester und Philosophen Pierre Gassendi wiederbelebt. Er studierte die Arbeit des Epikur und beseitigte die atheistischen Bestandteile. Gott schuf alle Materie, sagte Gassendi, aber das eigentliche Verhalten der Materie beruhe auf Atomen und ihrer Bewegung im Nichts. 1624 schrieb Gassendi ein Buch namens *Excercitationes Paradoxicae Adversus Aristotelos*, das Aristoteles angriff. In Frankreich waren jedoch antiaristotelessche Lehren verboten, und Gassendis physikalische Ideen wurden bis 1658, drei Jahre nach seinem Tod, nicht vollständig veröffentlicht.

◀ *Der Alchimist bei der Arbeit: Obwohl die Alchimie oft als bloßer Versuch, Blei in Gold zu verwandeln, angesehen wurde, war sie der erste Versuch, die Natur der Materie experimentell zu verstehen. Die Alchimisten hofften, die Vier-Elemente-Theorie von Aristoteles zu bestätigen, und entwickelten im Zuge ihrer Arbeit viele Techniken, die noch heute in der Chemie verwendet werden.*

Die verrückte Herzogin

Der Atomismus gewann in den 1740er Jahren an Boden, war aber immer noch kontrovers. Margaret Cavendish, Herzogin von Newcastle, eine exzentrische Dame, mit dem Spitznamen „verrückte Herzogin", brachte Anhänger des Atomismus in Verlegenheit und schockte seine Gegner. Sie war Dichterin, Biografin und Schauspielerin, schrieb aber auch einige viel gelesene Bücher über Naturphilosophie.

1653 veröffentlichte Lady Margaret zwei Versbände die sie „Phantasien" nannte. Hier machte sie den fast ketzerischen Vorschlag, daß Atome durch ihre Eigenbewegung die Welt geschaffen haben. „Es ist besser, ein Atheist als abergläubisch zu sein", schrieb sie.

Die Herzogin von Newcastle unterschied vier verschiedene Atomarten – quadratische, längliche, runde und spitze. Sie wandte ihre atomaren Ideen ebenfalls auf die Medizin und die Psychologie an. Krankheit, sagte sie, wurde durch „kämpfende" Atome erzeugt, während das Gedächtnis „in Flammen gesetzte Atome im Gehirn" war.

Der skeptische Chemiker

Robert Boyle, ein irischer Physiker und Chemiker, distanzierte sich von den wie er sie nannte „modernen Bewunderern des Epikur, die Gott aus dem Universum verbannen". Boyle war tief religiös und vermied die Verwendung des Wortes „Atomismus" aufgrund seines atheistischen Untertones, sondern bezeichnete ihn als „korpuskuläre Philosophie".

Boyle machte Atome akzeptabel, indem er sie in die Chemie integrierte. Materie, behauptete er, existiere als „prima materia", unteilbar und undurchdringlich, von Gott mit Bewegung ausgestattet. In seinem Buch *Der skeptische Chemiker* akzeptierte er die Idee der vier Elemente nicht. Er machte sich über die Alchimisten lustig, die sich bemühten, aus Grundmetallen Gold zu machen, um den abschließenden Beweis für die Richtigkeit der Vier-Elemente-Theorie zu erbringen.

Ein wahres Element, sagte Boyle, kann nicht in einfachere Substanzen zerlegt werden. Er stellte fest, daß Luft nicht homogen ist und außerdem ein Gewicht hat, aber in jenen Tagen war die chemische Analyse rudimentär. Es dauerte weitere 100 Jahre, bis Chemiker zeigen konnten, daß die vier Elemente tatsächlich aus Bausteinen zusammengesetzte Substanzen waren.

▼ *Die Titelseite des Skeptischen Chemikers: Das 1661 von Boyle veröffentlichte Buch legte den Grundstein für die modernen wissenschaftlichen Methoden. Es bestand darauf, daß alle Theorien ungültig sind, bis sie experimentell bestätigt sind, und wird als die erste wirklich wissenschaftliche Arbeit angesehen.*

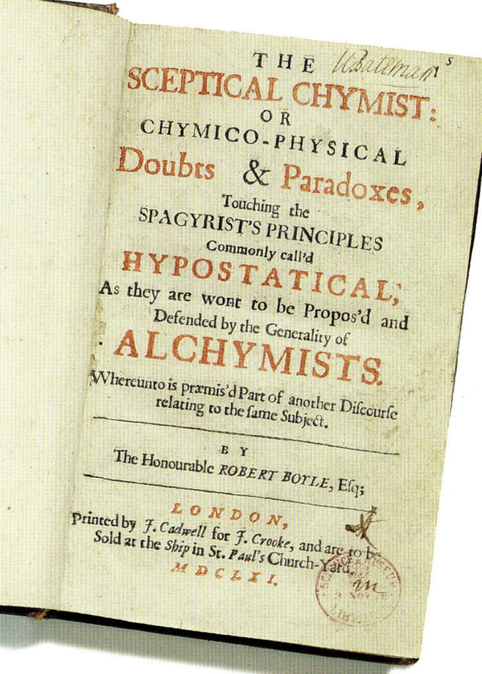

Die Natur des Lichts ist eines der ältesten Anliegen der Wissenschaft. Im 17. Jahrhundert hatten Physiker, die Pioniere für die neue wissenschaftliche Revolution waren, zwei Theorien – eine, daß Licht aus Teilchen besteht, die andere, daß Licht aus Wellen gemacht ist. Die Wellenidee bekam schnell die Oberhand.

Teilchen oder Wellen?

Zwei rivalisierende Theorien des Lichts

Die frühen griechischen Philosophen glaubten, daß Licht vom Auge abgestrahlt wird und Sicht produziert, wenn es Objekte trifft. Da Licht scharfe Schatten wirft, bewegt es sich eindeutig geradlinig. Die Griechen waren mit dem Brechen von Licht vertraut, wenn es aus der Luft in ein dichteres Medium wie Wasser oder Glas einfällt, und bemerkten, daß glatte Oberflächen Licht reflektieren. Sie experimentierten auch mit Vergrößerung, indem sie Glasgefäße mit Wasser füllten.

Später wurde entdeckt, daß das Auge Licht empfängt, und Aristoteles interpretierte Sichtbarkeit als Beleuchtung eines Raumes. Diese Sichtweise wurde verworfen, als Wissenschaftler in Bologna einen Felsen entdeckten, der schwach im Dunklen weiterleuchtete, nachdem er dem Sonnenlicht ausgesetzt war. Diese Entdeckung lies sie erstmals verstehen, daß etwas nicht durch das Auge erleuchtet werden muß, um sichtbar zu sein.

▼ *Isaac Newtons Spektrum: Ein Druck aus dem 17. Jahrhundert zeigt Newton bei der Arbeit. 1666 fing er einen Sonnenstrahl mit einem Prisma ab, das das Licht in ein Band von Farben aufteilte, das Newton „Spektrum" nannte, ein lateinisches Wort, das „Auftauchen" bedeutet. 3 Jahre später benutzte er eine Linse, um wieder weißes Licht aus einem Spektrum zu machen, und zu zeigen, daß weißes Licht eine Mischung aus Strahlen ist.*

Sie nannten diesen Felsen mit leuchtendem Gedächtnis den „Sonnenschwamm". Galileo Galilei brachte einige Bruchstücke des Felsens mit, als er 1611 nach Rom reiste, um sein erstes Teleskop zu demonstrieren.

Galilei folgerte, daß Licht aus Teilchen besteht. Der Sonnenschwamm, sagte er, zieht Lichtteilchen an wie ein Magnet Eisenspäne. Ursprünglich benutzte Galileo das Wort „Atom" nur, um Lichtteilchen zu beschreiben. Er bezog sich auf Materieteilchen als „die kleinsten Quanten" (minimi quanti). Später distanzierte er sich jedoch von seinen atomistischen Ansichten und seiner Teilchentheorie des Lichts.

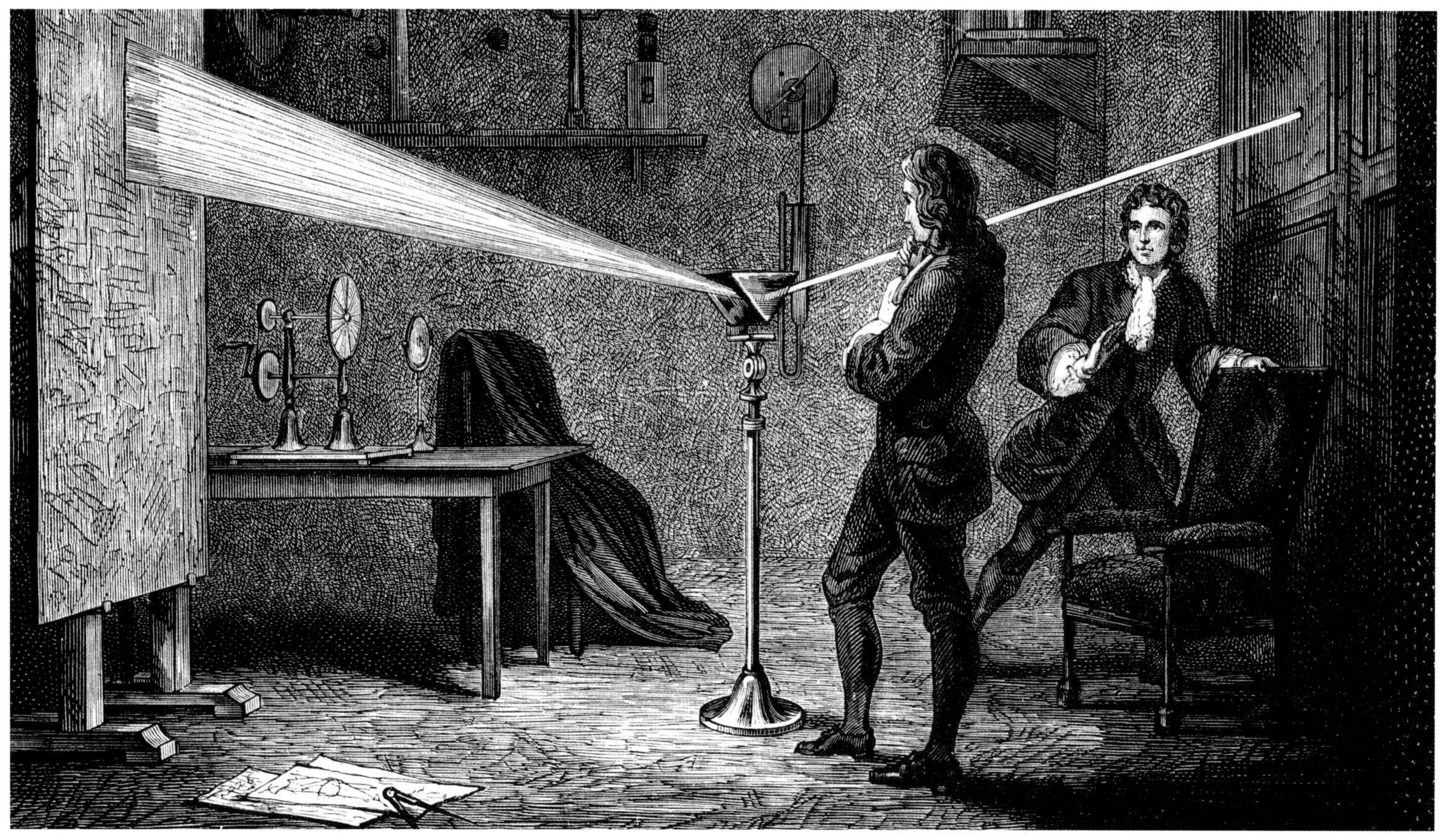

Lichtteilchen

In England führte Isaac Newton die ersten sorgfältig geplanten wissenschaftlichen Experimente mit Licht durch. Er spaltete Sonnenlicht mit einem Prisma auf und entdeckte, daß es aus einem „Spektrum" von Farben zusammengesetzt war. Er untersuchte auch die schönen wechselnden Farben in Seifenblasen.

Newton schlug vor, daß jedes materielle Objekt eine Kombination aus Materie und einer leuchtenden Substanz ist, die Licht aussendet. Das Licht selbst, dachte er, besteht aus kleinen Teilchen (Korpuskeln), die sich mit einer enormen Geschwindigkeit bewegten. Es wird von einem Spiegel reflektiert, weil die Teilchen an der Oberfläche abprallen, und es wird an einem brechenden Medium wie Wasser oder Glas abgelenkt, weil sich die Geschwindigkeit der Teilchen ändert. Er glaubte, daß auch der Raum mit Lichtteilchen angefüllt ist. Auf diesem Weg führte Newton wieder das klassische Konzept vom Äther ein, dem unsichtbaren Medium, das, gemäß Aristoteles, den Himmel anfüllte. Newtons Abhandlung über Optik wurde 1704 veröffentlicht.

Mit Lichtgeschwindigkeit

Der dänische Astronom Ole Rømer (hier gezeigt in seinem Kopenhagener Observatorium) war der erste, der bewies, daß Licht eine endliche Geschwindigkeit hat. 1675 bemerkte er, daß der Jupitermond Io etwas früher verdunkelt wurde, wenn der Jupiter der Erde am nächsten war. Daraus schloß er, daß die Differenz durch die Zeit verursacht wird, die das Licht benötigt, um die Wegdifferenz zurückzulegen, und sagte die Zeiten zukünftiger Verdunkelungen richtig voraus. Seine Beobachtungen wurden später benutzt, um zu berechnen, daß Licht mit 225 000 km pro Sekunde reist. Der genaue Wert ist etwa 300 000 km pro Sekunde.

Wellentheorie

Christian Huygens, ein holländischer Physiker, der die erste Pendeluhr erfand, behauptete 1690, daß Licht aus Wellen geformt wird, die sich wie Schall ausbreiten: „Wenn wir ein leuchtendes Objekt sehen, kann es kein Transport von Materie sein, in der Weise wie ein Geschoß oder ein Pfeil die Luft durchqueren." Wenn Licht aus Teilchen bestehe, sagte er, würden Strahlen aus verschiedenen Richtungen miteinander kollidieren.

Licht wird von einer Quelle zum Beobachter „durch die Bewegung von Materie, die zwischen uns und dem leuchtenden Körper existiert", übertragen, sagte Huygens, und fiel damit zurück auf die Idee des Äthers, der den gesamten Raum anfüllt. Der Haupteinwand zu dieser Theorie war, daß sich Licht geradlinig zu bewegen scheint, statt sich zu abgerundeten Kanten zu verbreitern, wie es ein Ätherbild schließen läßt.

Mehr als ein Jahrhundert konkurrierten die beiden Theorien miteinander. Newtons Teilchentheorie war bedeutend populärer, größtenteils wegen seines wissenschaftlichen Ansehens und weil die Theorie die logischste Erklärung für Brechung und Beugung bot.

Die Meinung änderte sich dramatisch im Jahre 1803 mit dem Doppelspalt-Experiment des englischen Physikers Thomas Young, das die Möglichkeit der Lichtteilchen auszuschließen schien. Die Wellentheorie bestimmte das 19. Jahrhundert. Später lies die Quantentheorie wieder die Teilchenerklärung zu (s. S. 30). Licht ist in der Tat beides, Teilchen und Welle.

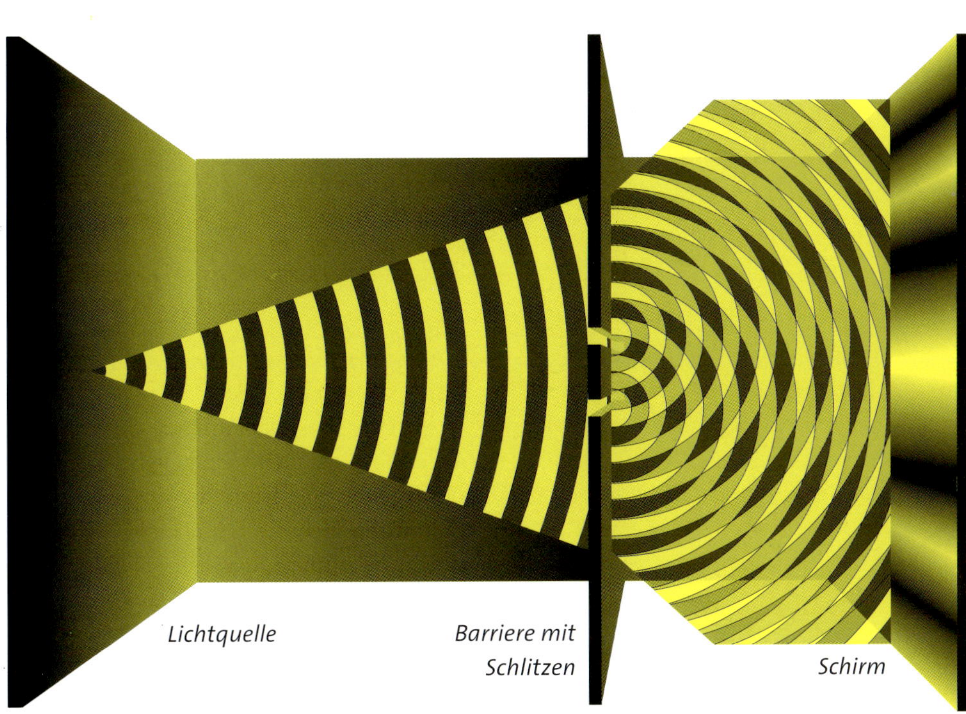

▲ **Youngs Doppelspalt-Experiment:** *Wie Wasserwellen, die gegeneinander kämpfen, werden Lichtwellen manchmal ausgelöscht und manchmal verstärkt. Young schickte Licht durch 2 eng benachbarte Schlitze in einer Barriere, und die Wellen der beiden resultierenden Strahlen verbanden sich zu Wellenkämmen und -tälern, die sich auf einem Schirm als sogenannte Interferenzmuster zeigten. Dies schien endgültig zu beweisen, daß Licht aus Wellen und nicht aus Teilchen gemacht war.*

Nachdem die griechische Idee der vier Elemente verworfen worden war, begannen die Wissenschaftler schnell, die modernen chemischen Elemente zu identifizieren. Im 19. Jahrhundert verwirrte die steigende Zahl der Elemente, die man sich jetzt als aus Atomen zusammengesetzt vorstellte, die Chemiker. Die Suche nach einer grundlegenden Regel begann.

Verwirrung in der Chemie

Periodizität der chemischen Elemente

In den 1780er Jahren ebnete der französische Chemiker Antoine Laurent Lavoisier mit Hilfe von Waagen und genauen Messungen den Weg für eine wissenschaftliche Atomtheorie. Er zeigte, wie Verbindungen aus zwei oder mehr Elementen aufgebaut wurden, und formulierte ein wichtiges Gesetz, das besagt, daß die gesamte Materiemenge vor und nach einer chemischen Reaktion gleich ist.

Lavoisier war ein Antiatomist. Er befürwortete eine pragmatische Definition eines Elementes und sagte, daß weitere Diskussionen über die Natur der Materie Metaphysik und keine wirkliche Wissenschaft seien. Ein anderer französischer Wissenschaftler, Joseph Gay-Lussac, entdeckte, daß Wasserstoff und Sauerstoff immer in gleichen Anteilen miteinander zu Wasser

▲ *Lavoisiers Apparat zum Trennen von Wasser (oben):* Wasser tropft durch ein glühend heißes Eisenfaß. Im Faß bildet sich Eisenoxid, Wasserstoffgas wird abgegeben und sammelt sich rechts. Dies bewies, daß das Aristotelessche „Element" Wasser aus zwei fundamentaleren Elementen aufgebaut war.

reagierten. Dies signalisierte, daß die Elemente Grundeinheiten enthalten.

Im Jahre 1803 baute der Engländer John Dalton die Idee der Grundeinheiten weiter aus. Er behauptete, daß jedes Element seine eigene Atomsorte hat und daß alle Atome eines Elementes identisch sind. Dalton sah Atome als hart und unzerstörbar, etwa wie Billardkugeln. Wenn sich Elemente kombinierten, sagte er, gruppieren sich ihre Atome zu etwas, das der Italiener Amadeo Avogadro später Moleküle nannte. Mit dieser Idee war es möglich, das Gewicht der Atome verschiedener Elemente im Verhältnis zueinander zu

John Dalton – Der Wettermann

John Dalton (1766–1844) wurde im englischen Lake District geboren und als Quäker erzogen. Er verbrachte sein Leben größtenteils in Manchester, wo er seinen Lebensunterhalt als Privatlehrer verdiente. Er galt als Sonderling, wenig anziehend und schwer verständlich.

Daltons Leidenschaft war die Meteorologie. Sein ganzes Leben lang zeichnete er das lokale Wetter auf, und seine erste wissenschaftliche Arbeit war ein Buch meteorologischer Beobachtungen. Seine Entdeckungen in der Atomtheorie wurden durch sein Interesse an Luft und Wasserdampf veranlaßt. Er analysierte viele Gase, die er selbst sammelte, wie in diesem Bild von Ford Maddox Brown, *Dalton sammelt Sumpfgas.*

Dimitri Ivanovich Mendelejev (1834 – 1907, oben): *Als Professor der Universität von St. Petersburg schlug er einen neuen Weg zur Klassifikation der bekannten Elemente vor. Seine „Periodentabelle" bildet immer noch die Orientierungskarte der modernen Chemie.*

Daltons Liste der Elemente: *Dalton unternahm einen ernsthaften Versuch, die Atomgewichte der Elemente zu messen. Seine Liste von 1806 – 7 enthielt viele Fehler, aber dennoch war sie ein hilfreiches Werkzeug für Chemiker.*

seine Elemente unterschiedliche Atome hatten. Davy beharrte darauf, daß die gesamte Materie aus identischen Atomen aufgebaut und die Anzahl der wirklichen Elemente extrem klein ist.

Dalton kannte etwa 20 Elemente, aber die Liste wuchs mit der Zeit, und Chemiker begannen, eine Ordnung hinter der wachsenden Komplexität zu vermuten. Sie waren besonders davon fasziniert, daß einige physikalisch sehr verschiedene Elemente (z.B. das gasförmige Fluor, das flüssige Brom und das feste Jod) dennoch auffallend ähnliche chemische Eigenschaften hatten.

Das Periodensystem

Das Puzzle wurde von dem russischen Chemiker Dimitri Ivanovich Mendelejev gelöst. Im Jahre 1869 entwarf er ein neues Klassifikationssystem, die „Periodentabelle". Indem er die Elemente ihrem Atomgewicht nach ordnete, entdeckte er, daß Elemente mit ähnlichen Eigenschaften in regelmäßigen Intervallen (oder „Perioden") auftraten und in vertikalen Spalten aufgelistet werden konnten.

Damit sein Periodensystem funktionierte, mußte Mendelejev Lücken darin lassen, voraussagend, daß die fehlenden Elemente noch entdeckt werden. Drei neue Elemente – Germanium, Gallium und Skandium – wurden bald gefunden. Ihre Entdeckung war ein großer Triumph, sowohl für das Periodensystem als auch für Daltons Atomtheorie.

Für eine gewisse Zeit sah es so aus, als ob die 2 000jährige Suche nach dem Verständnis der Materie beendet wäre. Aber wichtige Fragen blieben immer noch offen. Was gab z. B. den Elementen ihre prägnante Periodizität? Die Wissenschaft mußte 60 Jahre warten, bis Niels Bohr diese regulären Eigenschaften auf die sich wiederholenden Muster der Anordnung der Elektronen in den Atomen zurückführte.

Während einer Vorlesung an der Royal Society in London 1889 sagte Mendelejev: „Aber wenn wir unsere Gedanken der Natur der Elemente und dem Periodengesetz zuwenden, müssen wir die Natur der elementaren Individuen, die wir überall um uns herum entdecken, miteinbeziehen. Ohne sie wäre der Sternenhimmel unvorstellbar."

berechnen. Dalton veröffentlichte die erste Tabelle solcher „Atomgewichte".

Daltons Theorie war kontrovers. Die meisten Chemiker argumentierten, es bestünde keine Notwendigkeit für Atome, die wahrscheinlich unbeobachtbar seien, und seine Theorie sei somit bedeutungslos. Eine vom englischen Chemiker Sir Humphrey Davy angeführte Gruppe kritisierte Dalton, weil

Der Blitz eines Gewitters und das Schwingen einer Kompaßnadel sind auf den ersten Blick zwei sehr unterschiedliche Phänomene. Im Jahre 1864 stellte James Clerk Maxwell eine elegante Theorie auf, die besagte, daß Elektrizität und Magnetismus eine gemeinsame Kraft zugrunde liegt: der Elektromagnetismus.

Wellen über den Äther

Die Theorie des Elektromagnetismus

Die elektrischen und magnetischen Kräfte sind seit frühen Zeiten bekannt. Der Legende nach wurden beide zuerst vom griechischen Philosophen Thales um 600 v. Chr. beschrieben. Er entdeckte, daß Eisenerzstücke aus Magnesia in Kleinasien aneinander hafteten und daß ein an seiner Kleidung geriebenes Stück Bernstein („*elektron*" im Griechischen) Federn, Haare, Staub und andere leichte Materialien anzog; ein Effekt, der als statische Elektrizität bekannt ist.

Die Erforschung der Elektrizität und des Elektromagnetismus schritt im 18. Jahrhundert voran. 1752 zeigte Benjamin Franklin, daß Blitze ein elektrisches Phänomen sind. Doch niemand vermutete, daß die beiden Kräfte miteinander verknüpft sind. Der erste Hinweis kam 1819, als der dänische Physiker Hans Kristian Oersted zeigte, daß ein elektrischer Strom eine magnetische Nadel heftig zum Schwingen brachte.

Oersteds Entdeckung erregte in ganz Europa Aufsehen. In England zeigte 1831 Michael Faraday, ein Buchbinder und autodidaktischer Wissenschaftler, den gegenteiligen Effekt: Ein sich bewegender Magnet kann einen elektrischen Strom erzeugen. Daraufhin baute er den ersten Dynamo und legte so die Grundlagen der modernen Elektrotechnik.

Um zu beschreiben, wie elektrische und magnetische Kräfte wirken, führte Faraday ein neues Konzept namens Feld ein. Zu dieser Zeit war die einzige andere bekannte Kraft die

Gravitation, die 1687 von Isaac Newton als eine universelle Anziehung zwischen massiven Objekten beschrieben wurde. Newton sah sie als eine „Fernwirkung", die unverzüglich durch den Raum übertragen wurde.

Faraday war fasziniert von dem Muster, das erscheint, wenn ein mit Eisenspänen bedecktes Blatt Papier über einen Magneten gehalten wird. Die Späne erzeugen ein Bild der Kraftlinien. Er stellte sich die magnetische Kraft wie eine Art gespanntes Gummiband vor. Ein ähnlicher Effekt trat bei elektrischen Ladungen, der Quelle der elektrischen Kraft, auf. Faradays begrenzte mathematische Fähigkeiten zwangen ihn, Physik durch Modelle zu erklären.

▲ *Frühe Elektrotherapie im 19. Jahrhundert (oben): Das frühe Interesse an der Elektrostatik zeigte, daß Elektrizität eine Kraft war – sie konnte buchstäblich Haare aufrichten. Einige vermuteten, daß Elektrizität eng mit dem Magnetismus verwandt war und daß beide Aspekte einer Kraft waren: des Elektromagnetismus.*

▶ *Marconis erste Radiostation (rechts): Der bahnbrechende Radioapparat von Hertz erlaubte ihm, Signale über etwa 30 m zu senden. Guglielmo Marconi verbesserte die Technologie wesentlich durch Experimente in der Villa seines Vaters nahe Bologna in Italien und übertrug das erste transatlantische Radiosignal im Jahre 1901.*

▶ *Das elektromagnetische Spektrum: Das Spektrum erstreckt sich von den extrem kurzen Wellen der Gammastrahlen zu den langen Radiowellen (Wellenlängen hier in Meter angegeben). Sichtbares Licht und Infrarotstrahlung (Wärme), die einzigen Komponenten, die einfach die Erdatmosphäre durchdringen, begünstigen Leben.*

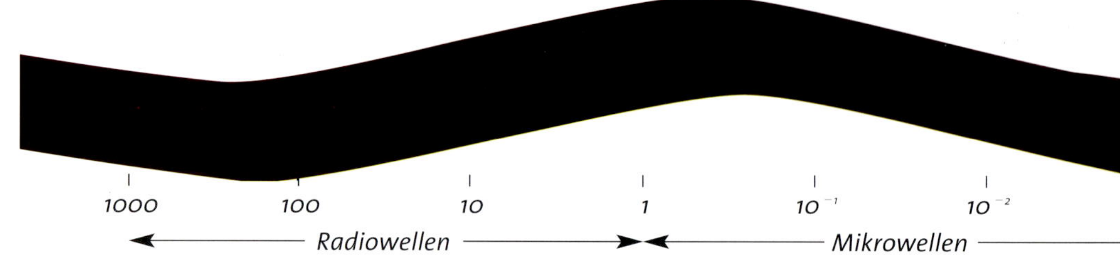

James Clerk Maxwell – Ovale und die Ringe des Saturn

Als er noch in der Schule war, erfand James Clerk Maxwell (1831–79) eine mechanische Methode, um Ovale zu zeichnen. Ein Artikel über die Methode wurde in den *Proceedings of the Royal Society of Edinburgh* gedruckt, seiner Geburtsstadt, wo er auch seine Jugend verbrachte. Im Alter von 26, schon Professor in Aberdeen, erhielt er einen prestigeträchtigen Preis für seine Untersuchungen der Stabilität der Saturnringe. Von 1860 bis 1865 war er Professor am King's College in London, aber er ging in den Ruhestand nach Schottland und lebte in Abgeschiedenheit, während er sein 900-Seiten-Werk *Abhandlungen über Elektrizität und Magnetismus* schrieb, das schließlich 1873 veröffentlicht wurde. Im Jahre 1871 wurde er Professor für Physik am neuen Cavendish-Labor der Cambridge-Universität.

Elektromagnetische Wellen

Es benötigte das Genie des schottischen Physikers James Clerk Maxwell, um die volle Tragweite von Faradays Entdeckung zu ergründen. 1864 formulierte Maxwell vier elegante Gleichungen, die die Elektrizität und den Magnetismus vollständig beschreiben. Diese besagten, daß Elektrizität und Magnetismus zwei Erscheinungen einer einzigen Kraft sind, die er Elektromagnetismus nannte. Den Gleichungen nach bewegte sich die elektromagnetische Kraft wie eine Welle und mit Lichtgeschwindigkeit durch den Raum. Maxwell folgerte daraus, daß Licht selbst aus elektromagnetischen Wellen bestehen muß.

Neue Formen des Lichts

Maxwell sagte kühn voraus, daß diese elektromagnetischen Wellen einen weiten Wellenlängenbereich abdecken, nicht nur den des Lichts, der unterhalb eines tausendstel Millimeters liegt. Dies wurde 1887 bestätigt, als Heinrich Hertz, Professor für Physik in Karlsruhe, erste Radiowellen produzierte. Radiowellen sind eine Form unsichtbaren Lichts mit längeren Wellenlängen.

Um erklären zu können, wie sich elektromagnetische Wellen ausbreiten, nahm Maxwell an, daß der Raum mit einer unsichtbaren elastischen Substanz ausgefüllt ist, und erinnerte damit an die alte Vorstellung des Äthers, von dem Aristoteles annahm, er fülle den Himmel aus. Maxwell sagte, der Äther bestehe aus Molekülen, und beschrieb ihn als „eine materielle Substanz einer feineren Art als sichtbare Körper, die in den Teilen des Raums existiert, die scheinbar leer sind."

Die Eigenschaften des Licht vermittelnden Äthers wurden heiß diskutiert. Sir George Stokes in England hielt ihn für eine Art Gelee. Lord Kelvin betrachtete ihn wie Luft, so daß sich die Erdatmosphäre über das ganze Universum erstreckte. Im Jahre 1905 jedoch zeigte Einsteins Relativitätstheorie, daß sich Licht immer mit derselben Geschwindigkeit im Vakuum bewegt, und beseitigte schließlich die Notwendigkeit für einen Äther.

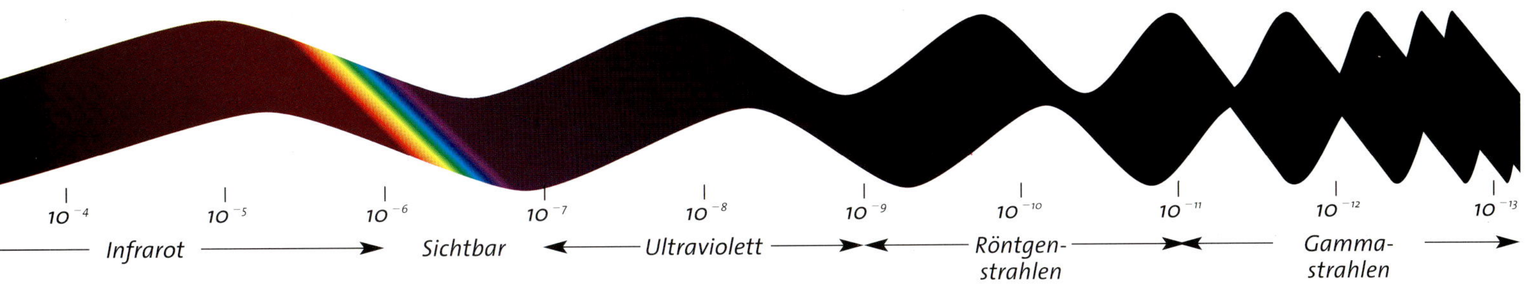

Gegen Ende des 19. Jahrhunderts waren viele Physiker von einem seltsamen elektrischen Phänomen fasziniert, das „Kathodenstrahlen" genannt wurde. Ihre Untersuchungen dieser Strahlen starteten eine unerwartete Serie von Ereignissen, die in der Beerdigung der heiligen Idee des unteilbaren Atoms gipfelten.

Alles enthüllende Strahlung

Die Entdeckung der Röntgenstrahlen

In den 1850er Jahren versuchten deutsche Physiker, Elektrizität durch ein Vakuum zu senden. Wenn 2 Metallplatten an gegensätzlichen Enden in ein Vakuumglas geschmolzen und mit einer Batterie verbunden wurden, dann erschien ein grünes Schimmern an der negativen Platte, der Kathode.

Im Jahre 1886 nannte Eugene Goldstein das Phänomen „Kathodenstrahlen". Im Jahre 1892 fand Philipp Lenard heraus, daß die Strahlen eine dünne Aluminiumwand durchfliegen können und etwa 8 cm in die umgebende Luft eindringen. Er untersuchte, wie verschiedene Substanzen, u. a. eine Fotoplatte, die Strahlen absorbierten, wenn sie in ihren Weg gehalten wurden.

Am Nachmittag des 8. Novembers 1895 bereitete Wilhelm Konrad Röntgen, Professor an der Universität Würzburg, ein Experiment vor, in dem eine Kathodenstrahlröhre mit einer dicken Schicht schwarzen Papiers abgedeckt wurde. Er hatte von Lenards Entdeckung gehört und wollte sie nachvollziehen. Ohne etwas Spektakuläres zu erwarten, verdunkelte er den Raum und schaltete den Apparat ein.

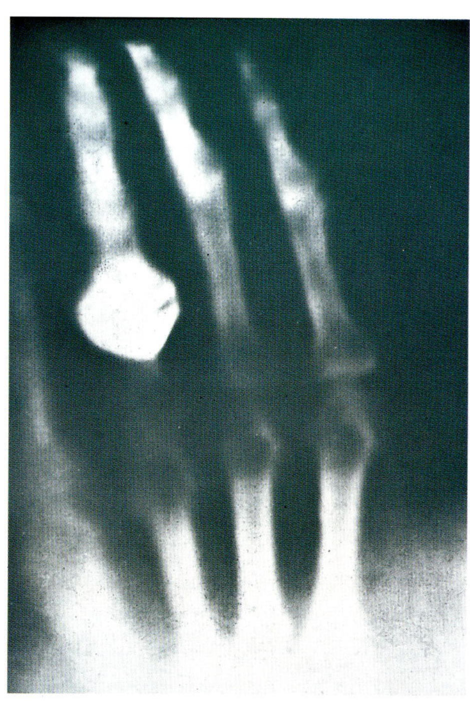

▲ **Das erste Röntgenbild (oben):** *Röntgen machte dieses Bild, das die Knochen der Hand seiner Frau zeigt. Die Knochen und ihr Ring absorbierten die Strahlen und ließen die entsprechenden Teile auf dem Film verdeckt und somit hell.*

Zu Röntgens Überraschung begann ein fluoreszierender Schirm in 2 m Entfernung von der Röhre zu leuchten. Er vermutete sofort, daß er eine neuartige Strahlung entdeckt hatte, die viel durchdringender als Kathodenstrahlen war. In den folgenden Wochen arbeitete er fieberhaft alleine in seinem Labor. Wenn ihn seine Frau fragte, was er tat, antwortete er, daß die Leute wahrscheinlich sagen würden, daß „Röntgen verrückt geworden sei", falls sie es herausfänden.

„X" für das Unbekannte

Die Strahlen gingen nicht nur durch Papier, sondern auch durch ein dickes Buch, Holzblöcke, Metallfolien und sogar menschliches Fleisch. „Wenn die Hand zwischen die Kathodenröhre und den Schirm gehalten wird, ist der dunkle Schatten der Knochen zu sehen, umgeben vom matten Schatten der Hand selbst", schrieb Röntgen.

Er war nicht in der Lage zu erklären, was die Strahlen waren, und nannte sie einfach X-Strahlen („X" für das Unbekannte). Zu Weihnachten war er bereit, seine Entdeckung bekanntzugeben. Er druckte einen 10seitigen Artikel und schickte ihn am Neujahrstag 1896 an führende Physiker. Als er von der Post zurückkam, sagte er: „Jetzt kann der Spaß beginnen." Sein Bericht beinhaltete ein X-Strahlenbild (Röntgenbild) der Hand seiner Frau, das die Knochen ihrer Finger und ihren Ring zeigte. Sie war durch das Bild nicht nur überrascht, sondern auch erschreckt, da sie das Skelett, das es enthüllte, an den Tod erinnerte.

◀ **Ein Röntgenstrahlenapparat von 1915:** *Das öffentliche Interesse an Röntgenstrahlen war enorm, als sie bekannt wurden, und hielt etwa 20 weitere Jahre an. Dieses Bild erschien in einer Serie von Zigarettenkarten, die von der „Wills Company" veröffentlicht wurden.*

Unsichtbare Fotografie

Eine Meldung über Röntgenstrahlen erschien zuerst in einer Wiener Zeitung am 5. Januar 1896 und verbreitete sich wie ein Lauffeuer über ganz Europa. Sie war die wissenschaftliche Sensation des Jahrhunderts. Populäre Journale zogen die Öffentlichkeit mit Artikeln über „neue, alles enthüllende Strahlung" auf. Frauen wurde geraten, bleigestreifte Kleidung zu tragen, um nicht heimlich enthüllt zu werden.

Röntgenstrahlung wurde schnell ein nützliches Hilfsmittel in der Medizin. Im Frühling 1896 machten Zahnärzte Röntgenbilder von Zähnen, und Ärzte benutzten die neue Strahlung, um gebrochene Knochen zu untersuchen. Es wurden sogar Versuche unternommen, Röntgenfilme aufzunehmen. Unwissend gegenüber den Gefahren der Strahlung trugen frühe Experimentatoren ernsthafte „Sonnenbrände" oder sogar tödliche Verletzungen davon.

Die wahre Natur der Röntgenstrahlen blieb im dunkeln bis 1912, als Max von Laue in Deutschland zeigte, daß die Strahlen beim Durchdringen eines Kristalls ihre Richtung änderten. Dies zeigte, daß Röntgenstrahlen elektromagnetische Wellen wie Licht sind, aber mit einer viel kleineren Wellenlänge. Röntgenstrahlen werden leichter von dichteren Materialien mit schwereren Atomen absorbiert, so daß Knochen gegenüber Fleisch sichtbar werden, wenn Röntgenstrahlen einen Körper durchdringen. Für besondere Röntgenstrahlen müssen Patienten „Kontrastmittel" schlucken oder injiziert bekommen, die schwere Atome wie Barium oder Jod enthalten.

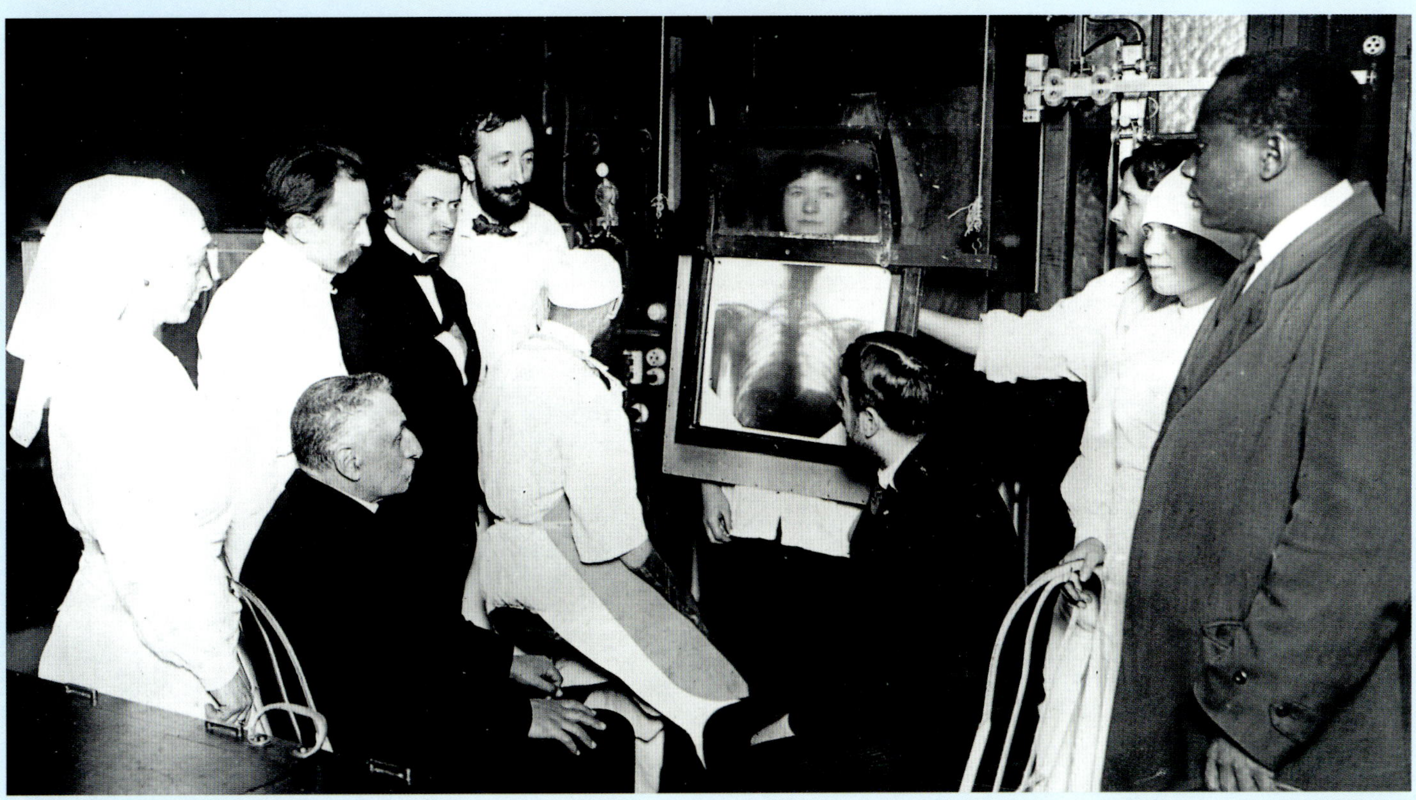

Röntgen, der Sohn eines rheinländischen Textilkaufmannes, wurde nach seiner Entdeckung der Röntgenstrahlen von vielen für einen Zauberer gehalten. Er wurde vom deutschen Kaiser Wilhelm um eine private Demonstration der Röntgenstrahlen gebeten. Röntgen bedauerte die Kontroversen um seine Entdeckung und behauptete, die Presse hätte seine Entdeckung verdreht. „Nach wenigen Tagen war ich über das Ganze empört", sagte er in einem seltenen Interview.

Röntgen war jedoch erfreut, als Röntgenstrahlen in der Medizin nützlich wurden. Er meldete keine Patente auf seine Entdeckung an und war nicht an nachfolgenden Entwicklungen der Röntgentechnologie beteiligt.

Röntgens Untersuchungen der Strahlen dauerten nur 18 Monate. Er veröffentlichte darüber nur drei Artikel und hielt eine öffentliche Vorlesung in seiner Heimatstadt Würzburg am 23. Januar 1896. Im Jahre 1901 wurde er mit dem ersten Nobelpreis für Physik ausgezeichnet, hielt jedoch keine Nobelrede und verschenkte das Preisgeld an die Universität Würzburg.

Ein lebenslanger Freund Röntgens nannte ihn den Inbegriff der Ideale des 19. Jahrhunderts: einen starken und ehrlichen Mann, seiner Arbeit ergeben und voller Redlichkeit. In späteren Jahren vermied es Röntgen, seine Kollegen zu treffen, aufgrund seiner Verlegenheit gegenüber der Publicity, die Röntgenstrahlen erhalten hatten.

Am 20. Januar 1896, zwei Wochen nachdem Röntgen seine Entdeckung bekanntgegeben hatte, hielt die Französische Akademie der Wissenschaften eine Sonderversammlung ab. Dieses Treffen war der Ausgangspunkt für die nächste überraschende Entwicklung in der Welt der Atome: die Entdeckung der Radioaktivität.

Ein neues Fenster wird geöffnet

Die Curies und die Radioaktivität

Als sich die Französische Akademie der Wissenschaften am 20. Januar 1896 in Paris versammelte, um die neuen Röntgenstrahlen zu diskutieren, war Professor Henri Becquerel einer der vielen faszinierten Wissenschaftler im Publikum. Er war gefesselt, als er erfuhr, daß Röntgenstrahlen in einem Lichtpunkt produziert werden, wo Kathodenstrahlen die Glaswand einer Hochspannungsröhre treffen.

Becquerel hatte an Materialien geforscht, die leuchteten, nachdem sie dem Sonnenlicht ausgesetzt waren, und er wollte sehen, ob sie auch Röntgenstrahlen abgaben. Er stellte einige dieser Materialien auf Fotoplatten, die in lichtundurchlässiges schwarzes Papier eingepackt waren, und setzte sie für mehrere Stunden direktem Sonnenlicht aus. Seine Experimente kamen gut voran, doch gegen Ende Februar bewölkte sich der Himmel zu sehr. Während er auf besseres Wetter wartete, schloß Becquerel einige nur kurzzeitig dem Sonnenlicht ausgesetzte Materialien und eine Fotoplatte in einer Schublade ein.

Am Sonntag, den 1. März, schien wieder die Sonne. Bevor er seine Experimente fortsetzte, beschloß Becquerel in seiner gründlichen Art, die Fotoplatte aus der Schublade zu entwickeln. Obwohl sie in vollständiger Dunkelheit gelegen hatte, dachte er, es könnten einige Belichtungsspuren von dem Tag vorhanden sein, an dem er seine Untersuchungen unterbrochen hatte. Zu seinem Erstaunen war die Platte von vielen unsichtbaren Strahlen stark verschleiert.

Aufgrund seiner neuen Entdeckung änderte Becquerel die Richtung seiner Forschung. Er zeigte, daß Uranverbindungen Strahlen aussandten, ohne Licht oder einer anderen Quelle ausgesetzt zu sein, um sie zu „aktivieren". Das Uranmetall selbst war die Quelle der mysteriösen Strahlung, die er „Uranstrahlung" nannte.

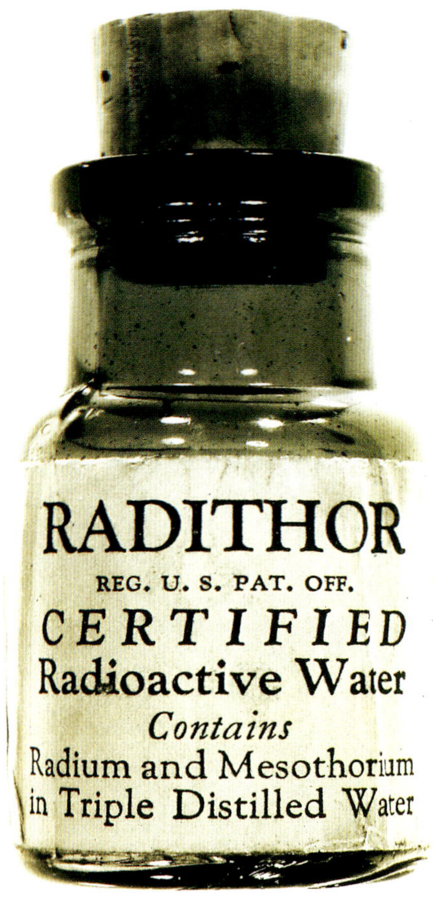

Heldenhafte Mühe

Becquerels Uranstrahlen waren keine sofortige Sensation wie Röntgens Strahlen. Sie blieben 2 Jahre lang eine wissenschaftliche Kuriosität, bis Maria Sklodowska, eine junge polnische Frau, die 1895 nach Paris kam, um Chemie zu studieren, und den Physiker Pierre Curie heiratete, sich entschied, die Uranstrahlen in ihrer Doktorarbeit zu erforschen.

Als sie untersuchten, ob andere Substanzen ebenfalls diese Strahlen aussandten, fanden die Curies heraus, daß das Metall Thorium auch „radioaktiv" war, wie sie es nannten. Dann entdeckten sie, daß Pech-

◄ **Begeisterung für Radium:** Ein „radioaktives Wasser", das eine Lösung von Radium-226 und Radium-228 enthielt und das noch 70 Jahre später eine gefährliche Radioaktivität besaß. Kurz nach der Entdeckung des Radiums wurde berichtet, es wäre in kleinen Mengen gut für die Gesundheit; dies führte zu einem Boom für radioaktive Cremes und Tränke. Da niemand die Gefahren kannte, entstand eine Begeisterung für Radium. Im Jahre 1903 litt ein Mann unter ernsten Halluzinationen, nachdem er eine Radiumlösung getrunken hatte. In San Francisco tanzten Showgirls in radiumhaltigen Kostümen auf abgedunkelten Bühnen.

► **Die Curies:** 1895 heiratete Pierre Curie Maria Sklodowska. 1903 teilten sie sich den Nobelpreis für Physik mit Henri Becquerel. Marie Curie bekam außerdem 1911 den Nobelpreis für Chemie. Das Radium-Institut wurde in Paris gegründet, um die Arbeit der Curies über die Radioaktivität zu würdigen.

blende, das Erz, aus dem Uran gewonnen wird, die Strahlen noch intensiver abgab als das bloße Uran.

Die Curies arbeiteten unter miserablen Bedingungen in einer Hütte und untersuchten dort 100 kg Pechblende. Im Jahre 1898 identifizierten sie zwei neue hochradioaktive Substanzen, die sie Polonium und Radium nannten – diese waren 300- bzw. 2-Millionenfach radioaktiver als Uran!

Erfolg und Tragik

Im Jahre 1902, nach heldenhafter Mühe, schafften sie es, 1 zehntel Gramm pures Radium zu isolieren. Das Metall leuchtete in einem unheimlichen blauen Licht. Die Nachricht über dieses bizarre neue Element machte die Radioaktivität in der Öffentlichkeit bekannt. Marie und Pierre Curie teilten sich 1903 den Nobelpreis für Physik mit

Becquerel, und 1911 wurde Marie mit dem Nobelpreis für Chemie ausgezeichnet.

Nach seinen radioaktiven Entdeckungen wurde Pierre Curie Professor für Physik an der Sorbonne. Am 19. April 1906 starb er in Paris bei einem Verkehrsunfall, als er unter das Rad eines Pferdewagens geriet. Wahrscheinlich litt er damals an der Strahlenkrankheit, die durch Experimente verursacht wurde, in denen er die Auswirkungen von Radioaktivität auf seinen eigenen Körper untersuchte.

Marie folgte ihrem Mann nach und wurde die erste Professorin an der Sorbonne.

Während des 1. Weltkrieges organisierte Marie spezielle Ambulanzen, die Röntgenstrahlenapparate an die Front brachten, und wurde Leiterin der radiologischen Abteilung des Roten Kreuzes. Sie starb 1934 an Leukämie infolge der langjährigen ungeschützten Arbeit mit Strahlung.

Uran – ein nutzloses Metall?

Uran, das Element, das die Radioaktivität enthüllte, wurde 1789 entdeckt und nach dem Planeten Uranus benannt, der 8 Jahre vorher entdeckt worden war. Außer seiner hohen Dichte, fast der doppelten von Blei, schien Uran nichts Besonderes zu haben. Lange blieb es eine Kuriosität am Ende des Periodensystems mit dem höchsten bekannten Atomgewicht aller natürlich vorkommenden Elemente; es war als das „nutzlose Metall" bekannt, da es keinen praktischen Nutzen zu besitzen schien. Natürliches Uran besteht größtenteils aus der Sorte (Isotop) Uran-238 und hat einen 0,7prozentigen Anteil Uran-235, das als Rohmaterial für Atombomben und Reaktoren dient. Uran kommt in der Natur als gelblicher zäher Stoff und in schwarzer Pechblende (rechts) vor, das auch Uranite und Spuren von Radium und Polonium enthält.

Ende des 19. Jahrhunderts gab es eine Kontroverse über die Natur der mysteriösen „Kathodenstrahlen", die ausgesandt werden, wenn Elektrizität durch eine Vakuumröhre geschickt wird. Die Debatte wurde 1897 entschieden, als J. J. Thomson feststellte, daß die Strahlen ein Strom von Teilchen waren: den Elektronen.

Das erste sub-atomare Teilchen

Die Entdeckung des Elektrons

Es gab zwei Theorien über Kathodenstrahlen, dem mysteriösen Glühen, das auftrat, wenn Elektrizität durch eine Vakuumröhre gesandt wurde. Die meisten deutschen Physiker glaubten, daß Kathodenstrahlen eine Form elektromagnetischer Strahlung wären, ähnlich wie Licht. Britische Wissenschaftler hielten sie jedoch für Teilchen, aufgrund des scharfen Schattens, den ein Objekt warf, das in den Weg der Strahlen gestellt wurde.

Die Idee, daß Elektrizität, wie Materie, aus unsichtbaren Teilchen bestand, wurde 1833 entwickelt, als Michael Faraday die Gesetze der Elektrolyse entdeckte – den chemischen Veränderungen, die durch einen elektrischen Strom verursacht werden. Diese Veränderungen erforderten elektrisch geladene Atome, die Faraday „Ionen" nannte, nach dem griechischen Wort für „gehen". Der irische Physiker George Johnstone Stoney führte im Jahre 1881 den Namen „Elektron" für das einfachste aller Ionen ein.

Sir William Crookes, ein extravaganter englischer Chemiker, der 1861 das Element Thallium entdeckt hatte, behauptete, Kathodenstrahlen wären eine neue Art von Materie. Er schlug vor, daß Materie einen vierten Zustand haben könnte – zusätzlich zu den festen, flüssigen und gasförmigen Zuständen – , den er „strahlende Materie" nannte.

▶ *Kathodenstrahlen: Die in verschiedenen elektrischen Feldern plazierten Röhren bilden eine Vielzahl von Mustern. Die Kathodenstrahlröhren, die heutzutage in Fernsehapparaten zu finden sind, basieren auf den von J.J. Thomson vor 100 Jahren entdeckten Prinzipien. In einem Fernseher kontrollieren elektrische und magnetische Felder die Bewegung eines Elektronenstrahls – oder Kathodenstrahls. Der Strahl erzeugt Punkte auf einem fluoreszierenden Schirm und baut so ein Bild auf.*

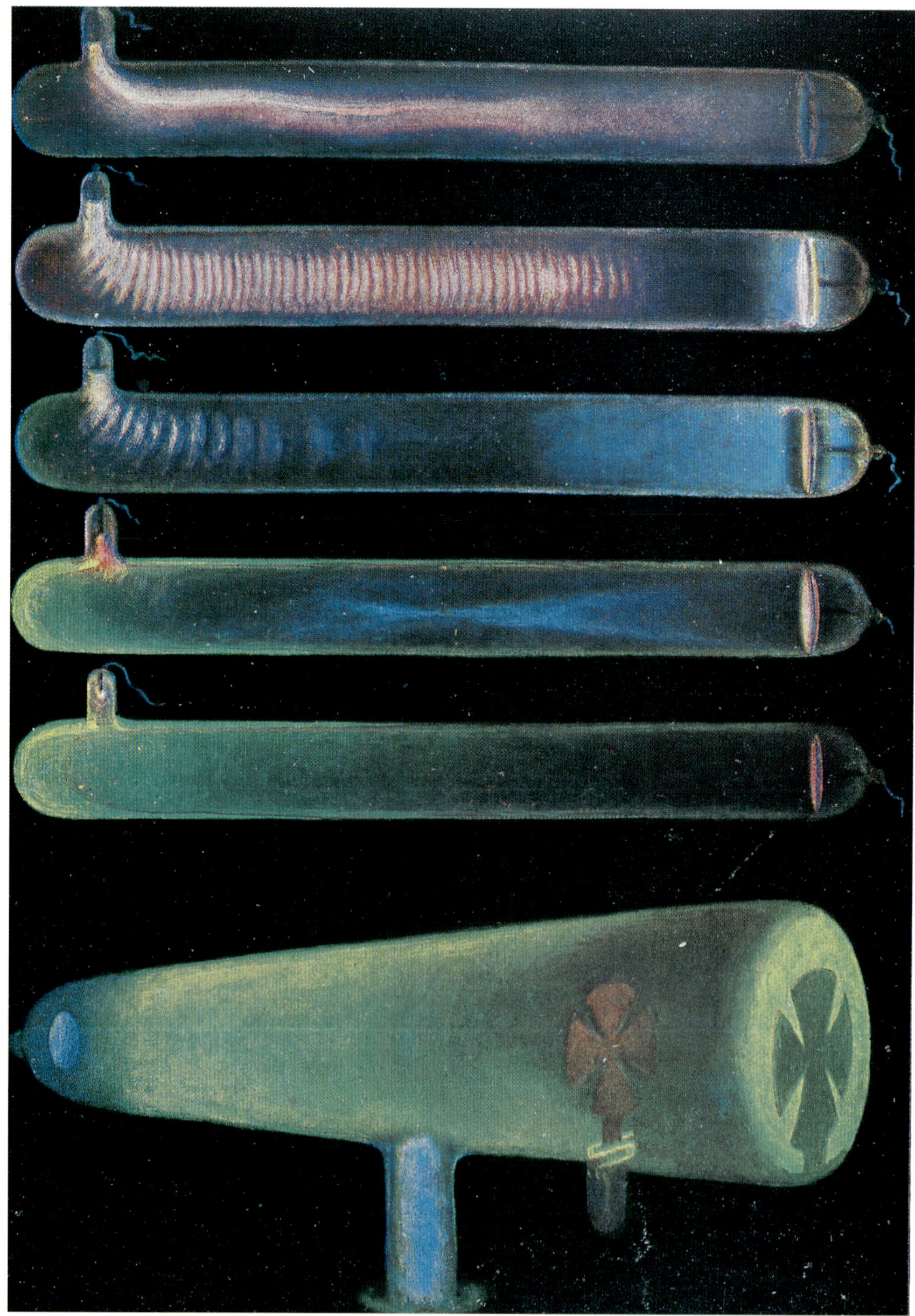

Neue Atommodelle

Im Jahre 1882, im Alter von 26, gewann Joseph John Thomson einen populären Wissenschaftspreis für einen Artikel über die Bewegung von Wirbelringen – z. B. Rauchringen. Seine große Entdeckung war jedoch das Elektron, was die 2 400 Jahre alte Idee verwarf, daß Atome (wenn sie überhaupt existierten) hart und unteilbar wären. Im Jahre 1899 schlug Thomson ein neues Atommodell vor, das es als eine Kugel mit gleichverteilter positiver Ladung darstellte, in die die negativ geladenen Elektronen eingeschlossen waren.

1903 behauptete der Deutsche Philipp Lenard, daß das Atom ein fast vollständig leerer Raum war. Diese radikal neuartige Idee wurde bald bestätigt. Sein Atom hatte Zentren negativer elektrischer Kraft, „Quanten" genannt, die eng an die positiven Ladungen gebunden waren und so neutrale Paare „Dynamide" bildeten.

Das Thomson-Atom

Das Nagaoka-Atom

Das Kelvin-Atom

In Japan schlug Hatari Nagaoka 1904 eine große positive Ladung im Zentrum des Atoms vor, die die negativen Elektronen umkreisen wie die Ringe des Saturn.

In Schottland behauptete der atomistische Modelle entwickelnde William Thomson (kein Verwandter von J. J.), der spätere Lord Kelvin, zuerst, daß Atome Wirbel in einer reibungslosen Flüssigkeit wären. Später (1905) stellte er atomare Arrangements vor, in denen konzentrische Kugeln durch ein System von „Spiralfedern" verbunden waren.

In Deutschland widersetzten sich eine Reihe einflußreicher Physiker wie Ernst Mach, Heinrich Hertz und Wilhelm Ostwald hartnäckig dem Atomismus. Atome wären nicht real, behauptete Hertz, sie wären eher imaginäre Objekte und als solche nützlich zur Erklärung gewisser Phänomene.

◄ *Sir William Crookes in einer Karikatur von „Spy", veröffentlicht 1903 in Vanity Fair. Er wird eine Entladungsröhre haltend gezeigt, die seinen Namen trägt. Die Crookes-Röhre produzierte elektronische Entladungsmuster wie das auf der anderen Seite gezeigte.*

Er stellte eine Theorie der Materie auf, die sich aus einem glühendheißen Nebel des frühen Universums verfestigte.

Elektronentheorien

1892 stellte der holländische Physiker Hendrik Anton Lorentz die Idee vor, daß Materie extrem kleine geladene Teilchen, die Elektronen, beinhaltet. Er folgerte dies aus Untersuchungen der Beziehung zwischen elektromagnetischer Strahlung und der Materie, die sie aussendet. Lorentz behauptete, daß Licht und andere Strahlung von vibrierenden elektrischen Ladungen produziert wird. Lorentz stellte sich Elektronen als harte Kugeln vor, die mit elektrischer Ladung beschmiert sind. Seine Theorie erklärte viele elektromagnetische Eigenschaften der Materie, sagte aber nichts über deren Struktur.

Joseph John (J. J.) Thomson folgte Maxwell als Professor am Cavendish-Laboratorium in Cambridge. Im Jahre 1897 entschied Thomson schließlich die Kontroverse um die Kathodenstrahlen, indem er zeigte, daß die Strahlen sowohl von einem elektrischen Feld als auch von einem Magneten abgelenkt werden. Er bewies, daß die Strahlen Teilchen waren, die negativ geladen und etwa 2 000-mal leichter waren als das kleinste Atom – der Wasserstoff.

Zuerst bezeichnete Thomson seine Teilchen als „Korpuskeln", aber später übernahm er den Namen Elektron. Seine historische Schlußfolgerung war: „Demnach haben wir in den Kathodenstrahlen Materie in einem neuen Zustand, einem Zustand, in dem ein Teil der Materie viel weiter getragen wird als der gewöhnliche Gaszustand."

Thomsons Bekanntgabe der Entdeckung des Elektrons am 30. April 1897 kann als die Geburt der Teilchenphysik angesehen werden. Radioaktivität und Röntgenstrahlen waren bereits bekannt, aber ihre Verbindung mit der Atomstruktur war noch nicht verstanden. Das Elektron war das erste identifizierte subatomare Teilchen.

Die elektrische Ladung des Elektrons wurde von dem Amerikaner Robert Millikan 1911 gemessen. Millikan sprühte kleine Öltröpfchen zwischen zwei elektrisch geladene horizontale Platten und beobachtete diese durch ein Mikroskop, während die Spannung zwischen den Platten geändert wurde. Er konnte die aufgenommene Ladungsmenge bestimmen, die immer ein Vielfaches der Ladung eines einzelnen Elektrons war.

Im Jahre 1900 wurde eine revolutionäre Idee der Physik geboren. Max Planck folgerte aus dem Studium der Wärmestrahlung, daß Strahlungsenergie nicht in einem kontinuierlichen Strom ausgesendet wird, sondern in kleinen Paketen, die Quanten genannt werden. Albert Einstein erweiterte diese Idee, indem er sagte, daß Licht sich wie ein Schwarm von Teilchen, Photonen genannt, verhält.

Ist Licht schizophren?

Die Quantenrevolution

Gegen Ende des 19. Jahrhunderts waren die Physiker ratlos, wie heiße Objekte Wärmeenergie abstrahlten. Experimente zeigten, daß die abgestrahlte Wärme einzig von der Temperatur abhängt, nicht aber vom Material des Objekts. Versuche, die Energie mit der Temperatur in Verbindung zu setzen, ergaben absurde Voraussagen. Ein sogenannter „schwarzer Körper" – ein „perfekter Abstrahler" von Energie – würde eine unendliche Energiemenge am hochfrequenten Ende (ultraviolett) des elektromagnetischen Spektrums abgeben.

Diese „Ultraviolettkatastrophe" blieb ein Problem, bis Max Planck, Professor für Physik in Berlin, eine radikale Lösung fand. Am 14. Dezember 1900 berichtete er der Deutschen Physikalischen Gesellschaft, daß Strahlungsenergie nicht kontinuierlich und unendlich teilbar ist, sondern in Stößen kleiner Energiepakete entweicht, die er „Quanten" nannte (lateinisch für „wieviel"). Je höher die Frequenz der Strahlung ist, desto mehr Energie trägt ein Quant.

Ludwig Boltzmann, der Erfinder der statistischen Mechanik, hatte schon (1872) die Idee der Energiequanten verwendet, jedoch nicht das Wort. Er hielt sie für einen mathematischen Trick, aber das Konzept beeinflußte Planck wahrscheinlich.

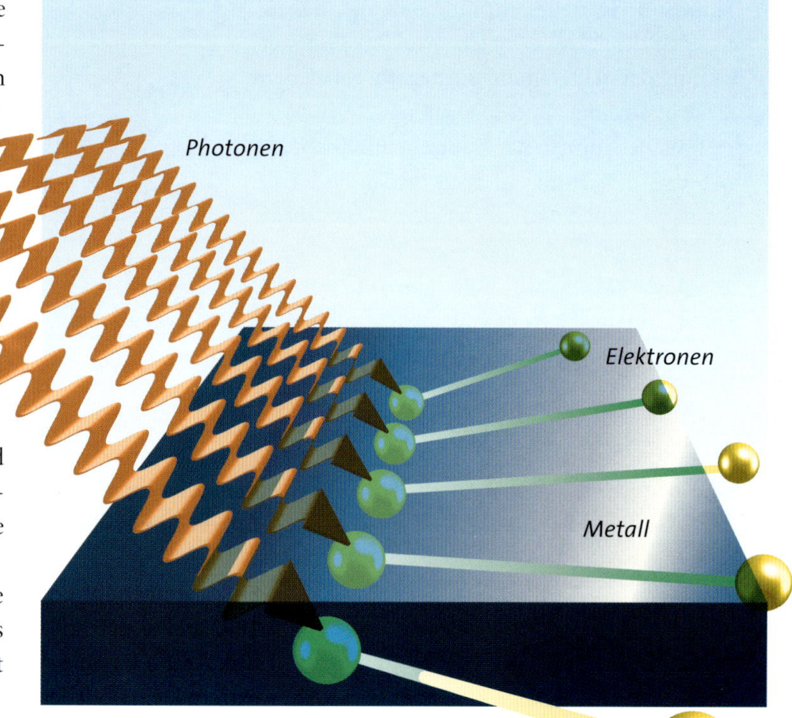

Max Planck – ein ewiger Optimist

„Seine Arbeit hat einen der kraftvollsten Impulse zum Fortschritt der Wissenschaft gegeben. Seine Ideen werden wirksam sein, solange es die Physik gibt", schrieb Einstein über Max Planck (1858 – 1947). Einstein sah Planck in seiner Bedeutung für die Physik fast als einen Heiligen an.

Trotz seines wissenschaftlichen Erfolges war Plancks persönliches Leben tragisch. Sein ältester Sohn wurde in Verdun im 1. Weltkrieg getötet, und seine beiden Töchter starben kurz nach ihrer Heirat. Ein jüngerer Sohn, Erwin, nahm an dem Putschversuch von 1944 gegen Hitler teil und wurde hingerichtet. Solche Ereignisse hinterließen zweifelsohne ihre Spuren, aber Plancks Motto blieb „man muß Optimist sein". 1918 wurde er mit dem Nobelpreis für Physik ausgezeichnet.

Akt der Verzweiflung

Planck nannte die Quantenhypothese einen Verzweiflungsakt, um experimentelle Ergebnisse zu erklären. Als ein Physiker der alten Schule fühlte er sich nicht wohl bei dem Gedanken an Quanten und versuchte die nächsten 10 Jahre, sie loszuwerden, damit die Theorie wieder mit der klassischen Physik vereint werden könnte. „Viele meiner Kollegen sahen darin eine Tragik", schrieb er später.

Planck war sich jedoch der Konsequenzen seiner Entdeckung in voller Tragweite bewußt. „Es könnte die größte Sache der Wissenschaft seit Newton sein", vertraute er seinem Sohn an. Die Konsequenzen wurden deutlich, als Albert Einstein, ein 26jähriger gescheiterter Schullehrer, der im Patentbüro in Bern arbeitete, Plancks Idee einen Schritt weiterführte.

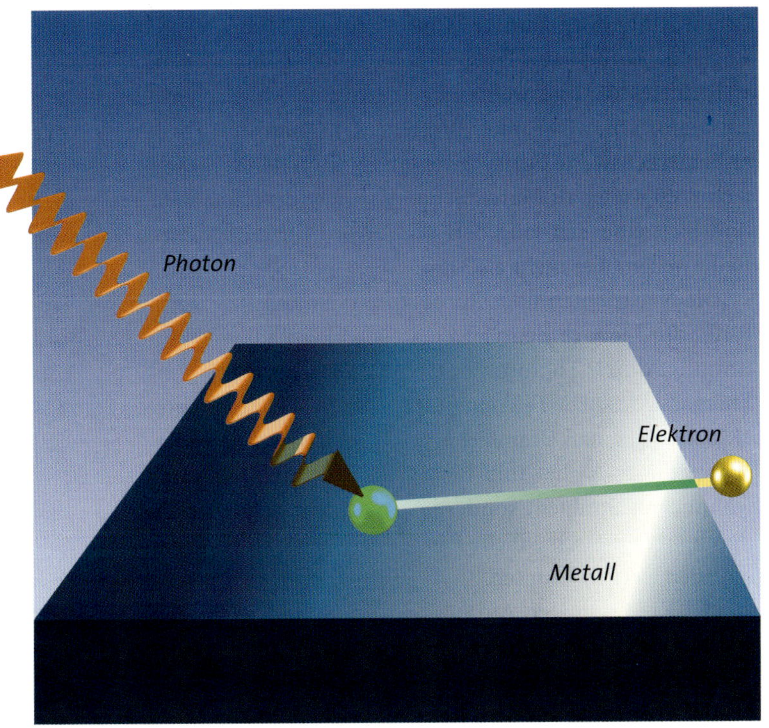

▼ Fotoelektrische Effekte (links und unten): Wenn Licht auf fotosensitive Metalle trifft, werden Elektronen aus den Metallatomen gestoßen. Wenn Licht nur wellenartigen Charakter hätte, würden wir erwarten, daß eine Reduktion der Lichtintensität zur Abstrahlung langsamerer Elektronen führen würde. Tatsächlich aber produziert selbst ein sehr schwaches Licht schnelle Elektronen. Dieses Verhalten ist nur verständlich, wenn Licht aus Teilchen besteht. Der Effekt kann durch mehrere Wasserstrahlen veranschaulicht werden, die auf eine Kiste voller Tennisbälle zielen. Wenn nur ein Strahl aktiv ist, fliegen immer noch 1 oder 2 Bälle mit hoher Geschwindigkeit heraus.

Der fotoelektrische Effekt

Der fotoelektrische Effekt war seit den 1880er Jahren bekannt gewesen. Licht schlug gelegentlich Elektronen von der Oberfläche gewisser Metalle, um einen winzigen elektrischen Strom zu produzieren. Im Jahre 1902 hatte Philipp Lenard gezeigt, daß die Erhöhung der Lichtintensität die Elektronen nicht mit größerer Energie davonfliegen ließ, sondern eine größere Anzahl von Elektronen mit derselben Energie erzeugte.

Dies war unverständlich, wenn Licht aus Wellen gemacht war, wie es die meisten Physiker glaubten. Einstein wurde zum Retter, indem er zeigte, daß der Effekt leicht verstanden werden könnte, wenn Licht sich wie ein Stakkato von Teilchen, wie Kugeln eines Maschinengewehrs, verhält. Er nannte die Lichtteilchen „Photonen". Die Energie eines Photons hängt von der Frequenz (die Anzahl der Schwingungen pro Sekunde) der Strahlung ab. Je höher die Frequenz, desto höherenergetisch das Photon. Das Verhältnis von Energie zu Frequenz ist eine feste Zahl, die als Planckkonstante bekannt ist.

Die duale Natur des Lichts

Einstein ging weiter als Planck, der behauptet hatte, daß Strahlung in Quanten abgestrahlt und eingefangen wird, nicht aber, daß die Strahlung selbst nicht kontinuierlich ist. Planck vermutete, daß die Quanten sich irgendwie zu Wellen verbinden, die sich beim Einfangen wieder in Quanten teilen. Einstein wußte, daß er ein Dilemma erzeugt hatte. Ein Jahrhundert gewissenhafter Experimente hatte gezeigt, daß Licht aus Wellen besteht, und diese Folgerungen konnten nicht ignoriert werden. Während der nächsten 20 Jahre mühte sich Einstein ab, den „schizophrenen" Charakter des Lichts zu verstehen. Wie kann etwas gleichzeitig Teilchen und Welle sein? Das wäre, als würde man sagen, ein Stein ist dasselbe wie die kleinen Wellen, die er auf einem Teich erzeugt. Könnten die Photonen, spekulierte er, von „Geisterwellen" begleitet sein?

Einsteins dreifacher Paukenschlag

Im Alter von 26 Jahren veröffentlichte Albert Einstein drei Meilensteine bedeutende Berichte, die alle in derselben Ausgabe des deutschen wissenschaftlichen Journals *Annalen der Physik* 1905 erschienen. Der erste präsentierte seine Erklärung des fotoelektrischen Effekts, indem er zeigte, daß Licht aus Teilchen (Photonen) besteht. Der zweite Artikel erklärte die Braunsche Bewegung, die zufällige mikroskopische Bewegung von in Wasser gelösten Teilchen, die zuerst vom schottischen Botaniker Robert Brown 1827 beobachtet wurde. Einstein leitete eine Gleichung ab, die zeigte, daß Braunsche Bewegung auf Wassermoleküle, die zufällig mit den gelösten Molekülen zusammenstießen, zurückgeführt werden konnte.

Der dritte Bericht beschrieb Einsteins spezielle Relativitätstheorie, die weit verbreitete Auffassungen von Raum und Zeit verwarf und eine neue Vorstellung von gleichzeitigen Ereignissen ausarbeitete. Die Idee der speziellen Relativitätstheorie erklärte, was passiert, wenn Geschwindigkeiten sich der des Lichts annähern. Der erste Artikel über den fotoelektrischen Effekt brachte Einstein 1921 den Nobelpreis für Physik ein und nicht seine dritte Publikation über die spezielle Relativitätstheorie. Einsteins neue Sicht von Raum und Zeit änderte jedoch für immer unser Verständnis des Universums und seiner Bestandteile, im großen wie im kleinen.

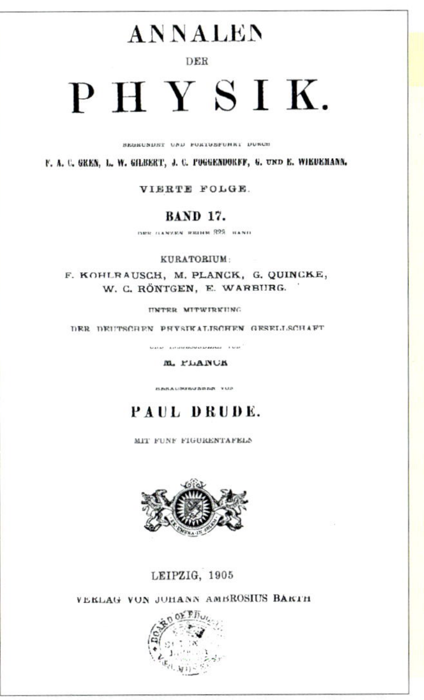

Das kernige Atom

Die Entdeckung des Atomkerns

Radioaktivität wurde ein mächtiges neues Werkzeug in den Händen von Ernest Rutherford. 1911 schoß er radioaktive Teilchen auf eine dünne Goldfolie und zeigte, daß das Atom größtenteils leer war, einem winzigen Sonnensystem gleichend, dessen Masse im wesentlichen in einem winzigen zentralen Kern konzentriert war.

Alpha, Beta und Gamma

Paul Villard, ein französischer Chemiker mit Eltern englischer Abstammung fand 1900 eine dritte Art von Radioaktivität, die Rutherford übersehen hatte, weil sie seinen Apparat unbemerkt durchdrungen hatte. Aufgrund der bereits bekannten Alpha- und Betastrahlung nannte Villard sie logischerweise „Gammastrahlen". Alpha- (α) und Betastrahlen (β) sind tatsächlich Teilchen: Alphas sind Heliumkerne, Betas sind Elektronen. Gammastrahlen (γ) sind jedoch richtige elektromagnetische Strahlung. Sie ist die höchstenergetische Form elektromagnetischer Strahlung, mit kürzeren Wellenlängen als Röntgenstrahlung. Gammastrahlen werden meist zugleich mit Alphas und Betas ausgesendet, um es einem radioaktiven Kern zu ermöglichen, „sich" in einen weniger aktiven Zustand „zu beruhigen".

Ernest Rutherford kam 1895 im Alter von 24 aus Neuseeland nach England. Zurück zu Hause baute er einen bahnbrechenden Radiowellendetektor, und während seiner ersten Monate am Cavendish-Laboratorium, wo er unter Professor J. J. Thomson arbeitete, machte er bemerkenswerte Fortschritte im Studium der Radiowellen. Er war technisch weiter als Marconi, dem Erfinder der kabellosen Telegrafie, und hielt eine Zeit lang den Weltrekord für die Übermittlung von Radiowellen über mehr als 3 km.

Die Nachrichten über Röntgenstrahlen und Radioaktivität ließen Rutherford jedoch den vielversprechenden Radiodetektor aufgeben. Ermutigt durch Thomson brachte er sein enormes Talent und seine Energie in das neue Feld ein und lieferte bald einen wichtigen Beitrag. 1898 zeigte er, daß Uran nicht eine, sondern zwei Arten Radioaktivität abgab, die er Alpha- und Betastrahlen nannte. Sie waren keine gewöhnlichen Strahlen, sondern Ströme sehr schneller Teilchen, die durch ihre unterschiedliche Durchdringungskraft voneinander unterschieden werden konnten.

Die Kerne einiger Atome sind stabil und leben ewig. Andere, wie der des Urans, fühlen sich nicht wohl und versuchen, durch Zerfall eine stabilere Zusammensetzung zu finden. Diese Instabilität, bei der Fragmente aus dem Kern entweichen, ist als radioaktiver Zerfall bekannt. Bis 1932 waren diese natürlichen Kernfragmente die ein-

▶ *Starker Rückstoß:* Physiker stellten sich das Atom zunächst als eine Kugel mit positiver Ladung, in die Elektronen eingebettet sind, vor. 1911 feuerte Rutherford Alpha-Teilchen auf Goldatome. Doch anstatt gerade hindurchzufliegen und nur leicht abgelenkt zu werden (A), wurden einige Alphas zurückgestoßen (B). Die zurückgestoßenen Alpha-Teilchen zeigten, daß mehr als 99 % der Atommasse in einem winzigen positiv geladenen Kern konzentriert ist. Rutherford arbeitete anhand von grundlegenden physikalischen Methoden aus, wie die Ablenkung jedes ankommenden Teilchens von seiner nächsten Annäherung an den Kern abhängt. Diese „Rutherfordstreuung" wurde später noch ausgeklügelter, blieb aber wesentlich für jeden Studenten der modernen Physik.

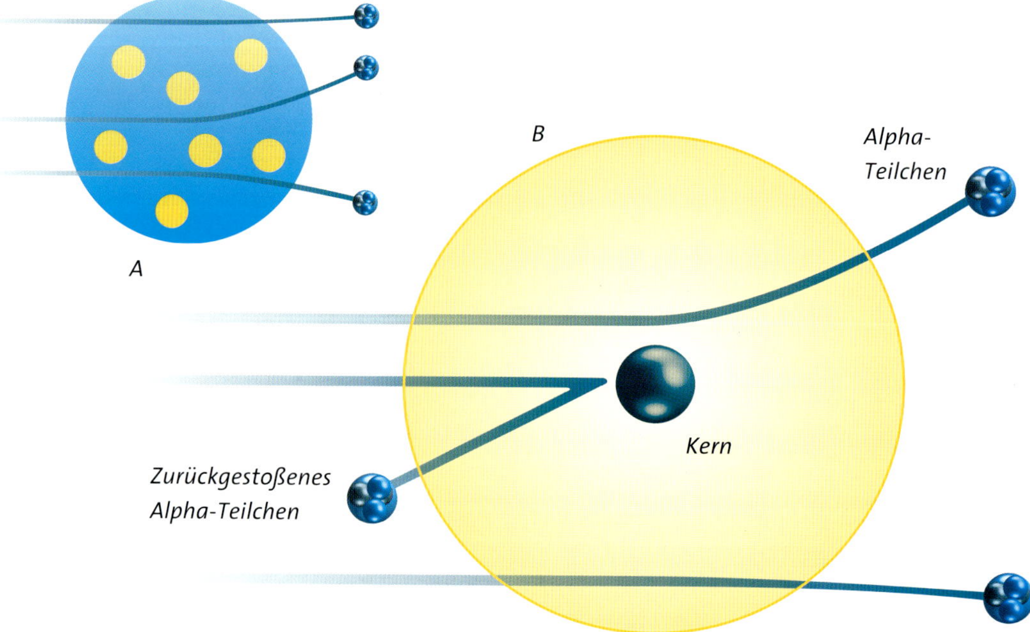

zigen Mittel, neue Kernreaktionen zu entdecken.

1898 zog Rutherford nach Montreal in Kanada, um Professor an der McGill-Universität zu werden. Dort setzte er seine Forschung an der Radioaktivität fort und untersuchte 1903 mit dem Chemiker Frederick Soddy, wie radioaktive Elemente zerfallen. Während Betastrahlung schnell als Elektronenstrom identifiziert wurde, waren Alpha-Teilchen eher mysteriös. Rutherford hatte eine besondere Zuneigung zu den Alpha-Teilchen und nannte sie seine „lieben kleinen Kerlchen". Sie wurden zeitweise für sekundäre Röntgenstrahlen gehalten, aber 1909 gelang es Rutherford, Alpha-Teilchen in einer Glaskugel zu fangen und zu zeigen, daß sie eigentlich Heliumkerne waren.

Seebombardement

In einem einen Meilenstein bedeutenden Experiment ließ Rutherford seine Studenten Alpha-Teilchen auf eine dünne Goldfolie schießen, um zu sehen, wie sie reflektiert werden. Die aus der Folie entkommenden Teilchen wurden dann sorgfältig aufgezeichnet, während sie durch ein Mikroskop als Blitze auf einem fluoreszierenden Schirm sichtbar waren.

Die meisten der Alpha-Teilchen gingen gerade durch die Folie, aber einige wurden stark abgelenkt, und wenige wurden sogar so zurückgeworfen, als wenn sie auf etwas Schweres getroffen wären. „Es war, als wenn eine Kanone auf ein Stück Papier gefeuert würde und die Kugel direkt zurückkäme, um

dich zu treffen", sagte Rutherford. Nachdem er über das seltsame Ergebnis einige Wochen nachgedacht hatte, kam er mit einer Erklärung, die unsere Sicht der mikroskopischen Welt veränderte.

Wenn die meisten Teilchen die Folie passierten, meinte er, muß das Atom größtenteils aus leerem Raum bestehen. Aber tief im Atom war ein winziger zentraler Kern, in

dem fast die gesamte Masse konzentriert war, so daß bei seltenen Gelegenheiten, wenn ein Alpha-Teilchen mit einem Kern kollidierte, es heftig ausscherte. Die Elektronen umkreisten den Kern wie die Planeten die Sonne, so daß das ganze Atom, schloß Rutherford, 10 000mal größer als der Kern war. Damit machte die Suche nach dem extrem Kleinen einen gewaltigen Schritt vorwärts.

Obwohl sie neue Einsichten bot, basierte Rutherfords revolutionäre Idee eines Kerns im Atom noch auf der klassischen Physik von Newton und Maxwell. Es wurde jedoch schnell klar, daß Atome unterschiedlichen Regeln gehorchen. Niels Bohr entwickelte ein neues Modell, das dem Verhalten der Atome Rechnung trägt.

Quanten-sprung

Bohrs Atommodell

Rutherfords dem Sonnensystem ähnliches Atommodell hatte einen schwerwiegenden Makel. Nach den Regeln des Elektromagnetismus sollten rotierende Elektronen kontinuierlich Energie durch Strahlung verlieren und somit rasch in den Atomkern stürzen. Wie konnten Atome dann stabil sein?

Entweder war etwas in Rutherfords Modell verkehrt – oder mit der konventionellen Physik. Ein junger dänischer Physiker namens Niels Bohr entschied sich für letzteres. Die atomare Welt gehorcht anderen Regeln, mutmaßte er, und benutzte 1913 Plancks Quantentheorie, um ein verbessertes Bild des Atoms zu entwickeln.

Nach den Regeln Bohrs konnten atomare Elektronen nur bestimmte, genau festgelegte Umlaufbahnen einnehmen, die festen Energieniveaus entsprechen. Auf diesen Bahnen kreisen die Elektronen ungehindert, ohne Energie zu verlieren. Durch einen ruckartigen Stoß springt ein Elektron jedoch auf eine höherenergetische Umlaufbahn. Fällt es danach in seinen „Grundzustand" zurück, wird Energie durch ein Lichtquant (Photon) freigesetzt, das der Energiedifferenz der beiden Umlaufbahnen entspricht. Abhängig von den beteiligten Orbits, können diese Photonen sichtbares oder ultraviolettes Licht oder auch Röntgenstrahlen sein.

Dies war der berühmte „Quantensprung". Diese seltsame Änderung der Umlaufbahnen der Elektronen inspirierte die Phantasie der Menschen. Es war wie bei einem Auto in einer Innenstadt, das sich vom Blitz getroffen in Luft auflöst und auf einer Autobahn wieder auftaucht. Nach dem Gewitter kommt das Auto wieder zurück auf seine ursprüngliche Straße, wobei es einen Blitz aussendet. Jedes Atom hatte seine eigenen charakteristischen Quantensprünge.

Bohrs Atommodell erklärte nicht nur, warum Atome stabil sind, sondern auch die Spektrallinien. Wenn das Licht eines heißen Gases durch ein Prisma scheint, wird eine feste Folge farbiger Bänder sichtbar, die Spektrallinien,

Niels Bohr – Fußball und Western

Niels Bohr (1885–1962) spielte in seiner Jugend Fußball und war Ersatztorwart bei einem führenden dänischen Klub. Nur seine Zurückhaltung beim Herauslaufen und Attackieren verhinderte seinen Stammplatz. Sein Bruder Harald spielte Verteidiger und war ein Star im dänischen olympischen Team, mit dem er 1908 in England die Silbermedaille gewann.

Trotz seiner wissenschaftlichen Brillanz war Bohr ein langsamer Denker. George Gamov erzählte, daß Bohr bei einem Kinobesuch dauernd einfältige Fragen stellte. Obwohl er süchtig war nach Westernfilmen, hatte er oft Probleme, der Handlung zu folgen. Seine gesammelte Erfahrung aus diesen Western ließ ihn eine „Theorie" über Schießen in Notwehr entwickeln, die besagte, daß eine freiwillige Entscheidung immer langsamer ist als eine Instinkthandlung. Er bestätigte seine Theorie mit Hilfe des holländischen Physikers Hendrik Casimir und einiger Spielzeugpistolen.

*▼ **Atomare Stufenleiter (unten und rechts):** Ein ankommendes Lichtquant (unten), ein Photon, wird von einem einfangenden Elektron in einem Atom absorbiert. Dadurch wird das Elektron in eine Umlaufbahn mit höherer Energie und größerer Entfernung vom Kern gedrückt. Mit seiner aufgenommenen Energie unglücklich, kehrt das angeregte Atom unter Aussendung des Photons (rechts) in seinen ursprünglichen Zustand zurück, wie das Elektron zu seiner ursprünglichen kernnäheren Umlaufbahn zurückkehrt. Für jede Atomart sind die möglichen Elektronenenergien festgelegt, wie Stufen einer Leiter. So wie die Elektronen diese Leiter hinauf- oder hinabklettern, absorbieren oder emittieren sie Photonen. Dadurch entsteht ein charakteristisches Muster von Spektrallinien – der „Fingerabdruck" des Atoms, wobei jede Linie einem speziellen Energiesprung eines umlaufenden Elektrons entspricht.*

die eine charakteristische Unterschrift des Gases darstellen, so daß beispielsweise die Analyse von Sternenlicht zeigt, woraus der Stern besteht

Bohr erklärte diese Bänder durch Elektronen im Atom, die zwischen ihren verschiedenen erlaubten Umlaufbahnen hin- und herspringen. Selbst das Wasserstoffatom, das einfachste aller Atome mit nur einem Elektron, hat ein kompliziertes Spektrum. Bohr zeigte, daß dieses Muster exakt den möglichen Sprüngen des Elektrons zwischen den erlaubten Bahnen entspricht.

Bohr ordnete die Elektronen in Schalen an, den Zwiebelschalen ähnlich. Jede Schale konnte nur eine bestimmte Anzahl von Elektronen aufnehmen, diejenigen mit der niedrigsten Energie nahe dem Kern wurden zuerst aufgefüllt.

Atomare Unterschriften

In Bohrs Bild hatten Elemente mit gleicher Anzahl von Außenelektronen ähnliche chemische Eigenschaften. Jetzt konnte die seltsame Struktur von Mendelejevs Periodensystem der Elemente durch die Anordnung der Elektronen in den Atomen verstanden werden.

In Bohrs Bild bewegen sich die Elektronen auf festen Orbitalen, bis eines herausgeschlagen wird und in ein äußeres Orbital gelangt. Beim Rückspringen wird ein Lichtblitz abgestrahlt. Die Spektrallinien resultieren aus diesen Elektronensprüngen.

Die Erklärung für Bohrs Zuordnung von Elektronen wurde allerdings erst klar, als Wolfgang Pauli 1926 das „Ausschlußprinzip" entdeckte, das bestimmt, wie Elektronen sich untereinander verhalten. Pauli sah, daß ein möglicher Quantenzustand nur von einem Elektron besetzt werden konnte. Schon untersuchte eine neue Generation von Physikern, angespornt von Bohrs Erfolg, die tieferen Zusammenhänge der Quantentheorie und brachte eine zweite Revolution, die „Quantenmechanik", auf den Weg.

Bohr war auch ein begeisterter Reisender und besuchte 1912 zum erstenmal Rutherford in Manchester. Persönliche Kontakte waren extrem wichtig für das Verständnis und die Weiterentwicklung der neuen Quantenideen, und Bohrs Kopenhagener Schule wurde ein Schauplatz der europäischen und globalen Physik. 1922 bekam er den Nobelpreis für Physik. Anders als seine Kollegen blieb er für eine lange Zeit wissenschaftlich produktiv, er formulierte neue kernphysikalische Ideen bis weit in seine 40er Jahre. Nach dem 2. Weltkrieg spielte er eine wichtige Rolle im Wiederaufbau der europäischen Physik.

In den 20er Jahren gab eine neue Theorie, die Quantenmechanik genannt wurde, ein besseres Verständnis des Atoms. Doch sie ließ das Atom auch unschärfer aussehen. Anstatt in Umlaufbahnen fixiert zu sein, waren die Elektronen darauf verschmiert. Unsicherheit und statistische Wahrscheinlichkeiten wurden als grundlegende Größen der Natur eingeführt.

Eine krause Welt der Unsicherheit

Das Bild der Quantenmechanik

In den frühen 20er Jahren war die Physik in einer schlechten Situation. Das Bohrsche Atommodell funktionierte gut für das Wasserstoff-Atom mit seinem einzigen Elektron. Doch es war schwierig, es auf komplexere Atome zu erweitern. Auch Bohr konnte nicht erklären, wie die Elektronen von einer Bahn zur anderen sprangen, und war der erste, der darauf aufmerksam machte, daß sein Modell bei weitem nicht befriedigend ist.

Ein talentierter junger Deutscher, Werner Heisenberg, nannte das Atommodell von Bohr ganz offen „eine ganz spezielle Mischung aus Mumpiz und experimentellem Erfolg". Bohr war überhaupt nicht verärgert darüber und sich der Defizite seiner Theorie bewußt. Er lud Heisenberg ein, ihn in Kopenhagen zu besuchen und zu sehen, ob dieser ein konsistenteres und brauchbareres Bild des Atoms entwickeln könnte. Auf dem Nachhauseweg von Kopenhagen im Sommer 1925, während eines kurzen Aufenthaltes auf der Insel Helgoland zur Erholung vom Heuschnupfen, hatte Heisenberg eine bemerkenswerte Idee.

Das Bohrsche Atommodell war nicht richtig, sagte Heisenberg, weil es auf Dingen beruhte, die gegenwärtig nicht beobachtet werden können – beispielsweise die Umlaufbahnen der Elektronen. Statt dessen wählte er einen abstrakten Weg und beschrieb das Atom in einer neuen, rein mathematischen Weise, die „Matrizenmechanik" genannt wurde. Dabei war es den Elektronen nur erlaubt, Energien in einer Serie bestimmter Werte zu haben.

Wahrscheinlichkeitswellen

Wie so oft in der Physik wurden fast zur gleichen Zeit parallele Untersuchungen in einem anderen Teil der Welt angestellt.

Eine neue Idee bewegte den österreichischen Physiker Erwin Schrödinger während

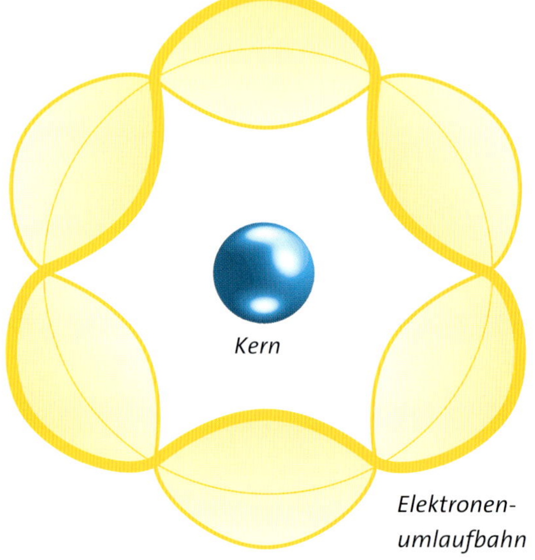

Die Theorie der Jungs

Die Ideen der neuen Quantentheorie erschienen zu unausgegoren, aus wirren Köpfen stammend. Werner Heisenberg (links dargestellt) wurde 1901 in Würzburg, Deutschland, geboren und war erst 26 Jahre alt, als er so bekannt wurde wie das Resultat seiner Unschärferelation. Die meisten anderen Beteiligten wie Paul Dirac, Wolfgang Pauli und Pascual Jordan waren Anfang 20. Infolgedessen wurde diese Theorie geringschätzig „Die Theorie der Jungs" genannt. Eine bemerkenswerte Ausnahme war Erwin Schrödinger, der mit 37 Jahren bereits eine geachtete Persönlichkeit war. Im fortgeschrittenen Alter hatte jedoch Schrödinger selbst Schwierigkeiten, seine eigene Erfindung, die Quantenmechanik, zu erklären.

eines Skiurlaubs 1925. Der Franzose Louis de Broglie hatte 1923 eine neue Vermutung angestellt. Weil Lichtwellen manchmal Teilchencharakter aufweisen, sollten sich Materieteilchen, wie Elektronen, manchmal wie Wellen verhalten. Schrödinger war dazu bestimmt, die Idee von de Broglie in eine mathematische Form zu bringen. Das Ergebnis war eine neue Methode zur Beschreibung des Atoms, die „Wellenmechanik" genannt wurde.

In Schrödingers wellenmechanischem Atom wurden die Elektronen in Wellenzüge rund um den Atomkern gepreßt. Nur ganzzahlige Wellenzahlen konnten untergebracht werden. Dies erklärt den mysteriösen Quantensprung, den Schrödinger verabscheute. Einst hatte er zu Bohr gesagt: „Sie verstehen sicher, daß die gesamte Idee des Quantensprungs auf Unsinn beruht."

Die Quantenmechanik ist geboren

Umgekehrt wurde Schrödingers einfaches Atombild in Frage gestellt, als Max Born die Elektronenwellen als Wahrscheinlichkeitsverteilung interpretierte. Die Quantenmechanik, sagte Born, kann nur Wahrscheinlichkeiten des Auffindens von Elektronen berechnen, aber ihren exakten Aufenthaltsort nicht angeben. Es ist besser, sich „Elektronenwolken" variierender Dichte vorzustellen als feste Orbitale.

Als sich Heisenberg 1927 mit der mathematischen Beschreibung des Elektronenweges durch eine Nebelkammer abmühte (vgl. S. 43), entdeckte Werner Heisenberg einen dramatischen neuen Quanteneffekt, der dann Heisenbergsche Unschärferelation genannt wurde. Diese besagt, daß es unmöglich ist, gleichzeitig Ort und Impuls (Geschwindigkeit und Masse) eines Teilchens zu bestimmen. Durch ihre eigene Natur ist die Welt auf atomarer Ebene voll von Rätseln. Die Unschärferelation besagt, daß der „leere" Raum – das Vakuum – mit Quantenkram gefüllt ist, der ständig aufblitzt und erlischt. Diese winzigen Ausbrüche vorübergehender Energie vermitteln Botschaften zwischen den Teilchen und spielen eine grundlegende Rolle in der Physik als die Träger der Kräfte.

Diese unterschiedlichen atomphysikalischen Ansätze waren schwer zu vereinigen. Doch die Solvay-Physik-Konferenz von 1927 in Brüssel versuchte, sie einander näherzubringen. Das Ergebnis überraschte alle: Heisenbergs Matrizenmechanik, Schrödingers Wellenmechanik, Borns Wahrscheinlichkeitsverteilung und die Unschärferelation beschrieben alle im Wesen die gleiche Sache. Diese neue Sicht des Atoms wurde als „Quantenmechanik" bekannt.

Einstein mochte die Idee nie, daß Quantenereignisse, durch die Wahrscheinlichkeit bestimmt, ein Element der Zufälligkeit hatten. Er versuchte ständig, Einwände gegen die Unschärferelation zu formulieren. „Gott würfelt nicht!", bemerkte Einstein oft.

▲ *Die Rätselhaftigkeit der Natur (oben): Die Heisenbergsche Unschärferelation besagt, daß es im selben Augenblick unmöglich ist, exakt zu wissen, wo ein subatomares Teilchen sich aufhält und wie schnell es sich bewegt. Das ist so etwas, wie zu versuchen, das Bild eines bewegten Sportlers aufzunehmen (wie dieses vom Sieg im Wettlauf Oxford/Cambridge gegen Harvard/Yale von 1923). Wenn wir seine Bewegung zu sehen versuchen, dann verschwimmt seine Position im Raum.*

▲ *Das Schrödinger-Atom (oben links): Elektronen, die normalerweise Teilchen sind, verhalten sich auch wie Wellen. Schrödinger glaubte, daß, wenn ein Elektron einen Atomkern umkreist, seine Welle auf der Umlaufbahn fixiert ist, wodurch eine „stehende Welle" entsteht – so etwas wie beim Seilspringen – die auf und ab vibriert, doch ohne sich fortzubewegen.*

Materiewellen

Die von Louis de Broglie vorausgesagten Materiewellen wurden 1927 beobachtet, als Clinton Davisson und Lester Germer in den USA und George Thomson (der Sohn von J.J.) in England zeigten, daß Elektronen durch Kristalle und Metallfolien gebeugt werden können (wie hier gezeigt), in der gleichen Weise, in der Licht durch ein feinmaschiges Netz gebeugt wird. 1931 hat ein Deutscher, Ernst Ruske, ein neuartiges Mikroskop gebaut, das einen Elektronenstrahl anstelle von Licht benutzt, um das Objekt zu beleuchten und beobachten. Elektronen haben 1000mal kürzere Wellenlängen als Licht und können viel feinere Details zeigen und bis zu 1 Million mal vergrößern.

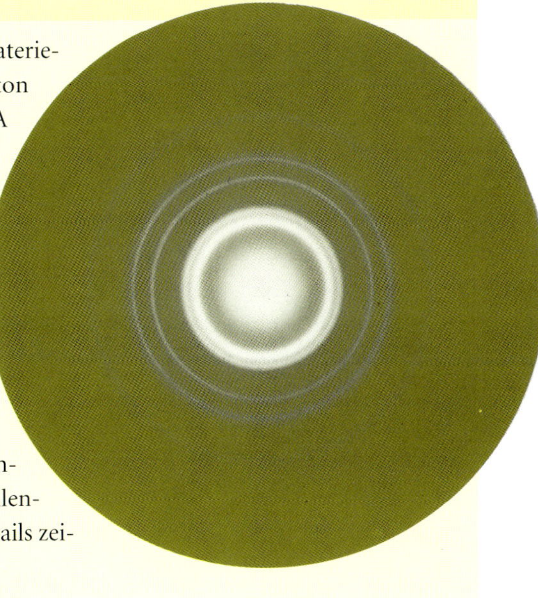

Seit den alten Griechen wurden die Atome als die ultimativen unteilbaren Bausteine der Materie angesehen. Früh im 20. Jahrhundert entdeckten Physiker, daß dies nicht der Fall war – im Atom war ein Kern – und später, daß der Kern selbst teilbar war.

Das Atom zertrümmern

Den Kern enthüllen

1914 führte Rutherfords Assistent Ernest Marsden an der Universität von Manchester die Streuexperimente weiter, die 1911 zur Entdeckung des Atomkerns geführt hatten. Er bemerkte, daß sich schnell bewegende Wasserstoffkerne, die er „H-Teilchen" nannte, manchmal auftauchten, wenn Alpha-Teilchen in Bewegung waren. Er vermutete, daß die H-Teilchen von der radioaktiven Alpha-Teilchenquelle stammten.

Rutherford beteiligte sich an der Suche nach den H-Teilchen und nahm zuerst an, daß sie ein unbekanntes leichtes Gas waren. Die Forschung des großen Mannes wurde durch den 1. Weltkrieg aufgehalten, aber er war immer noch in der Lage, etwas Zeit im Labor zu verbringen. Seine Abwesenheit von einem Treffen des U-Boot-Komitees entschuldigte er mit der legendären Bemerkung: „Wenn ich, wie ich glaube, den Atomkern gespalten habe, ist das von größerer Bedeutung als der Krieg."

Moderne Alchimie

Mit dem Ende des Krieges 1919 nahm Rutherford seine Untersuchungen wieder auf. Er feuerte Alpha-Teilchen in einen Behälter, der mit Stickstoffgas gefüllt war, und ein fluoreszierender Schirm hinter dem Apparat zeigte, was geschah. Normalerweise wurden die Alphas vom Stickstoff absorbiert, aber gelegentliche Blitze zeigten, daß neue Teilchen, die durchdringender als Alphas waren, herausgeflogen kamen. Rutherford schloß daraus, daß Stickstoffkerne, die von Alphas getroffen wurden, sich in Sauerstoff verwandelt hatten, wobei sie einen Wasserstoffkern abgaben. Rutherford vermutete, daß diese Teilchen die Grundbausteine aller Kerne sind, und nannte sie „Protonen" (d.h. „erste Teilchen").

Bei diesem Experiment wurde erstmals die Verwandlung eines Elementes beobachtet; der Traum der alten Alchimisten wurde wahr. Über die nächsten Jahre versuchten die Physiker weiter, Alpha-Teilchen auf Kerne zu schießen, um weitere nukleare Reaktionen zu sehen. Aber bevor neue Techniken erfunden waren, konnten sie nur Blitze durch ein Mikroskop auf einem fluoreszierenden Schirm zählen.

Erstmals 1925 konnte Patrick Blackett, der eine selbst entworfene Blasenkammer (s. S. 43) in Rutherfords Labor in Cambridge verwendete, eine visuelle Aufzeichnung einer Kernteilung machen. Seine Fotografie zeigte die Bahnen der an Rutherfords Verwandlung eines Stickstoffkerns zu einem Sauerstoffkern beteiligten Teilchen. 1948 erhielt Blackett den Nobelpreis für seine Arbeit.

Natürliche Alpha-Teilchen waren jedoch ineffiziente nukleare „Kugeln", und Rutherford verlangte nach künstlichen Quellen, die größere Energien als die natürliche Radioaktivität zur Verfügung stellten. John Cockcroft, der 1924 an Rutherfords Labor in Cambridge kam, wollte Protonen durch ein elektrisches Hochspannungsfeld beschleunigen. Obwohl Rutherford bewußt war, daß höherenergetische Teilchen notwendig waren, war er nicht überzeugt, daß man dazu teure Maschinen benötigte. Dies war einer seiner wenigen wissenschaftlichen Fehler, und der Ball ging an die USA (s. S. 50).

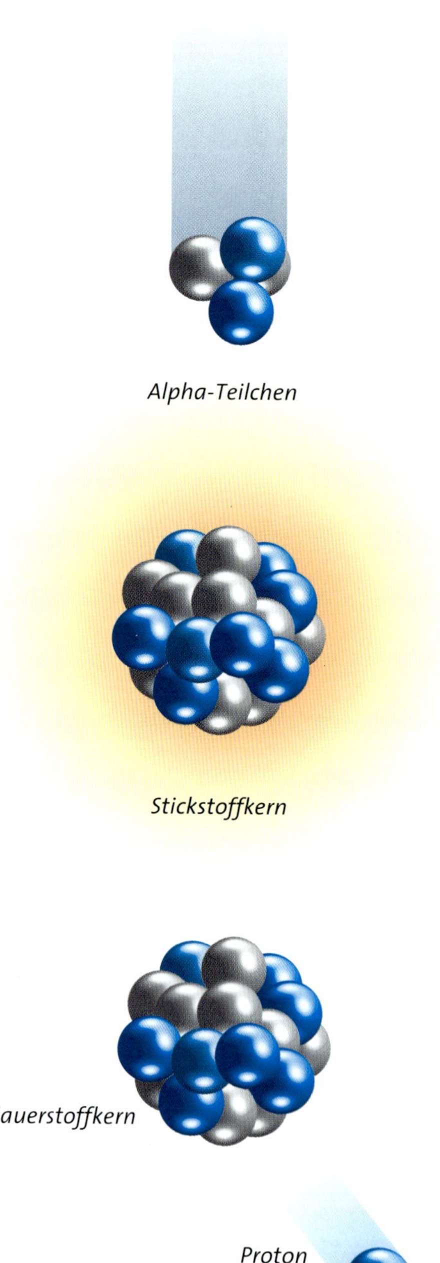

◀ *Rutherfords Kernverwandlung: Ein reinkommendes Alpha-Teilchen trifft einen Stickstoffkern (7 Protonen und 7 Neutronen), der sich in einen Sauerstoffkern verwandelt (8 Protonen und 9 Neutronen). Die Reaktion setzt ein Proton frei, das herunterfliegt, um einen fluoreszierenden Schirm zu treffen, wo es einen Blitz erzeugt, während der schwere Sauerstoffkern zurückbleibt.*

„Ich erkenne ein Alpha, wenn ich es sehe."

1932 verwendeten John Cockcroft und Ernest Walton ihre meiste Zeit auf das Reparieren von Vakuumlecks an den Verbindungen ihres empfindlichen Glasapparates. Schließlich brachten sie ihn in Betrieb und sahen die ersten Blitze auf dem fluoreszierenden Schirm, die anzeigten, daß Alpha-Teilchen produziert wurden. Es war eindeutig der Zeitpunkt, ihren Chef anzurufen. Nach einigen Schwierigkeiten, Rutherfords große Gestalt in die winzige Beobachtungshütte am Fuß ihres Experiments zu drücken, begann er Befehle zu rufen: „Schalte den Protonenstrom ein! … Erhöhe die Spannung! …" Nach einer Weile kam er aus der Hütte. „Diese Szintillationen sehen wie Alphas aus", sagte er, „ich sollte ein Alpha erkennen, wenn ich eines sehe."

„Wir haben das Atom geteilt!"

Zunächst erschienen die für die Teilung eines Kerns benötigten Energien zu hoch. Aber George Gamov, ein junger Wissenschaftler aus Leningrad, der Cambridge besuchte, behauptete, daß niedrigenergetische Protonen aufgrund eines Effektes, den er Quantentunneln nannte, zu einem Kern gelangen konnten. Auf diese Weise erreichten Cockcroft und sein Mitarbeiter Ernest Walton 1932 die erste vollständig künstliche Kernumwandlung.

In ihrem Experiment wurden Protonen, die aus einem Wasserstoffgas gewonnen wurden und mit 800 000 Volt eines genialen Hochspannungssystems beschleunigt wurden, entlang einer vertikalen Beschleunigerröhre auf ein Lithiumziel (engl. target) geschossen. Walton sah in einer mit Blei abgeschirmten Kiste unter der Röhre sitzend durch ein Mikroskop zu, wie die Lithiumkerne sich in Helium verwandelten. Der gewöhnlich leise Cockcroft rannte laut rufend auf die Straße: „Wir haben das Atom gespalten! Wir haben das Atom gespalten!" Die Zeitungen spekulierten, daß die Wissenschaftler jetzt eine unbegrenzte atomare Kraft beherrschten, die „die Welt explodieren lassen" könnte.

Obwohl die Cockcroft-Walton-Technik im Rennen um noch höherenergetische Teilchen überholt wurde, wurde ihre Methode 50 Jahre lang verwendet, um elektrisch geladenen Teilchen ihren Anfangsschwung zu geben, bevor größere Maschinen weitermachten.

▶ *Der erste Teilchenbeschleuniger:* Ernest Walton beobachtet einen fluoreszierenden Schirm unter dem Teilchenbeschleuniger, den er 1932 mit Cockcroft zusammen gebaut hatte. Blitze auf dem Schirm deuteten an, daß Alpha-Teilchen produziert wurden, als Lithium sich durch hochenergetische Protonen in Helium verwandelte.

Eine lange Zeit war die Zusammensetzung des Atomkerns ein Puzzle. Nach einer 12 Jahre dauernden Jagd fand James Chadwick schließlich das fehlende Teilchen, das Neutron. Die Entdeckung brachte die Kernphysik auf den Weg, der letztendlich zur Entwicklung der Atombombe führte.

1920 hatte Ernest Rutherford behauptet, daß ein drittes Teilchen zusätzlich zum Proton und zum Elektron im Atom existiert. Zur selben Zeit dachten Wissenschaftler, daß Elektronen den Kern nicht nur umkreisen, sondern auch in seinem Inneren existieren. Diese inneren Elektronen, dachten sie, waren die Quelle der Teilchen, die in der Beta-Radioaktivität beobachtet wurden. Rutherford behauptete, daß ein Proton und ein Elektron sich manchmal zu einem neutralen Teilchen verbinden könnten, das er Neutron nannte. Sofort begann er nach dem Teilchen zu suchen, unterstützt von seinem hartnäckigen Assistenten James Chadwick.

Die anfängliche Suche nach dem Neutron war nicht erfolgreich, und die Zusammensetzung des Kerns blieb während der 1920er Jahre für Rutherford ein Rätsel. Währenddessen setzte Chadwick seine gewissenhafte Jagd nach dem schwer zu findenden Neutron mit großer Geduld fort.

Durchdringende Strahlen

1930 entdeckten die Deutschen Walther Bothe und Herbert Becker, daß die Bombardierung von Beryllium durch Alpha-Teilchen eine durchdringende Strahlung produzierte, die 10 cm dickes Blei passierte. Sie dachten, es wäre Gammastrahlung, bis 1932 Irène Curie (die Tochter von Marie) und ihr Mann Frederick Joliot zeigten, daß die Strahlung Protonen aus Wasserstoffatomen herausstieß.

Bei der Wiederholung des Joliot-Curie-Experimentes kam James Chadwick zu einer anderen Lösung. Die durchdringenden Strahlen, nahm er an, waren Teilchen. Unter Verwendung gewöhnlicher Mechanik kam er zu der Erkenntnis, daß jedes der mit großer Geschwindigkeit davonfliegenden Protonen von einem Teilchen von etwa derselben Masse getroffen worden war.

Versteckte Kräfte im Kern

Protonen, Neutronen und die Bindungsenergie

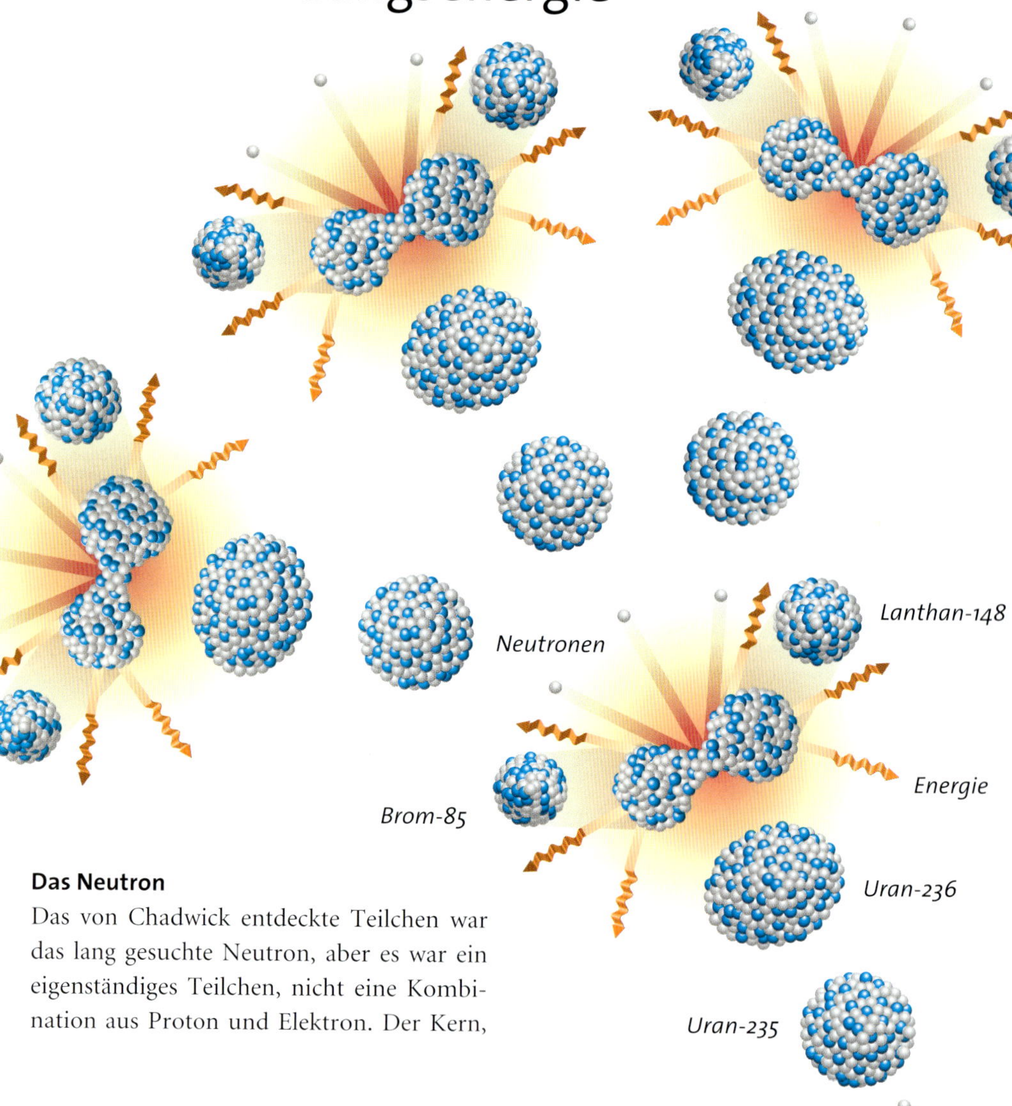

Das Neutron

Das von Chadwick entdeckte Teilchen war das lang gesuchte Neutron, aber es war ein eigenständiges Teilchen, nicht eine Kombination aus Proton und Elektron. Der Kern,

▲ **Kettenreaktion:** *Wenn ein langsames Neutron einen Uran-235-Kern trifft (mit insgesamt 235 Protonen und Neutronen), wird das Neutron absorbiert, und es bildet sich Uran-236. Dieses ist instabil und teilt sich sofort in zwei kleinere Kerne unter Abgabe von Energie und mehrerer Neutronen. Jedes freigesetzte Neutron kann wiederum einen weiteren Uran-235-Kern spalten. Die Reaktion vervielfacht sich blitzartig und erzeugt eine Kettenreaktion, die die gewaltige Kraft einer Kernexplosion in einem Bruchteil einer Sekunde freisetzt. In einem Kernreaktor wird die Explosion dadurch kontrolliert, daß sichergestellt wird, daß nicht mehr als eins der freigesetzten Neutronen einen weiteren Uran-235-Kern trifft.*

das wurde dann klar, enthält keine Elektronen, sondern nur Protonen und Neutronen. Ohne elektrische Ladung sind Neutronen nicht von elektrischen Kräften betroffen und können leicht durch Materie fliegen.

1934 entdeckte Enrico Fermi, der in Italien arbeitete, daß Neutronen durch Substanzen wie Wasser oder Paraffin abgebremst werden konnten. Diese langsamen Neutronen wur-

Die berühmteste Gleichung der Welt

1905 veröffentlichte Albert Einstein die Gleichung $E=mc^2$, die als Energie (E) ist gleich Masse (m) multipliziert mit der Lichtgeschwindigkeit im Quadrat gelesen werden kann – Licht breitet sich mit einer Geschwindigkeit von etwa 300 Millionen Meter pro Sekunde aus. Aus Sicht des Alltags sind Energie und Masse zwei sehr unterschiedliche Dinge. Einstein zeigte, daß sie tatsächlich äquivalent sind und ausgetauscht werden können. Masse wird in einer Kernexplosion zu Energie.

den leichter von Kernen eingefangen und ergaben mehr Möglichkeiten für künstliche Kernreaktionen, die neue radioaktive Varianten (Isotope) des ursprünglichen Kerns erzeugten. Diese Radioisotope wurden bald nützliche Hilfsmittel in der Biologie und der Medizin.

Kernspaltung

In Deutschland hatten Lise Meitner und Otto Hahn sorgfältig die Produkte radioaktiver Zerfälle untersucht. Meitner, eine Jüdin, war 1938 zur Flucht aus Deutschland gezwungen. Hahn setzte ihre Arbeit fort, jetzt mit Fritz Strassmann, und entdeckte, daß sich mit Neutronen bombardiertes Uran in zwei Teile spalten konnte. Niemals zuvor wurde beobachtet, daß ein radioaktiver Zerfall solch einen drastischen Wechsel in der Zusammensetzung eines Kerns erzeugen konnte.

Hahn schrieb an Meitner, die die Nachricht an ihren Neffen und Physiker Otto Frisch weiterleitete. Meitner und Frisch nannten den neuen Prozeß „Teilung". Zusätzlich zu den zwei Fragmenten produzierte die Teilung auch Neutronen und Energie. Diese Neutronen konnten weiteres Uran spalten und eine „Kettenreaktion" anstoßen. Dieser Prozeß war die Grundlage für den ersten Atombombentyp.

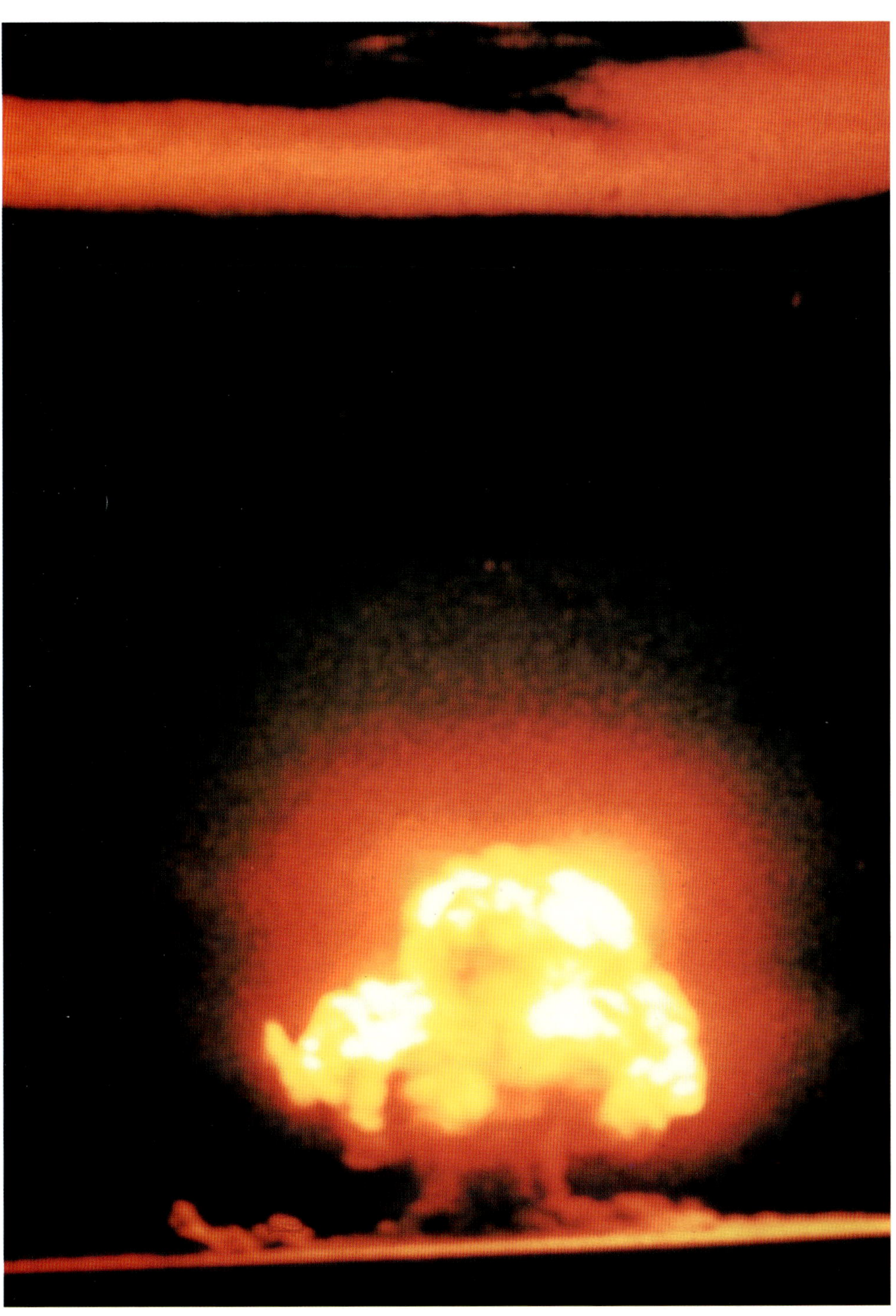

◄ *Die erste Kernbombe:* *Der Test der ersten Kernbombe der Welt (auch bekannt als „Atombombe"), hier abgebildet, fand bei der Alamogordo Luftwaffenbasis in Neu-Mexiko in den USA am 16. Juli 1945 statt. Schon 1907 hatte Max Planck vermutet, daß gewaltige Energiemengen im Atomkern verschlossen sein könnten, aber seine Vorhersage blieb weitgehend unbemerkt.*

Etwas in der Luft

Kosmische Strahlen

Nach der Entdeckung der Radioaktivität fanden die Physiker eine neue durchdringende Strahlung, die diesmal aus dem Weltall kam. Sie nannten sie kosmische Strahlung, und in den 1920ern war sie die Grundlage für die nächste Überraschung.

Früh im 20. Jahrhundert maßen Physiker mit einem Elektroskop genannten Instrument die Strahlung von Elementen wie Uran. Das Instrument bestand aus zwei Goldstreifen, die auseinanderstanden, wenn sie eine elektrische Ladung trugen. Radioaktive Emissionen stoßen Elektronen aus Atomen in der Luft und machen sie leicht leitend oder „ionisiert". Wenn ein Elektroskop in ionisierte Luft gestellt wurde, kamen die Streifen gleichzeitig mit der entweichenden Ladung zusammen.

Seltsamerweise schien die Luft sogar leicht leitend zu sein, wenn kein radioaktives Material in der Nähe war. Der Effekt, der zuerst 1900 von C.T.R. Wilson berichtet wurde, wurde zunächst auf radioaktive Substanzen in der Erde zurückgeführt.

Um dies zu testen, trug Theodor Wulf, ein Jesuitenpriester, ein Elektroskop auf die Spitze des 300 m hohen Eiffelturms. Der Abfall der Ionisation war erheblich geringer als erwartet, und Wulf nahm an, daß die Strahlung aus dem Grund mit einer Strahlung von oben konkurrierte.

Nachdem er Wulfs Arbeit gelesen hatte, begann der österreichische Physiker Victor Hess mit der Hilfe des österreichischen Aero Clubs 1911 eine Reihe waghalsiger Ballonflüge. Indem er mit dem explosiven Wasserstoff gefüllte Ballons benutzte, stieg er auf die Rekordhöhe von 5 350 m auf. In einem offenen Flechtkorb sitzend, durch die extreme

Legende:
π^+ Positives Pion
π^- Negatives Pion
π^0 Neutrales Pion
γ Gammastrahl
e^- Elektron
e^+ Positron
N Kern eines Atoms
n Neutron
p Proton
ν Neutrino
μ^- Myon
μ^+ Antimyon

Subatomarer Nebel verfolgt die Fährte

1911 erfand der schottische Physiker Charles Thomas Rees Wilson – kurz C.T.R. – die „Nebelkammer", einen Apparat, der enthüllte, wo subatomare Teilchen geflogen sind. Auf den Prinzipien der Nebelbildung basierend, wurde die Kammer ein unersetzliches Hilfsmittel in der Erforschung der Kerne und der kosmischen Strahlung.

Wilson hatte Meteorologie studiert und wußte, daß in Luft, die mit Wasserdampf gesättigt ist und abkühlt, der Wasserdampf zu Tröpfchen kondensiert. So bildet sich Nebel. Die Kondensation wird durch geringste Unreinheiten oder Störungen ausgelöst. Wilsons Nebelkammer bestand aus einem Glaszylinder, der eine Mischung aus Luft und Wasserdampf enthielt. Die Kammer hatte einen Kolben, der, wenn er plötzlich herausgezogen wurde, die Luft in der Kammer expandieren und abkühlen ließ. Wenn ein Teilchen durch die Kammer flog, kondensierten Tröpfchen aus dem übersättigten Dampf entlang der Bahn des Teilchens, ähnlich wie der Schweif, den ein Flugzeug an einem klaren Tag am Himmel hinterläßt. Diese mikroskopischen Wolken enthüllten die Bahnen subatomarer Teilchen, wie die der kosmischen Strahlung.

Kälte zitternd und atemlos aufgrund der dünnen Luft, machte er dennoch eine Reihe sorgfältiger Messungen.

Er fand, daß die Ionisation rapide anstieg, und bei 5 000 m war sie ein Vielfaches stärker als am Boden. „Daraus schließe ich, daß die Ionisation auf eine bisher unbekannte Strahlung von außergewöhnlich hohem Durchdringungsvermögen zurückgeht, die aus dem Weltall in die Atmosphäre eindringt", sagte er in seiner Rede, als er 1936 den Nobelpreis für diese Arbeit erhielt. Hess versuchte außerdem, genau herauszufinden, woher die extraterrestrische Strahlung kam. Am 12. April 1912 machte er einen Flug während einer fast vollständigen Sonnenfinsternis, sah jedoch keine Verringerung der Aktivität.

Der Schöpfer bei der Arbeit

Hess Entdeckung erregte weites Interesse, aber der 1. Weltkrieg unterbrach die Forschung. Nach dem Krieg gingen die Untersuchungen auf beiden Seiten des Atlantiks weiter, besonders durch den Amerikaner Robert Millikan, der 1925 den Namen „kosmische Strahlung" prägte, weil die Strahlung generell aus dem Kosmos zu kommen schien.

Millikan glaubte, kosmische Strahlen wären eine Form elektromagnetischer Strahlung, die höherenergetisch als Gammastrahlung und der „Geburtsschrei" neuer Materie war, die am Rande des Universums entstand. „Der Schöpfer", behauptete er, „ist immer noch bei der Arbeit."

Später wurde entdeckt, daß kosmische Strahlen hochenergetische Teilchen sind, größtenteils Protonen. Sie erreichen die obere Atmosphäre von verschiedenen Quellen in unserer Milchstraße, inklusive unsere Sonne, und wahrscheinlich von weiter weg. Bei der Kollision mit Atomen in der oberen Atmosphäre erzeugen kosmische Strahlen einen harmlosen Schauer sekundärer Teilchen, die eine Kaskade bis zum Boden bilden. Obwohl kosmische Strahlen ein wertvolles Hilfsmittel bei der Erforschung der Welt der Elementarteilchen waren, ist ihr Ursprung immer noch mysteriös (s. S. 114).

◀ **Kosmischer Regen:** *Die hochenergetischen Teilchen der kosmischen Strahlung kollidieren in der oberen Atmosphäre mit Atomkernen. Diese Kernreaktionen produzieren Schauer aus niederenergetischen und instabilen Sekundärteilchen, von denen viele zur Zeit der ersten Messungen unbekannt waren, die allmählich bei ihrem Fall zerfallen. Um die höherenergetischen Teilchen abzufangen, schickten Physiker ihre Detektoren auf immer größere Höhen – hohe Gebäude, Berge, Flugzeuge, Ballons und Satelliten. Andere Teilchen werden am besten tief unter der Erdoberfläche gemessen.*

Ein Spiegelbild unserer Welt

Antimaterie und Positronen

1932 schien die gesamte Materie aus drei fundamentalen Teilchen aufgebaut zu sein: Protonen, Elektronen und Neutronen. Aber in dem Jahr wurde ein neues Teilchen, das Positron, in der kosmischen Strahlung entdeckt. Es war das erste Beispiel für die Antimaterie, eine Spiegelwelt der gewöhnlichen Materie der alltäglichen Welt.

Paul Dirac, ein begabter englischer Physiker, der ursprünglich als Elektrotechniker ausgebildet war, entwickelte eine beeindruckende Gleichung, die die Quantenmechanik mit Einsteins spezieller Relativitätstheorie kombinierte. Wie bei vielen mathematischen Gleichungen hatte Dirac mehr als eine Lösung. Eine entsprach dem gewöhnlichen Elektron, aber die andere Lösung schien ein Elektron mit negativer Energie zu repräsentieren – was auch immer das bedeutet.

Werner Heisenberg und andere Quantenpioniere waren durch diese negative Energie beunruhigt. Sie entsprach nichts in der realen

Antimaterie

1898 hatte der britische Physiker Arthur Schuster eine Vorahnung auf die Antimaterie. Er mutmaßte, daß es Atome geben könnte, deren Eigenschaften entgegengesetzt zu denen der gewöhnlichen Atome sind. Solche „Anti-Atome" würden sich gegenseitig anziehen, dachte er, aber von gewöhnlicher Materie abgestoßen werden. Genügend Antimaterie für „einfache" Experimente zu sammeln, ist immer noch eine große Herausforderung.

Welt, schien aber unvermeidbar, weil die Mathematik in Diracs Gleichung korrekt war. Tatsächlich nannte Heisenberg dies ursprünglich „das traurigste Kapitel der modernen Physik". Aber am Ende war es ein intellektueller Triumph.

Dirac versuchte verzweifelt herauszufinden, was diese Lösung mit negativer Energie bedeutete. Aber als ihm 1929 die Phantasie ausging, legte er das Problem zur Seite und ging auf lange Reisen durch Amerika und Japan. Bei seiner Rückkehr hatte er eine Lösung – aber eine bizarre. Es war die Theorie der Löcher.

Seine Idee war, daß Elektronen mit negativen Energien real sind – tatsächlich sind es Elektronen in allen möglichen negativen Energiezuständen. Wir sind von einem „Meer" dieser Elektronen umgeben. Sie sind normalerweise nicht beobachtbar, so wie die uns umgebende Luft normalerweise unsichtbar ist. Gelegentlich kann jedoch ein „Loch" in diesem Elektronenmeer auftauchen. In einem elektromagnetischen Feld würden diese Löcher wie Teilchen mit positiver Ladung erscheinen. Diracs Idee war ein dramatisches Beispiel für die Kraft der Mathematik in einem Gebiet, in dem die menschliche Intuition unverläßlich ist.

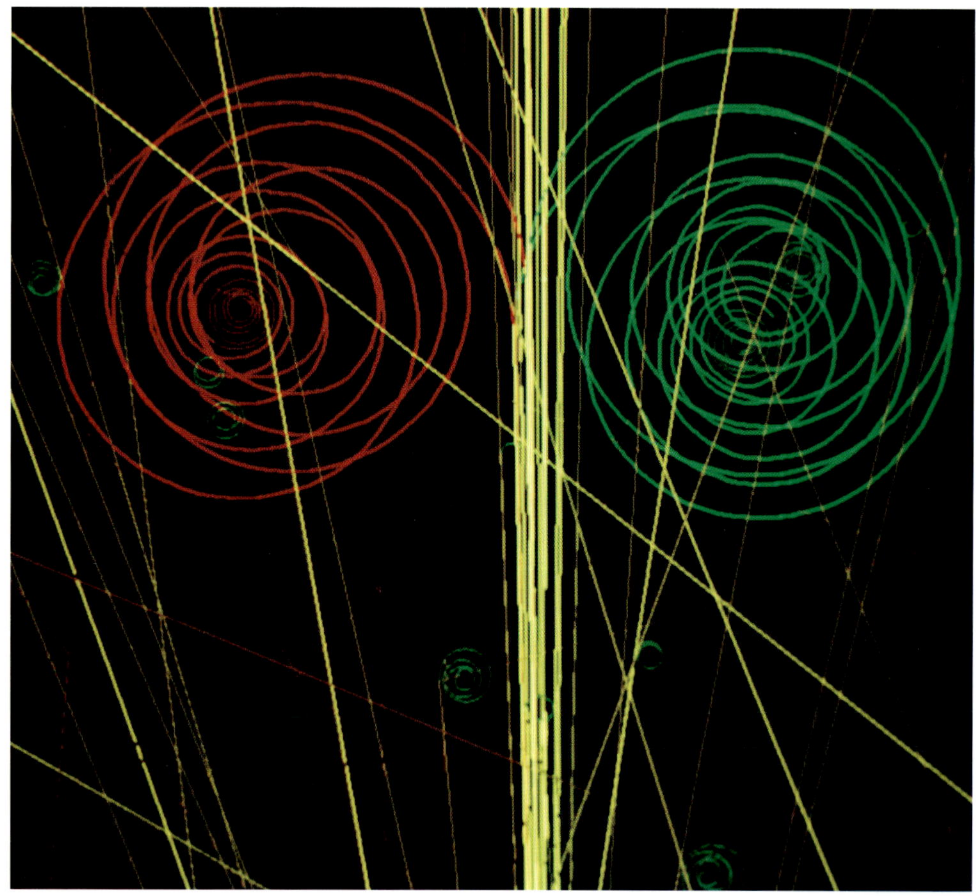

◄ *Moment der Geburt:* *Teilchen-Antiteilchen-Paare werden oft durch hochenergetische Strahlung erzeugt. Dieses künstliche Bild simuliert, was geschieht, wenn zwei Elektron-Positron-Paare in schneller Folge in einem Ausbruch von Gammastrahlen (gelb) gebildet werden. Ein Magnetfeld zwingt die Bahnen der Elektronen (grün) und der Positronen (rot), sich in entgegengesetzte Richtungen aufzurollen. Teilchen und Antiteilchen können sich auch gegenseitig vernichten, wenn sie kollidieren, und einen Strahlungsausbruch erzeugen.*

▶ **Antiwelten:** *Es ist vorstellbar, daß ganze Spiegelwelten aus Antimaterie existieren könnten. Materie und Antimaterie vernichten sich gegeseitig, wenn sie sich treffen – etwa wie sich die Komplementärfarben in diesen Portraits von Andy Warhol von Marilyn Monroe und ihrem Anti-Marilyn-Gegenstück neutralisieren würden, wenn sie überlagert würden. Daher wäre es lebenswichtig, zu wissen, ob ein Besucher aus dem Weltall aus einer Welt aus Materie oder Antimaterie kommt, bevor wir die Hände schütteln! Die Vernichtung von Materie und Antimaterie zu Energie stellt heute ein wertvolles neues Fenster zu der grundlegendsten Physik dar, der des Vakuums oder des Nichts.*

Der Traum der Philosophen

Dirac ließ sich zu dem übereilten Schluß verleiten, seine Elektronenlöcher mit Protonen gleichzusetzen, den einzigen zu der Zeit bekannten positiven Teilchen. Heisenberg sagte, daß die Idee nicht akzeptiert werden sollte, bis eine Theorie entwickelt wäre, die Protonen und Elektronen als zwei Varianten desselben Teilchens beschreibt. Dirac mochte seine Idee der Vereinheitlichung und nannte sie „den Traum der Philosophen", wußte aber von Beginn an, daß sie keinen Erfolg haben würde. Das Proton war mehr als 1 800 mal schwerer als das Elektron und war einfach zu groß, um in ein Elektronenloch zu passen.

Dirac ließ die „eher kranke" Protonentheorie fallen und kam 1931 zu dem Ergebnis, daß die Löcher Teilchen beschrieben, die dieselbe Masse wie das Elektron haben, aber die entgegengesetzte elektrische Ladung besitzen. Er nannte anfangs dieses neue Teilchen das „Anti-Elektron".

Dirac war nicht besonders beunruhigt, als er seine Anti-Elektronen fand, aber 1932 entdeckte der Amerikaner Carl Anderson, der noch nicht von Diracs neuer Idee gehört hatte, einige seltsame Teilchenspuren in der kosmischen Strahlung. Die Spuren sahen exakt wie die von Elektronen aus, hatten aber die entgegengesetzte elektrische Ladung. Sie waren zu klein, um Protonen zu sein.

Anderson versuchte alle möglichen Erklärungen. Zum Beispiel, obwohl die Teilchen der kosmischen Strahlung normalerweise herabfielen, könnten sie manchmal aufwärts fliegen und so das Elektron aussehen lassen, als hätte es die „falsche" Ladung? Langsam war er jedoch zu der Schlußfolgerung gezwungen, daß die Spuren ein unbekanntes leichtes Teilchen zeigen: ein positives Elektron. Anderson nannte es Positron.

Als er von der Entdeckung des Positrons hörte, sagte Dirac voraus, daß auch ein Anti-Proton existieren muß. Dieses Teilchen wurde entdeckt, jedoch erst 1955. Tatsächlich hat es sich erwiesen, daß im allgemeinen jedes subatomare Teilchen sein eigenes Antiteilchen hat (obwohl in einigen Fällen das Teilchen mit seinem Antiteilchen identisch ist).

Paul Dirac – ein wortkarges Genie

Paul Dirac, der Vater der Antimaterie, sprach nie viel. Er fürchtete Reporter und versuchte ihnen auszuweichen, als er 1933 nach Stockholm reiste, um seinen Nobelpreis zu erhalten, den er mit Erwin Schrödinger teilte. Diracs Schweigen war mit der Tatsache verbunden, daß sein Vater, dessen Familie französisch sprach, seine Kinder zwang, französisch zu reden, während sie zu Hause waren. Da er nicht in der Lage war, sich gut auszudrücken, bevorzugte Paul zu schweigen.

Dirac war gelassen. Auf einer USA-Reise war er in einem Haus, als ein Ölleck einer Heizung Feuer fing und das Haus niederzubrennen drohte. Dirac schlug ruhig vor, hinauszugehen und alle Türen hinter sich zu schließen. Das Feuer ging prompt durch Mangel an Sauerstoff aus.

Als er 1934 die Universität von Wisconsin besuchte, wurde Dirac von einem eifrigen Reporter interviewt, dessen Artikel die Begegnung beschrieb: „Ein mathematischer Physiker oder jemand … der Sir Isaac Newton und Albert Einstein von den Titelseiten geschoben hat … Eine angenehme Stimme sagte ‚Kommen Sie herein'… Dieser Satz war einer der längsten während des Interviews … Dirac scheint alle Zeit der Welt zu haben, und seine härteste Arbeit ist, aus dem Fenster zu schauen.

‚Professor … werden Sie mir sagen, was es mit Ihren Untersuchungen auf sich hat?'
‚No.'…"

Mit einigen weiteren Fragen hatte er auf ähnliche Weise kein Glück.

„Gehen sie in Filme?", fragte der verzweifelte Reporter.
„Ja."
„Wann?"
„1920." war Diracs wortkarge Antwort.

Das verrückteste aller bekannten Teilchen ist das Neutrino, das zuerst von Wolfgang Pauli 1931 vorhergesagt wurde. Das Neutrino ist fast ein Nichts, es hat keine elektrische Ladung, und seine Masse – wenn es überhaupt eine hat – ist zu klein, um gemessen zu werden, und es kann ungehindert durch das gesamte Universum fliegen.

Viel Lärm um fast Nichts

Das geisterhafte Neutrino

Viele Jahre lang wurde die Beta-Radioaktivität von dem verfolgt, was die Physiker „Energiekrise" nannten. Im Betazerfall teilt sich ein Kern in einen Tochterkern und ein Elektron (ein Beta-Teilchen). Nach der goldenen Regel der Energieerhaltung sollten der zurückgestoßene Tochterkern und das ausgesandte Elektron die Energie in gleichen Mengen teilen. Schon 1914 hatte James Chadwick etwas Seltsames über die Elektronen in der Betastrahlung herausgefunden – sie besaßen ein breites Energieband, statt eines eindeutigen Wertes.

Warum gab es ein Energieband, wenn nur zwei Teilchen produziert wurden? Niels Bohr wollte sogar die heilige Regel der Energieerhaltung auf atomarer Ebene aufgeben.

Dann erschien Wolfgang Pauli als Retter. Er war nicht in der Lage, eine Physikertagung in Tübingen zu besuchen, und sandte einen Brief, der ein „Mittel der Verzweiflung" für das Problem der Radioaktivität vorschlug, um die Energieerhaltung vor dem Müllhaufen zu retten. Die Idee wurde zuerst im Juni 1931 auf einem öffentlichen Treffen der American Physical Society in Pasadena in Kalifornien gehört.

Das im Betazerfall abgegebene Elektron, sagte Pauli, wurde von einem unsichtbaren Teilchen begleitet, das die übrigbleibende Energie trug. Das Teilchen war fast nichts – nur ein Energieausbruch, ohne elektrische Ladung und wenig oder keiner Masse, kaum mit Materie reagierend. Es war schwierig, so eine radikale Idee vorzuschlagen, sogar für Pauli, der nicht wollte, daß seine Rede gedruckt wurde. Er war jedoch nicht in der Lage, einem *New York Times*-Reporter gegenüber zu schweigen. Einige Monate später auf einer großen Tagung in Rom weigerte sich Pauli erneut, über seine neue Idee öffentlich zu reden.

Der Kleine

Pauli nannte das neue Teilchen anfangs das „Neutron", aber als Enrico Fermi 1932 gefragt wurde, ob dies dasselbe Neutron wie Chadwicks wäre, antwortete er: „Nein, Paulis Neutron ist viel kleiner. Es ist ein Neutrino" (heißt „kleines Neutrales"). Der Scherz traf und wurde der offizielle Name des Geisterteilchens.

Fermi machte das Neutrino hoffähig, als er 1934 seine Theorie, die den Betazerfall erklärte, vorstellte. Seine Neutrinos, die wahrscheinlich

Wolfgang Pauli – „die Geißel Gottes"

Wolfgang Pauli (1900-1958) wird oft als intolerant dargestellt. Seine Ungeduld und scharfe Zunge verhalfen ihm, eine Sammlung von Anekdoten aufzubauen. Victor Weisskopf erzählt, wie er einen Fehler in einer seiner veröffentlichten Berechnungen entdeckte. Entmutigt ging er zu seinem Lehrer Pauli und fragte ihn, ob er die Physik aufgeben sollte.

„Tue es nicht", ermutigte ihn Pauli. „Jeder macht Fehler. Außer mir."

Pauli war besonders stolz, als der Physiker Paul Ehrenfest ihn „die Geißel Gottes" nannte. Aber diejenigen, die Pauli gut kannten, sagen, daß er einfach wissenschaftliche Schluderei haßte und niemals absichtlich jemanden verletzen wollte. Es gibt auch viele Geschichten über den sogenannten „Pauli-Effekt". Jedesmal, wenn er in ein Labor ging, schien ein Experiment nicht zu funktionieren.

Kaputter Spiegel

Der Unterschied zwischen links und rechts ist im Alltag wichtig. Viele Objekte sind fast links-rechts-symmetrisch, rotieren gleich gut in beide Richtungen, haben aber praktisch eine definitive „Händigkeit". Die Erdrotation erscheint rechtshändig (im Uhrzeigersinn) vom Südpol aus gesehen. In einem riesigen Spiegel reflektiert, würde die Erde linkshändig erscheinen und in die umgekehrte Richtung rotieren. Die geografische Asymmetrie unterscheidet jedoch das reale Bild sofort von seinem Spiegelbild.

Von den grundlegenden Wechselwirkungen der Teilchen wurde anfänglich angenommen, daß sie nicht rechts von links unterscheiden. Wenn eine Reaktion geschehen kann, dann auch mit ihrem Spiegelbild. Die meisten Teilchen rotieren, sie drehen sich um ihre Bewegungsrichtung, wenn sie fliegen. Physiker nahmen ursprünglich an, daß jedes Teilchen sich im Uhrzeigersinn (rechtshändig)

◄ *Mitglieder des Teams des Projekts Poltergeist:* Clyde Cowan und Fred Reines (der dritte und vierte von links) planten ursprünglich, Neutrinos aus einer Atombombenexplosion einzufangen. Diese Idee war zu weit hergeholt, und statt dessen wandten sie ihre Aufmerksamkeit den Neutrinos aus Kernreaktoren zu. 1953 sahen sie die ersten Anzeichen, daß sie einen Treffer gelandet hatten.

überhaupt keine Masse hatten, waren die Grundlage für das Verständnis einer fundamentalen Kraft der Natur – der „schwachen Kernkraft" – die einige Kerne instabil machte (s. S. 48). Später spielte die schwache Kraft eine noch fundamentalere Rolle (s. S. 66). Fermis revolutionäre Idee wurde jedoch nicht für eine Publikation in der großen Zeitschrift *Nature* akzeptiert und wurde statt dessen in einem relativ obskuren italienischen Journal abgedruckt.

Projekt Poltergeist

Obwohl Fermis Theorie das Neutrino etablierte, betrachteten die meisten Physiker es als ein unsichtbares Energie-Haushaltssystem. Frühe Berechnungen zeigten, daß die Geisterteilchen viele Lichtjahre durch Materie fliegen konnten, ohne eine Chance, etwas zu treffen, eine entmutigende Aussicht für einen Teilchensucher. Aber in den frühen 1950er Jahren spielten Clyde Cowan und Fred Reines, zwei amerikanische Physiker, die während des Krieges in Los Alamos gearbeitet hatten, mit der Idee, die während eines Atombombentests produzierten Neutrinos nachzuweisen.

Als sie versuchten, sich eine Technik auszudenken, die die Explosion überstehen würde, bemerkten sie, daß ein Kernreaktor, der ebenso Neutrinos produzierte, eine angenehmere Umgebung wäre. 1953 bauten sie ihr „Projekt Poltergeist" auf, das aus Tanks bestand, die Tonnen einer Cadmiumlösung enthielten, die vor einem Kernreaktor aufgestellt wurden. Vor und hinter den Tanks installierte Zähler nahmen auf, was wie das märchenhafte Signal von Neutrinos aussah. Aber Reines und Cowan konnten sich nicht sicher sein und bauten zwei Jahre später einen größeren Neutrinofänger an dem leistungsfähigeren Reaktor am Savannah Fluß in South Carolina.

Neutrinos sind unwillig zu reagieren, aber der Reaktor, an dem Reines und Cowan ihren neuen Apparat aufbauten, produzierte mehr als 10^{12} Neutrinos pro Quadratmillimeter pro Sekunde. Durch so viele Neutrinos wurde ihre Distanziertheit schließlich überwunden, und der 10-Tonnen-Detektor konnte etwa drei Neutrinos pro Stunde einfangen. Nach einem Jahr sorgfältiger Prüfungen waren sich Reines und Cowan sicher genug, ein Telegramm an Pauli zu schicken: „Wir haben definitiv Neutrinos nachgewiesen."

oder entgegen dem Uhrzeigersinn (linkshändig) drehen kann.

Da der Zerfall der Kaonen rätselhafte Effekte produzierte, warnten 1956 Tsung-Dao (T.D.) Lee und Chen-Ning (Frank) Yang, zwei chinesische Physiker, die in Princeton arbeiteten, daß die Spiegelsymmetrie für den Betazerfall überprüft werden müßte. In einem einfachen Experiment von Chien-Shiung Wu und ihren Kollegen an der Columbia-Universität in New York wurden Rotationsachsen von Kernen sorgfältig von einem Magneten ausgerichtet. Die Betazerfallselektronen kamen nur auf einer Seite heraus, anstatt gleichförmig zu entweichen.

Fast sofort wurde erkannt, daß der Schuldige das am Betazerfall beteiligte Neutrino ist, das nur in einer linkshändigen Version existieren kann. Die rechtshändige Variante des Neutrinos ist sein Antimateriegegenstück, das Anti-Neutrino.

Bis in die 1930er Jahre waren nur zwei fundamentale Naturkräfte bekannt: Gravitation und Elektromagnetismus. Dann betraten zwei neue Kräfte die Arena: eine schwache Kernkraft, die allmählich einige Teile des Kerns abtragen konnte, und eine starke Kraft, die den Kern zusammenhielt.

Nuklearer Klebstoff

Starke und schwache Kernkräfte

Hideki Yukawa – ein natürlich Introvertierter

Hideki Yukawa (1907–81) wurde in Tokio geboren. Er war als Kind scheu und war lieber alleine. In seiner Einsamkeit las er viel. Als er in die Grundschule kam, hatte er bereits die 10bändigen *Aufzeichnungen von Taiko* gelesen, die Geschichten eines Herrschers im 15. Jahrhundert in Japan.

In der Schule war Mathematik sein liebstes Fach. Aber er interessierte sich nur wenig für Physik, bis Einstein 1922 Japan besuchte, was das Interesse der Öffentlichkeit erregte. Zu jener Zeit las Yukawa ein Buch über neuere Wissenschaft, das auch die Quantentheorie erwähnte. „Ich verstand ihre Bedeutung nicht im geringsten, aber ich fühlte eine mystische Anziehung von den Worten", erinnerte er sich.

Kurz bevor er 1929 sein Studium an der Kyoto-Universität abschloß, dachte Yukawa daran, Priester zu werden. In seiner Autobiografie Tabibito (der Reisende) schrieb er: „Eine Abneigung gegenüber der Gesellschaft wohnt noch heute in mir, obwohl es eher der Wunsch ist, einen Kontakt zu vermeiden, als aktive Abneigung. Ich möchte meine Wechselwirkungen mit anderen Menschen auf etwa ein Zehntel reduzieren …"

Mit der Entdeckung des Neutrons 1932 schien der Aufbau des Atomkerns aus Protonen und Neutronen verstanden. Aber wie so oft in der Wissenschaft war mit der Lösung des einen Problems ein neues geboren. Protonen, die alle die gleiche Ladung tragen, stoßen sich gegenseitig heftig ab, während Neutronen, die keine Ladung besitzen, dieser Abstoßung nicht entgegenwirken können. Würde es nur die elektromagnetische Kraft geben, müßten alle Kerne explodieren!

Aber Physiker wußten, daß Kerne schwer aufzuspalten waren. Was auch immer Protonen und Neutronen zusammenhielt, es mußte sehr kraftvoll sein. Die elektromagnetische Abstoßung zwischen den Protonen erhöht sich, sobald sie näher zusammenkommen. Im winzigen Kern mußten die Protonen und Neutronen eine Kraft spüren, die stärker als alles in der Physik Bekannte sein mußte. Gravitation, die einzige andere bekannte Kraft, hielt Planeten auf ihrer Umlaufbahn, war aber auf atomarer Ebene viel zu schwach, um eine Rolle zu spielen.

▶ *Botschafter einer Kraft: In der Quantenwelt kann ladungsfreie Energie solange ausgeliehen werden, bis sie rechtzeitig wieder zurückgegeben wird – bevor die Natur Zeit hat, es zu „bemerken". Die geliehene Energie kann in Form eines Teilchens erscheinen, das kurzzeitig aufblitzt. Diese kurzlebigen Teilchen sind die Botschafter der Physik; sie übertragen einen Effekt von einem Teilchen auf ein anderes. So arbeitet eine Kraft. Ein Neutron, das ein Proton trifft, wird mit ihm durch den Austausch eines kleineren elektrisch geladenen Mesons wechselwirken, was Proton und Neutron dazu veranlaßt, ihre Ladung und Identität auszutauschen. Kerne werden durch den konstanten Austausch von Mesonen zwischen Protonen und Neutronen zusammengehalten.*

◄ *Kosmischer Ballon: Cecil Frank Powell (dritter von links), Professor für Physik an der Bristol-Universität, entwickelte eine neue fotografische Methode, kosmische Teilchen nachzuweisen. Er sandte Wasserstoffballone, die Fotoplatten trugen, in große Höhen. 1947 entdeckte er ein nukleares Meson, das heute als Pi-Meson oder Pion bekannt ist, auf 3 400 m mit einem Experiment in den Bolivianischen Anden.*

Die starke Kraft

Yukawa nannte sein Teilchen das „Meson" (d. h. „in der Mitte"), weil es kleiner als das Proton, aber größer als das Elektron war; er bemerkte auch, daß es sowohl in einer positiv wie auch einer negativ geladenen Version existieren sollte. Dieses Teilchen, das zwischen Protonen und Neutronen hin- und hersprang und sie zusammenklebte, konnte man nicht einfach in einem Laborexperiment aus dem Kern herausschütteln. Yukawa dachte, daß es kaum eine Möglichkeit gäbe, so ein Teilchen nachzuweisen.

Ein Meson mittlerer Masse wurde 1947 vom britischen Physiker Cecil Frank Powell in der kosmischen Strahlung gefunden.

Ein direktes Anzeichen für Yukawas Austauschmechanismus wurde zum erstenmal 1948 bei einem Experiment, das von Emilio Segré geleitet wurde, gesehen, indem Kerne mit hochenergetischen Neutronen bombardiert wurden. Einige der sich schnell vorwärts bewegenden Neutronen verwandelten sich durch ihre kurze nukleare Begegnung – dem Austausch von Botschafterteilchen – in Protonen, die sich in dieselbe Richtung wie die ursprünglichen Neutronen bewegten, und diese wurden nachgewiesen.

Yukawa sah sowohl Ähnlichkeiten als auch Unterschiede zwischen seiner Theorie der nuklearen Anziehung und Fermis Theorie des Betazerfalls. Heute kennen wir Yukawas Mechanismus als „starke Kernkraft", die für den Zusammenhalt des Kerns verantwortlich ist. Der Betazerfall geht auf die „schwache Kernkraft" zurück, ein völlig anderer Effekt mit seinen eigenen Austauschteilchen (s. S. 68). Die zwei Kräfte koexistieren, und ihr subtiles Zusammenspiel ist das Kennzeichen heutiger Laborexperimente und der Prozesse, die das frühe Universum formten.

1932 stellte Werner Heisenberg ein Proton-Neutron-Modell des Kerns vor. Er behauptete, daß die Kernbindungsenergie eine „Austauschkraft" war, die durch Protonen und Neutronen, die fortwährend ihre Rollen tauschten, erzeugt wurde. Er glaubte, daß das Neutron eine Kombination aus Proton und Elektron war, und sah die Elektronen als fundamental für diese Kraft an.

Hideki Yukawa interessierte sich in Japan für Heisenbergs Theorie und entschied, einen Schritt weiterzugehen. Er fragte sich, wie die Kernkraft auf ihre Teilchen wirkte und ob sie mit anderen Kräften verwandt war. Von diesen war bekannt, daß sie durch „Botschafterteilchen" übertragen wurden – wie das Photon für den Elektromagnetismus – kurzlebige Energieausbrüche, die vom Unschärfeprinzip (s. S. 36) erlaubt wurden. Je leichter die Teilchen in diesen Energieausbrüchen sind, desto länger können sie existieren und um so weiter reichen sie. Umgekehrt haben schwere Botschafterteilchen eine kurze Reichweite. Yukawa fragte sich, ob es auch ein Teilchen gab, das die Kernkraft trug.

Die schwache Kraft

Zunächst akzeptierte Yukawa Heisenbergs Idee von Elektronen als Kernkraftträgern. Dann entwickelte Enrico Fermi jedoch eine Theorie über die Beta-Radioaktivität, die erklärte, wie ein Neutron in ein Proton zerfällt und dabei ein Elektron und ein Neutrino aussendet. Yukawa dachte zuerst, daß das Problem der Kernkraft durch ein Proton und ein Neutron gelöst würde, die durch ein Elektron-Neutrino-Paar wechselwirken, das zwischen ihnen ausgetauscht wird. Berechnungen zeigten jedoch bald, daß dieser Mechanismus viel zu schwach war, um den Kern zusammenzuhalten – darum kehrte Yukawa zu seiner ursprünglichen Idee eines Teilchens als Träger der Kernkraft zurück.

In einer Nacht im Oktober 1934, in der er nicht schlafen konnte, wurde ihm plötzlich klar, daß die Kernkraft nur auf extrem kurzen Distanzen wirkt, einem Bruchteil eines Millionstels eines Millionstels eines Zentimeters. So eine Kraft mußte von einem schweren Teilchen vermittelt werden, einige hundert Male schwerer als das Elektron.

Das Karussell der Physiker

Die Beschleunigerrevolution

Die Cockcroft-Walton-Maschine und eine Weiterentwicklung, der Van-de-Graaf-Generator, beschleunigten Teilchen durch statische Hochspannungen. Diese Technik konnte jedoch keine sehr hohen Energien erreichen. Physiker messen Energien in Elektronenvolt, abgekürzt eV. Wenn ein elektrisch geladenes Teilchen von einer Elektrode zu einer anderen Elektrode mit 1 Volt höherem Potential fliegt, gewinnt es eine Energie von 1 eV. Der Van-de-Graaf-Generator stellte etwa 1 Million Volt zur Verfügung.

1928 erfand Rolf Wideröe, ein norwegischer Ingenieur, der in Deutschland arbeitete, eine Maschine, mit der höhere Energien erreicht werden konnten, den „Linearbeschleuniger" oder „Linac". Statt einmal beschleunigt zu werden, fliegen die Teilchen durch eine Reihe immer länger werdender Röhren, die die Teilchen aufeinanderfolgend durch elektrische Felder beschleunigen.

Ernest Orlando Lawrence stieß im April 1929 auf Wideröes Artikel im *Archiv für Elektrotechnik*. Lawrence verstand nur wenig Deutsch, aber mit Hilfe der Illustrationen konnte er die Idee verfolgen. Um interessante Energien zu erreichen, wäre dieser Linearbeschleuniger zu lang geworden, um in ein Labor zu passen. Lawrence suchte sofort nach einem Weg, die Maschine kompakter zu machen.

Von einer Linie zu einem Kreis

Lawrence' Lösung war auf mehrere Arten revolutionär. Im Zyklotron, das er 1930 erfand, wurden die Teilchen durch ein starkes Magnetfeld auf einer Spiralbahn gehalten und von einem hochfrequenten elektrischen Oszillator beschleunigt, der mit den herumfliegenden Teilchen synchronisiert wurde. Die Maschine bestand aus zwei halbrunden Metallschalen, die durch eine Lücke getrennt waren und zwischen die flachen Pole eines Elektromagneten gehalten wurden. Protonen, die im Zentrum in die Maschine geschickt wurden, erhielten bei jedem Durchgang durch die Lücke einen elektrischen Schub, und mit steigender Energie bewegten sie sich spiralförmig nach außen.

Das erste Zyklotron sah wie ein Spielzeug aus. Mit nur 11 cm Durchmesser erreichte es 80 000 eV. Ein Jahr später durchbrach eine 28-cm-Variante die 1-Million-Elektronenvolt-(1 MeV)-Barriere. Obwohl diese Maschine das Atom vor Cockcroft und Walton geteilt haben könnte, benutzte Lawrence sie nicht für die Arbeit. Er war auf seiner Hochzeitsreise, als die Nachricht von der Teilung des Lithiums aus Cambridge eintraf, und sofort bat er seinen Assistenten in Berkeley, etwas Lithium aus dem Chemielabor zu besorgen, so daß er das Experiment überprüfen könne.

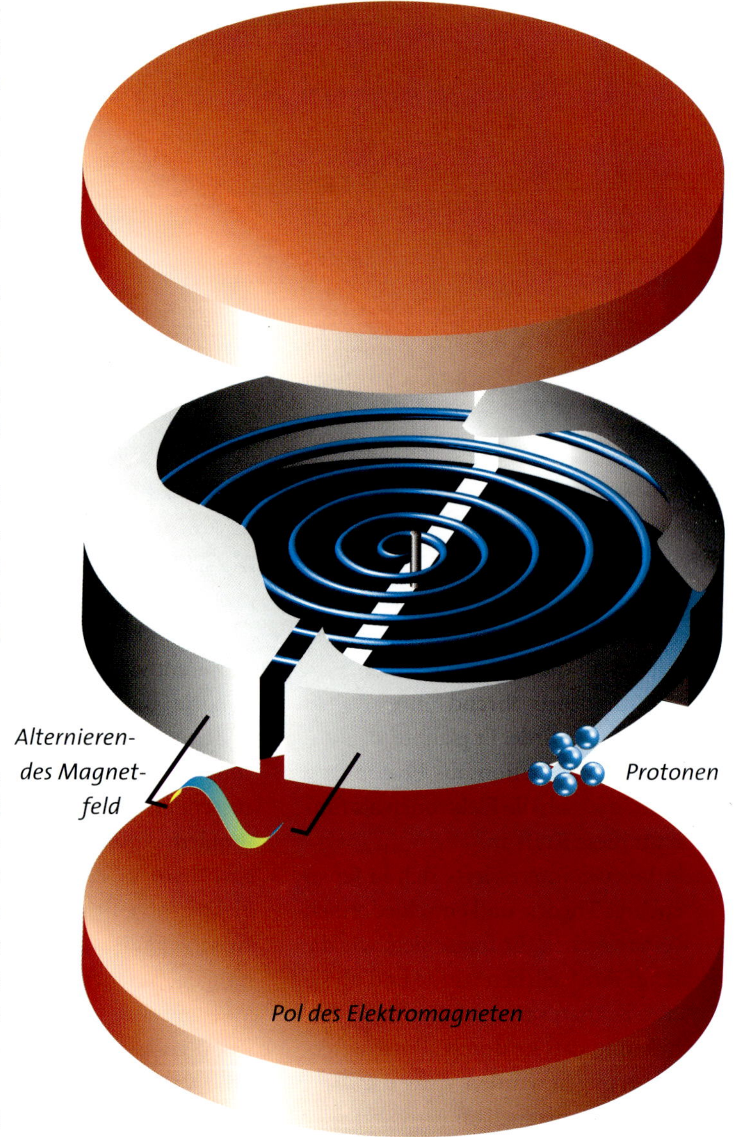

▲ **Das Zyklotron:** *Die Protonen kommen aus einer Quelle in der Mitte des Zyklotrons und kreisen in zwei halbrunden Schalen zwischen den Polen eines großen Elektromagneten herum. Wenn die Protonen die Lücke zwischen den Schalen passieren, gibt ihnen ein elektrisches Feld, das mit den Teilchen synchronisiert ist, einen Schub. Durch aufeinanderfolgende Schübe erhöht sich die Geschwindigkeit der Protonen, und sie bewegen sich spiralförmig nach außen, wo sie elektromagnetisch herausgelöst werden.*

Ernest Lawrence und seine Maschinen

Ernest Orlando Lawrence (1901–58) wurde in Canton in South Dakota geboren. Sein größtes Interesse galt der Elektrizität. Mit 9 Jahren hatte er einen Keller voller Elektromotoren und Spulen. Sein anhaltender Ehrgeiz beunruhigte seine Mutter: „Laß es langsam angehen. Du hast noch viel Zeit."

Diese außerordentliche Energie und Enthusiasmus wurden Markenzeichen von Lawrence' Arbeit. Die Fotografie zeigt ihn (im weißen Hemd kniend) und Mitglieder seines Teams 1932 mit ihrem 69-cm-Zyklotron. Es war das dritte Zyklotron von Lawrence, das Protonen auf 4,8 MeV beschleunigte.

Während der Rezession der 1930er Jahre mußte Lawrence hart für finanzielle Mittel kämpfen. Ein alter Elektromagnet von der Telefongesellschaft wurde in mehreren Zyklotrons verwendet. Geldmangel könnte der Grund sein, warum Lawrence' Labor die großen Entdeckungen der 1930ern verpaßte.

Nuklearer Nutzen

Während der 1930er Jahre wurden größere und leistungsfähigere Zyklotrons in Berkeley gebaut und wurden wichtige Werkzeuge in vielen Teilen der Wissenschaft. Von besonderem Interesse war für Lawrence die Produktion radioaktiver Isotope für die Medizin und die Biologie, wobei er mit seinem Bruder John zusammenarbeitete, der Direktor des Labors für medizinische Physik in Berkeley war. 1938 benutzten sie einen Beschleuniger auch für die Krebstherapie. Hochenergetische Strahlen zerstören Materie und sind gefährlich, aber sie wollten einen schmalen Strahl benutzen, um nur das kranke Gewebe zu bestrahlen. Diese Technik wurde eine der Hauptwaffen gegen Krebs. 1939 hatte das größte Zyklotron einen Durchmesser von 1,5 m und erreichte 19 MeV. Um Yukawas Teilchen zu produzieren, plante Lawrence eine 4,6-m-Maschine, die 340 MeV erreichen konnte. Dieses Projekt wurde durch den 2. Weltkrieg abgebrochen, aber die Zyklotrontechnik war in jedem Fall an eine technische Grenze gestoßen. Wenn die Teilchen in die Nähe der Lichtgeschwindigkeit kamen, brachte sie die Einsteinsche Relativität aus dem Schritt mit dem beschleunigenden elektrischen Feld. Höhere Energien mußten auf die Entwicklung genialer neuer Techniken warten.

1936, vier Jahre nachdem er das Positron entdeckt hatte, fand Carl Anderson ein neues Teilchen in der kosmischen Strahlung, das heutzutage Myon genannt wird. Es kam völlig unerwartet und paßte in keine atomare Theorie jener Zeit. „Wer hat das bestellt?" fragte der amerikanische Physiker Isidor Rabi, als er die Nachricht hörte.

Das Myon tritt auf

Ein Überfluß an Teilchen

Nach seiner Entdeckung des Positrons 1932 führte Carl Anderson mit seinem Assistenten Seth Neddermeyer die Experimente mit der kosmischen Strahlung fort. Die meisten der kosmischen Teilchen auf Meereshöhe waren sehr durchdringend, sie konnten sogar dicke Bleiplatten durchfliegen. Was waren sie? Anderson dachte eine Zeit lang, es könnten Elektronen sein. Er erklärte einige Besonderheiten ihres Verhaltens, indem er von „grünen" und „roten" Elektronen sprach.

Es wurde aber immer deutlicher, daß die Entdeckung nicht ins bekannte subatomare Bild paßte. In Experimenten am Pikes Peak in Colorado 1935 fand Anderson erste Anzeichen, daß er es mit einer völlig neuartigen Teilchensorte zu tun hatte. Ein Jahr später, am 12. November 1936, waren sich Anderson und Neddermeyer sicher genug, um an die Öffentlichkeit zu gehen. In jenem Jahr erhielt Anderson den Nobelpreis für seine Entdeckung des Positrons.

▼ *Kosmische Teilchen: Carl Anderson untersucht seine magnetische Nebelkammer. Myonen werden produziert, wenn Teilchen aus dem Weltall, größtenteils Protonen, Atome und Kerne in der oberen Atmosphäre treffen. Diese Kollisionen erzeugen instabile Pionen, die in weniger als 1 Millionstel Sekunde in Myonen und Neutrinos zerfallen, die auf die Erdoberfläche herabregnen. Myonen hinterlassen charakteristische Spuren in einem Detektor wie einer Nebelkammer.*

Andersons Bombermission

Carl Anderson, der 1905 in New York City geboren wurde und in seiner Jugend Hochspringer war, erhielt seinen Doktorgrad 1930 am Caltech (California Institute of Technology) in Pasadena. Für seine Doktorarbeit unter suchte er Fotoelektronen, die durch Röntgenstrahlen erzeugt werden, später wollte er jedoch mehr über die Quantenmechanik lernen. Robert Millikan, sein Professor, ließ ihn statt dessen ein Instrument bauen, das die Energien von Elektronen in der kosmischen Strahlung messen konnte. Es war ein guter Rat. Mit diesem Apparat, einer Nebel-kammer mit einem Magneten, entdeckte Anderson 1932 das Positron (s. S. 44) und später das Myon.

Während des 2. Weltkriegs arbeitete Anderson an der Entwicklung von Artillerie-raketen und verbrachte 1944 einen Monat in der Normandie zusammen mit den alli-ierten Truppen. Dies verschaffte ihm gute militärische Kontakte, und nach dem Krieg erhielt er einen B-29-„Super-fortress"-Bomber für seine Erforschung der kosmischen Strahlung. Das Flugzeug wurde für Flüge in extremer Höhe modifiziert und machte insgesamt 35 Flüge, jeder etwa fünf Stunden lang, mit einer Nebelkammer. Die größte Höhe war 12 000 m. In der dünnen Atmosphäre in diesen Höhen treten kos-mische Strahlen mehrere hundert Male häufiger als auf Meereshöhe auf.

Neues Spiel

Anderson nannte das Teilchen zunächst „Mesoton" – vom griechischen „meso", das „zwischen" heißt. Aber Robert Millikan, der führende amerikanische Experte für kosmi-sche Strahlung, der bei der ersten Bekannt-gabe abwesend war, bestand darauf, den Namen in „Mesotron" zu ändern, mit einem „r" wie in „Elektron". Schließlich wurde der Name zu „Meson" verkürzt, dem Namen für den Kernkraftträger, den Yukawa 1935 vor-ausgesagt hatte. Viele Physiker dachten, daß Andersons Meson Yukawas Teilchen sein könnte, weil es die richtige Masse hatte.

Anderson war jedoch von Beginn an über-zeugt, daß sein Teilchen und Yukawas Meson nicht identisch waren. Sein Teilchen schien immun gegenüber Kernkräften zu sein, im Gegensatz zu Yukawas Teilchen, das stark wechselwirken mußte.

Der 2. Weltkrieg unterbrach die Suche, aber Yukawas Teilchen wurde schließlich 1947 gefunden und die Frage geklärt. Yuka-was Teilchen war das Pi-Meson, oder Pion (s. S. 44), während Andersons Teilchen My-Meson, oder Myon genannt wurde. Das Myon wurde eigentlich bis in die 1950er Jahre nicht richtig erkannt. Es ist der schwere Bruder des Elektrons mit dem 205fachen Gewicht.

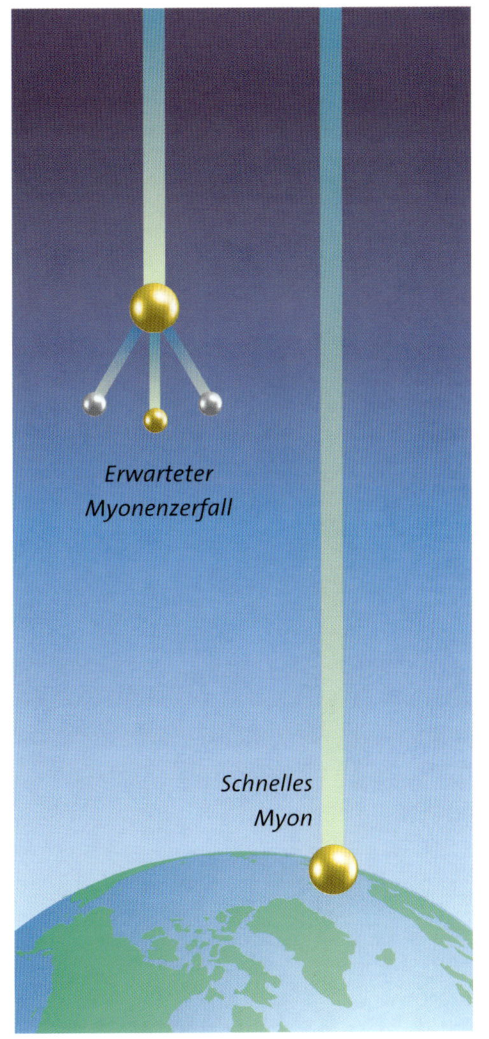

1943 versuchten drei italienische Physiker, Marcello Conversi, Oreste Piccioni und Ettore Pancini, das neue Meson der kosmi-schen Strahlung zu untersuchen. Als ihr Stadtteil von den Amerikanern bombardiert wurde, mußten sie sich einen sichereren Platz suchen. Kurz darauf wurde Rom von deut-schen Truppen eingenommen. Trotzdem waren sie in der Lage, ihr Experiment zu beenden, das zeigte, daß das Teilchen relativ leicht sämtliche Sorten von Kernmaterie durchdrang. Das Meson der kosmischen Strahlung konnte nicht Yukawas Meson sein, das mit Kernen reagiert hätte.

◀ **Schnell bewegen, lange leben:** *Myonen sind instabil und zerfallen in Ruhe nach etwa einem 2-Millionstel einer Sekunde. Auf den ersten Blick sollten Myonen der kosmischen Strahlung nur etwa 600 m weit durch die Erd-atmosphäre kommen, bevor sie zerfallen. Eini-ge fliegen aber 10 km weit bis auf Meereshöhe. Dies wird durch einen Effekt der Einsteinschen Relativitätstheorie möglich, der „Zeitdilation" genannt wird. Die Zeit läuft für Objekte, die sich mit nahezu Lichtgeschwindigkeit bewe-gen, langsamer. Aus Sicht der Myonen ge-schieht nichts Seltsames, aber von der Erde aus gesehen scheint das sich schnell bewegende Myon vielfach länger zu leben als in Ruhe.*

In den 1950er Jahren wurde eine neue Familie seltsamer, instabiler Teilchen gefunden. Die Physiker, die gerade das Myon und das Pion eingeordnet hatten, mußten sich jetzt mit Kaonen, Lambdas, Sigmas und Xi-Teilchen auseinandersetzen. Die neue Art wurde „seltsame Teilchen" getauft, weil sie viel länger lebten, als erwartet wurde.

Eine seltsame Familie von Greisen

Teilchen mit Seltsamkeit

1947 entdeckten George Rochester und Clifford Butler von der Manchester-Universität einen ungewöhnlichen Effekt in der kosmischen Strahlung. In ihrer Nebelkammer kamen zwei Spuren aus einem Punkt und erzeugten so die Form eines umgekehrten V. Die Forscher schlossen daraus, daß sie ein unbekanntes Teilchen gesehen hatten, das in zwei sekundäre Teilchen zerfallen war.

1950 bestätigte Carl Anderson die Entdeckung anhand 11 000 Nebelkammerfotografien, die auf dem White Mountain in Kalifornien in 3 000 m Höhe aufgenommen worden waren, wo die kosmische Strahlung etwa 40mal stärker als auf Meereshöhe ist. Er fand 34 Beispiele des neuen Teilchens, das jetzt „K-Meson" oder „Kaon" genannt wurde.

Darauf brennend, mehr über das neue Teilchen zu erfahren, entdeckten Physiker bald darauf, daß Kaonen auf seltsame Weise zerfallen. Ein brauchbarer Zeitabschnitt für Kernphysik sind 10^{-23} Sekunden, etwa die Zeit, die ein Lichtstrahl zur Durchquerung eines Kerns braucht. So wie Kaonen produziert wurden, hätten sie auf den ersten Blick nur ein solches „Kernjahr" lange leben können. Tatsächlich lebten sie jedoch 10^{-8} Sekunden lange, erstaunliche 10^{15}mal länger. Aufgrund dieses langsamen Todes wurden Kaonen „seltsame Teilchen" getauft.

In den frühen 1950er Jahren wurden die bahnbrechenden Entdeckungen der seltsamen Teilchen bestätigt und durch eine neue Generation von Experimenten, die hochenergetische Maschinen verwendete, ausgeweitet. Bald darauf wurden drei weitere Teilchen entdeckt, die „Lambda", „Sigma", und „Xi" genannt wurden. Während Kaonen vielfach schwerer als das Elektron, aber dennoch leichter als das Proton waren, waren die zusätzlichen Teilchen die ersten Vorboten einer

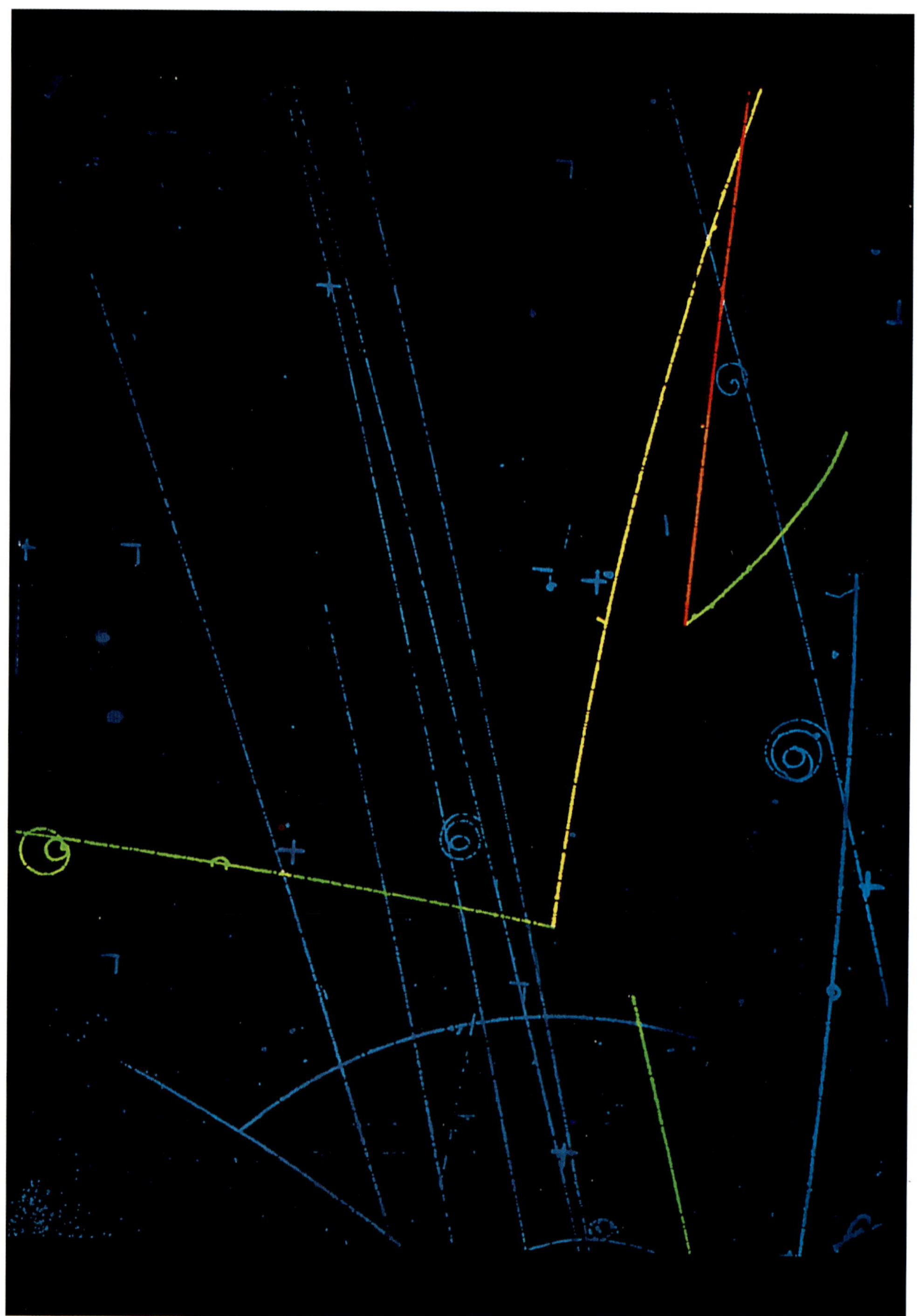

Glasers Blasenkammer

Der Fortschritt in der Physik geht Hand in Hand mit neuen Meßmethoden. Klassische Beispiele sind das Teleskop und das Mikroskop im 16. und 17. Jahrhundert, als zum erstenmal die Sehkraft des menschlichen Auges erweitert wurde.

1952 kam ein Durchbruch, als der amerikanische Physiker Donald Glaser ein neues Instrument erfand, um Teilchen nachzuweisen, die Blasenkammer. Dieses Gerät ersetzte die Nebelkammer, die zu ineffizient für hochenergetische Teilchen war – sie zischten einfach durch den Wasserdampf in der Kammer, ohne eine Spur zu hinterlassen.

Statt mit Wasserdampf wurde das neue Gerät mit einer überhitzten Flüssigkeit gefüllt – knapp über ihrem Siedepunkt, aber unter Druck gehalten, um das Sieden zu verhindern. Dieser Druck wurde plötzlich verringert, wenn Teilchen in die Kammer eindrangen, und sofort formten sich Blasen im Schweif der Teilchen.

Glaser war die Idee gekommen, als er Blasen beobachtete, die sich in einer Bierflasche nach dem Öffnen bilden. Seine ursprüngliche Blasenkammer, eine Glaskugel mit 2 cm Durchmesser, die mit Diethylether gefüllt war (hier abgebildet), konnte die Bahnen von kosmischen Strahlen aufzeichnen. Jack Steinberger war der erste Physiker, der aus einer Blasenkammer Nutzen zog. Seine Experimente in Brookhaven 1954 entdeckten das neutrale Sigma-Teilchen und zeigten, wie nützlich die neue Technik für die Beobachtung der kurzen Bahnen von Teilchen war, die innerhalb eines Bruchteils einer Sekunde zerfielen.

Währenddessen hatte Luis Alvarez in Berkeley ebenfalls von Glasers Erfindung gehört und begann sofort, eine große Blasenkammer zu bauen, die mit flüssigem Wasserstoff gefüllt war. Er hatte außerdem die Idee, die Kammer mit den Teilchenpulsen zu synchronisieren, die aus dem Beschleuniger kamen.

neuen Teilchensorte, die schwerer als das Proton und zu instabil war, um in natürlichen Kernen zu überleben.

Seltsamkeit

1954 erklärten Murray Gell-Mann in den USA und Kazuhito Nishijima in Japan die relative Langlebigkeit der neuen Teilchen. Die neuen seltsamen Teilchen tragen zusätzlich zur elektrischen Ladung eine weitere fundamentale Eigenschaft, die „Seltsamkeit" genannt wurde.

Wie die elektrische Ladung muß die Seltsamkeit erhalten bleiben. So wie elektrische Ladung übertragen wird, aber niemals verlorengeht, muß auch der Betrag der Seltsamkeit vor und nach einer Reaktion unter der starken Kernkraft gleich bleiben. Nach dieser genauen Zählung der Seltsamkeit kann das leichteste seltsame Teilchen nicht unter der starken Kernkraft zerfallen. Statt dessen zerfällt es durch die viel langsamere schwache Kernkraft, die es relativ lange überleben läßt.

Ein Teilchenzoo

Gegen Ende der 1950er war die Einfachheit der Teilchenwelt, die einst aus Protonen, Neutronen und Elektronen bestand, durch eine überwältigende Menge neuer instabiler Teilchen ersetzt worden. Die elektrisch positiv, negativ und neutral geladene Version eingeschlossen, gab es damals 3 Pionen, 3 Kaonen, 3 Sigmas, 2 Xis, 2 Myonen und 1 Lambda.

Dieser Teilchenzoo ähnelte der Verwirrung in der Chemie 100 Jahre früher, als ein vollständig neues Schema Ordnung in das Wirrwarr der dauernd anwachsenden Liste von Elementen brachte. Warum gab es so viele instabile Teilchen? Sie spielten keine Rolle in gewöhnlicher Materie und zerfielen in stabile Teilchen. War diese überwältigende Menge von Teilchen ein Hinweis auf eine einfachere Substruktur im Inneren?

Alle neuen Nachkriegsteilchen spürten die starke Kraft und konnten mit dem Proton und dem Neutron zu Hadronen zusammengefaßt werden. Diese konnten in Mesonen (Teilchen wie Pionen und Kaonen) und die schweren Baryonen (das Proton, das Neutron und ihre schwereren Verwandten wie das Lambda und die 2 Xis) unterteilt werden.

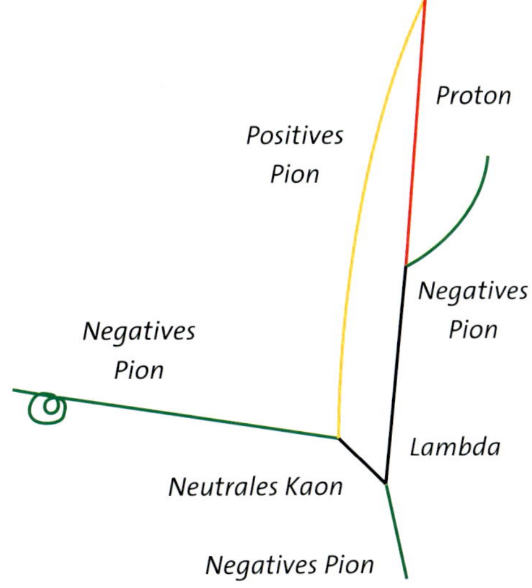

Seltsame Teilchen (links und rechts): Ein Falschfarbenbild einer Blasenkammeraufnahme, das die Anwesenheit von Teilchen, die seltsame (strange) Quarks enthalten, zeigt, und ein Diagramm des Teilchenereignisses. Ein negatives Pion kommt von unten und reagiert mit einem Proton in der Flüssigkeit der Blasenkammer, wobei zwei seltsame Teilchen entstehen: ein Lambda und ein neutrales Kaon. Weil sie beide neutral sind, hinterlassen sie keine Spuren, aber sie zeigen ihre Anwesenheit, wenn sie zerfallen. Das Lambda verwandelt sich in 1 Proton und 1 negatives Pion; das Kaon zerfällt in 1 positives und 1 negatives Pion. Die blauen Bahnen auf der Fotografie sind nicht an der Reaktion beteiligte Teilchen.

Die ersten großen Maschinen

Synchrotrons und der kalte Krieg

Nach dem 2. Weltkrieg wurde ein neuer Teilchenbeschleuniger – das Synchrotron – von Edwin M. McMillan erfunden, einem Kollegen von Ernest Lawrence. In dieser Maschine wurden die Teilchen auf einer kreisförmigen Umlaufbahn in einer evakuierten Röhre gehalten, statt spiralförmig nach außen zu fliegen, wie in einem Zyklotron. Der riesige umfassende kreisförmige Magnet des Zyklotrons wurde durch einen Ring kleinerer C-förmiger Magneten ersetzt.

Teilchen konnten jetzt auf nahezu Lichtgeschwindigkeit beschleunigt werden. Sowohl das die Teilchen beschleunigende elektrische Feld, als auch das die Teilchen ablenkende Magnetfeld wurden mit der steigenden Teilchenenergie unter Berücksichtigung der Effekte von Einsteins spezieller Relativitätstheorie synchronisiert.

1952 erreichte das erste Protonensynchrotron am Brookhaven National Laboratory nahe New York 3 Milliarden Elektronenvolt (3 Gigaelektronenvolt, 3 GeV). Der erste Beschleuniger, der Energien wie die in der kosmischen Strahlung erreichen konnte, wurde als Cosmotron bekannt. Diese 2 000-Tonnen-Maschine führte das Feld an, bis ein 6-GeV-Synchrotron, das Bevatron, 1954 in Berkeley in Betrieb ging. 1955 erreichte diese Maschine ihr Ziel, die ersten Antiprotonen zu erzeugen, die Antimateriegegenstücke zu den Protonen.

Aus den Trümmern des Krieges

Im Dezember 1949 diskutierte eine kulturelle Konferenz der Vereinten Nationen in Lausanne den traurigen Zustand der europäischen Nachkriegswissenschaft. Der alte Kontinent lag in Trümmern, Wissenschaftler waren vertrieben worden, und die physikalische Führung war auf die Seite der Amerikaner übergegangen. Der Kontinent, der die grundlegende Physik 2 000 Jahre lang angeführt hatte, von den alten Griechen bis zu Rutherford, Bohr, Dirac, Heisenberg und Pauli im 20. Jahrhundert, schien sein kulturelles Erbe an die neue Welt zu verlieren.

Auf dem Treffen in Lausanne empfahl der hochangesehene französische Physiker Louis de Broglie, ein internationales Forschungslabor aufzubauen. Sechs Monate später wurde eine Resolution der UNESCO verabschiedet, und was als CERN (Conseil Européen pour la Recherche Nucléaire) bekannt wurde, erwuchs aus der Asche des Krieges. Europäische Städte wetteiferten um das neue Labor, aber schließlich wurde der Ort Meyrin am Stadtrand von Genf ausgewählt. Die Bauarbeiten begannen im Sommer 1954.

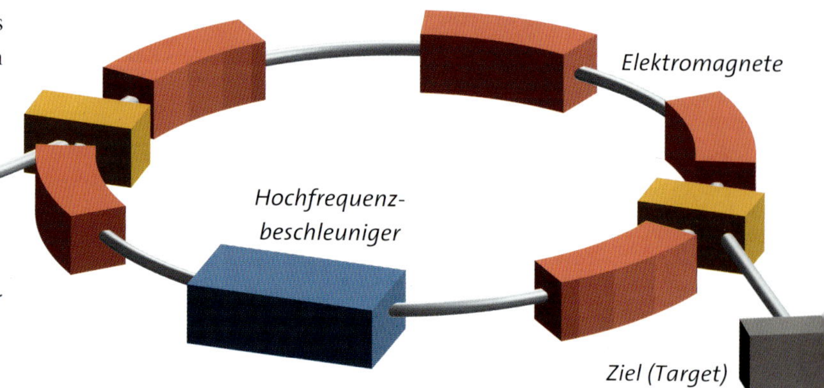

▲ **Das Synchrotron (oben):** *Teilchen werden in einen Ring aus Elektromagneten eingeschossen, die sie auf einer Kreisbahn halten. Hochfrequente elektrische Energie beschleunigt die Teilchen. Die Beschleunigungsleistung ist mit dem Magnetfeld synchronisiert, um die Umlaufbahn der Teilchen zu halten, bevor sie schließlich auf das Target abgelenkt werden.*

Kalter Krieg, heißer Wettbewerb

Die Hauptaufgabe des CERN war, ein 28-GeV-Protonensynchrotron aufzubauen, den größten Teilchenbeschleuniger der Welt mit 600 m Umfang. Nach mehreren phantasievollen Vorschlägen wurde es bescheiden „PS" für Protonsynchrotron getauft.

1957 enthüllte die Sowjetunion ein „Synchrophasotron" in Dubna, am Rande Moskaus, das eine neue Rekordenergie von 10 GeV erreichte. Währenddessen plante das Brookhaven National Laboratory in den USA sein neues AGS (Alternating Gradient Synchrotron), das 30 GeV erreichen sollte. CERN und Brookhaven wollten den russischen Rekord brechen, und am 24. November 1959 gewannen die Europäer das Rennen, als das PS in Betrieb ging.

Die neue Brookhaven-Maschine war ursprünglich als größere Version bekannter Techniken geplant. Das Brookhaven-Team wußte jedoch, daß die Europäer ihre Köpfe rauchen ließen, und erfanden die Technik des „alternierenden Gradienten", die viel ökonomischere Magneten ermöglichte. Die Gruppe am CERN übernahm diese Idee und war die erste, die sie mit Protonen zum Laufen brachte. Die Maschine in Brookhaven war jedoch früher für physikalische Forschung bereit und war bald der Ort großer Entdeckungen. Die Europäer mußten 10 Jahre warten, um einen vergleichbaren Erfolg zu verbuchen.

▼ *Sowjetisches Synchrotron (unten): Das sogenannte Synchrophasotron der Sowjets, das 10-GeV-Synchrotron am Dubna-Laboratorium bei Moskau, nahm 1957 seinen Betrieb auf und war zwei Jahre lang der höchstenergetische Beschleuniger der Welt, bis 1959 das Protonensynchrotron des CERN diese Ehre übernahm.*

Am 24. November 1959 übernahmen die Europäer den Weltrekord für Teilchenstrahlenergien von der Sowjetunion, und eine Wodkaflasche, die von den Sowjets speziell für diesen Anlaß geschickt worden war, ging im Kontrollraum herum. Der Leiter des CERN-Protonensynchrotrons, John Adams, steckte ein Beweisdokument für das Erreichte in die leere Flasche, bevor er sie nach Moskau zurücksandte.

John Adams, ein großer athletisch aussehender Brite, personifizierte die Bildung des CERNs, wo hunderte Menschen von verschiedenem Hintergrund und aus Ländern, die nur wenige Jahre vorher gegeneinander Krieg führten, zusammen für ein Ziel arbeiteten.

Adams wurde 1920 geboren und hatte keine übliche akademische Ausbildung. Da er kein Geld für eine höhere Ausbildung hatte, ging er als Lehrling in eine Elektrofirma, die ihn gerade befördern wollte, als sie im 2. Weltkrieg bombardiert wurde. Zu jung, um eingezogen zu werden, ging Adams ins staatliche Forschungslabor für Telekommunikation, um an der Erforschung des Radars zu arbeiten. Nach dem Krieg wandte er sich einer Reihe neuer Forschungsaufgaben am Harwell-Laboratorium zu.

Er hatte eine beeindruckende Begabung, Leute anzuregen und zu motivieren, und Wissenschaftler und Ingenieure respektierten ihn auch aufgrund seiner Intelligenz und Wachsamkeit gegenüber Problemen, während Mechaniker ihn schätzten, weil er mit ihnen in ihrer Sprache sprechen konnte. Das Hauptquartier der Protonensynchrotrongruppe am CERN wurde als „Adams Hall" bekannt. Nach drei Rufen zum Generaldirektor des CERN starb John Adams 1984.

Die Entdeckung des schwer zu fassenden Neutrinos 1953 war ein großer Durchbruch. Aber das Auftauchen der Myonen in der kosmischen Strahlung ließ vermuten, daß es dieses gespenstische Teilchen ebenfalls in unterschiedlichen Arten gibt. In den frühen 1960er Jahren fand eine weitere klassische Entdeckung ein zweites Neutrino als Partner des ersten.

Jack Steinberger, ein jüdischer Flüchtling aus Nazideutschland, begann seine Studien vor dem 2. Weltkrieg in den USA in technischer Chemie. Nach dem Krieg wechselte er zur Physik an die Universität von Chicago. Einer seiner Lehrer war Enrico Fermi, der gezeigt hatte, wie die schwache Kraft funktionieren

Der zweite Geist

Die Entdeckung des Myon-Neutrinos

▼ *Funkenkammer: M. Schwartz mit seiner Funkenkammer in Brookhaven, die zum Nachweis der ersten Myon-Neutrinos 1961–2 verwendet wurde. Die Nutzung „synthetischer" Neutrinos aus Teilchenzerfällen in einem Strahl wurde ein wichtiges Forschungswerkzeug. Die Entdeckung des Myon-Neutrinos war der erste mehrerer großer Durchbrüche.*

könnte. Fermis Kurse waren Keime der Einfachheit und Klarheit, erinnert sich Steinberger.

Nachdem Fermi ihn an einem Problem der kosmischen Strahlung arbeiten ließ, entdeckte Steinberger 1948, daß diese Myonen in drei Teilchen zerfallen, wahrscheinlich ein

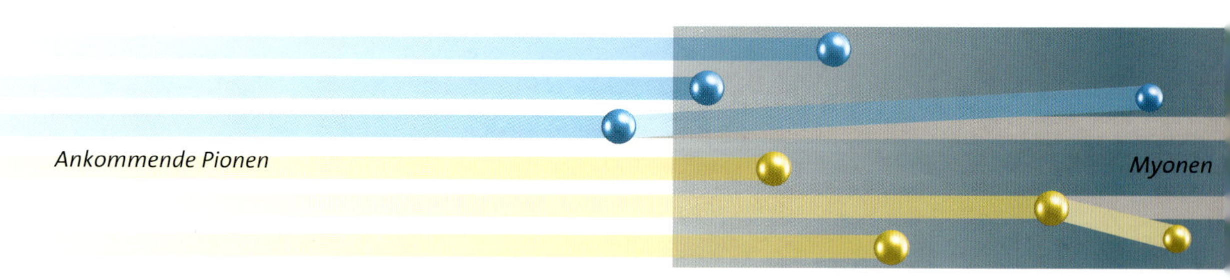

Elektron und zwei Neutrinos. Um die Rechnung aufgehen zu lassen, mußten die beiden „Neutrinos" ein Neutrino und ein Anti-Neutrino sein. Normalerweise zerstören sich ein Teilchen und sein Antiteilchen und verschwinden in einem Energieausbruch. Da nichts Derartiges beobachtet wurde, vermuteten einige Physiker, daß die beiden Neutrinos sich irgendwie unterschieden.

Steinberger, Leon Lederman und Melvin Schwartz hofften, daß sie mehr über die schwache Kraft lernen könnten, indem sie das neue Protonsynchrotron am Brookhaven National Laboratory einen Strahl hochenergetischer Protonen erzeugen ließen.

Niemand hatte zuvor einen Neutrinostrahl hergestellt, und großer technischer Aufwand war dafür nötig. Die Protonen des Beschleunigers in Brookhaven trafen auf ein Berylliumtarget, das einen Strahl verschiedener Teilchen erzeugte, u.a. sehr schneller Pionen. Diese zerfielen nach 20 m Flug in Myonen und Neutrinos. Dann kam das Hindernis: Stahlplatten über 13,5 m, die von einem Marineschrottplatz stammten und gebaut waren, um Bombardements anderer Art zu überstehen. Die Platten stoppten alle Projektile im Strahl, außer den Neutrinos, von denen die meisten ungestört weiterflogen.

Hinter der Stahlwand stand ein neuartiger Detektor aus annähernd hundert 2,5 cm dicken Aluminiumplatten, die zusammen etwa 10 t wogen. Die Physiker hofften, daß von Zeit zu Zeit ein Neutrino mit einem Aluminiumkern kollidieren würde, um entweder ein Myon oder ein Elektron zu produzieren. Eine Hochspannung über die Lücken zwischen den Platten würde Funken erzeugen.

In über 8 Monaten der Jahre 1961–2 gab es nur 25 Tage, an denen alles perfekt funktionierte. Bei 100 Billionen Neutrinos, die

durch den Detektor flogen, wurden 51 Reaktionen aufgenommen. Es war allerdings jedesmal ein Myon, das erzeugt wurde. Die Neutrinos von dem Pionenstrahl erinnerten eindeutig ihre Eltern – in Myonenzerfällen produziert, flogen sie weiter, um in Wechselwirkungen wieder Myonen zu produzieren. Daher waren sie eine andere Art von Neutrino: ein Myon-Neutrino.

▼ *Eine Falle für Neutrinos: In dem Neutrinostrahlexperiment filterte ein 13,5 m dicker Stahlschild alles, was von den ankommenden Pionen produziert wurde, bis auf die Neutrinos heraus. Es spielte keine Rolle, ob ein paar Neutrinos steckenblieben. Aber der Detektor hinter dem Stahlschild mußte groß genug sein, um einige von ihnen einzufangen. Das Experiment erinnernd, erzählt Mel Schwartz: „Bei der Planung eines Experiments neige ich dazu, ein Optimist zu sein. Als wir erstmals für die Planung zusammensaßen, sagten wir: ‚Nun, wir sollten ein Ereignis pro Tonne pro Tag bekommen.' Das war die Zahl, mit der wir arbeiteten. Sie stellte sich als kleiner heraus, aber wir hatten glücklicherweise einen 10-Tonnen-Detektor gebaut."*

Die Leichten

Mit der Entdeckung des Myon-Neutrinos waren vier fundamentale Teilchen bekannt, die nicht die starke Kernkraft spürten. Das Elektron und das Myon wurden jeweils mit ihrem entsprechenden Neutrino gepaart und als Leptonen zusammengefaßt, vom griechischen Wort für „klein" oder „leicht". Leptonen haben die schwache Kernkraft gemeinsam. Heute hat die Familie ein drittes Paar, das Tau und sein Neutrino. Das Tau-Teilchen, das 1975 gefunden wurde, ist 3 500mal schwerer als das Elektron. Trotz der Angst vor einer Reihe noch schwererer Leptonen sind die Physiker sich heute sicher, daß es keine weiteren mehr zu entdecken gibt (s. S. 78).

Steinberger, Lederman und Schwartz erhielten 1988 den Nobelpreis für Physik. Nachdem er 27 Jahre auf diese Belohnung gewartet hatte, bemerkte Steinberger: „Um den Nobelpreis für Physik zu erhalten, muß man zwei Dinge tun. Ein interessantes Experiment durchführen, solange man jung ist, und dann lange genug am Leben bleiben."

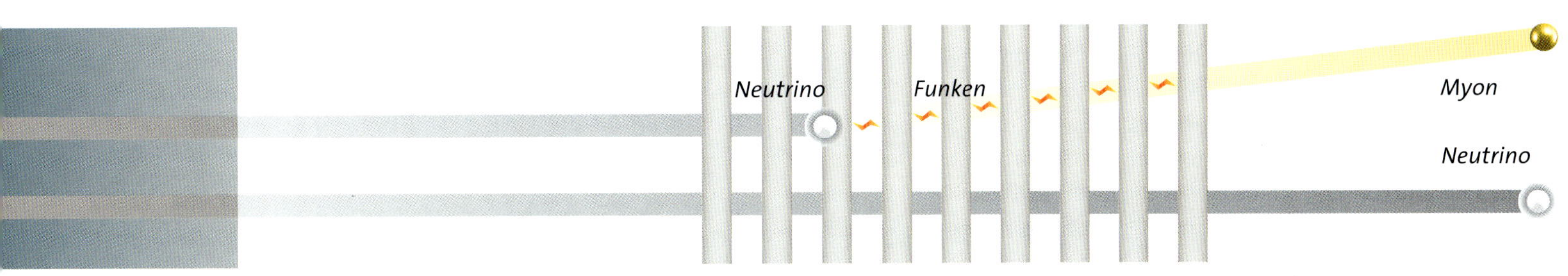

Abenteuer im Quarkland

Vorschläge für eine neue Materieebene

In den frühen 1960er Jahren waren die Physiker am Rande der Verzweiflung. Statt einiger weniger fundamentaler Teilchen gab es ein Überangebot subatomarer Teilchen. Die Theoretiker fanden die Rettung. All die neuen Teilchen konnten durch nur drei hypothetische Einheiten erklärt werden, die launisch „Quarks" genannt wurden.

Über die vielen Teilchen, mit denen sie es zu tun hatten, beunruhigt, wandten Murray Gell-Mann vom Caltech und der israelische Physiker Yuval Ne'eman 1961 Ideen aus der mathematischen Symmetrie auf die etwa 30 damals bekannten stark wechselwirkenden Teilchen an, von denen viele die neue „Seltsamkeit" trugen. Unabhängig voneinander entdeckten sie, wie die verschiedenen Teilchen zu Familien von acht oder manchmal zehn Mitgliedern zusammengefaßt werden konnten und spezielle geometrische Muster bildeten. Gell-Mann nannte das Schema den „Achtfachen Weg", ein aus dem Buddhismus entliehener Begriff.

Es war eine Art subatomares periodisches System, parallel zu Mendelejevs berühmter Tabelle chemischer Elemente 100 Jahre zuvor. Gell-Mann wiederholte ebenfalls Mendelejevs erfolgreiche Vorhersage neuer Elemente. Auf einer Konferenz am CERN 1962 sagte er auf dramatische Weise ein neues Teilchen voraus – das Omega Minus –, das eine Lücke in einer Zehnerfamilie schließen würde. Er beschrieb seine genauen Eigenschaften, und im Dezember 1963 konnte eine Arbeitsgruppe in Brookhaven dieses Teilchen in ihrer Blasenkammer nachweisen.

Anfangs wurden die Mustermacher nicht ernstgenommen. Aber die Entdeckung des Omega Minus ließ jeden aufhorchen. Was brachte die Idee der Symmetrien zum funktionieren? Was lag hinter den raffinierten Mustern des 8- und 10fachen Weges? Unabhängig voneinander zeigten Gell-Mann und sein russischer Kollege am Caltech George Zweig, daß die Familien sich auf natürliche Weise aus den mathematischen Möglichkeiten ergaben, drei Bausteine zu kombinieren.

Gell-Mann verwandte zunächst das Wort „quork", kam aber später mit dem Wort „quark" – „Three quarks for Muster Mark!" – aus James Joyce' Buch *Finnegans Wake*. Diese 1939 veröffentlichte schwierige Novelle ist ein Labor für Sprachexperimente. Gell-Mann sandte Anfang 1964 seine Arbeit an ein relativ neues europäisches Journal. Die Literaturverweise schlossen das Buch von Joyce ein. Ein Jahr am CERN als Besuch vom Caltech arbeitend, wählte Zweig den Namen „aces" (Asse), aber sein Vorschlag ging nicht rechtzeitig in Druck.

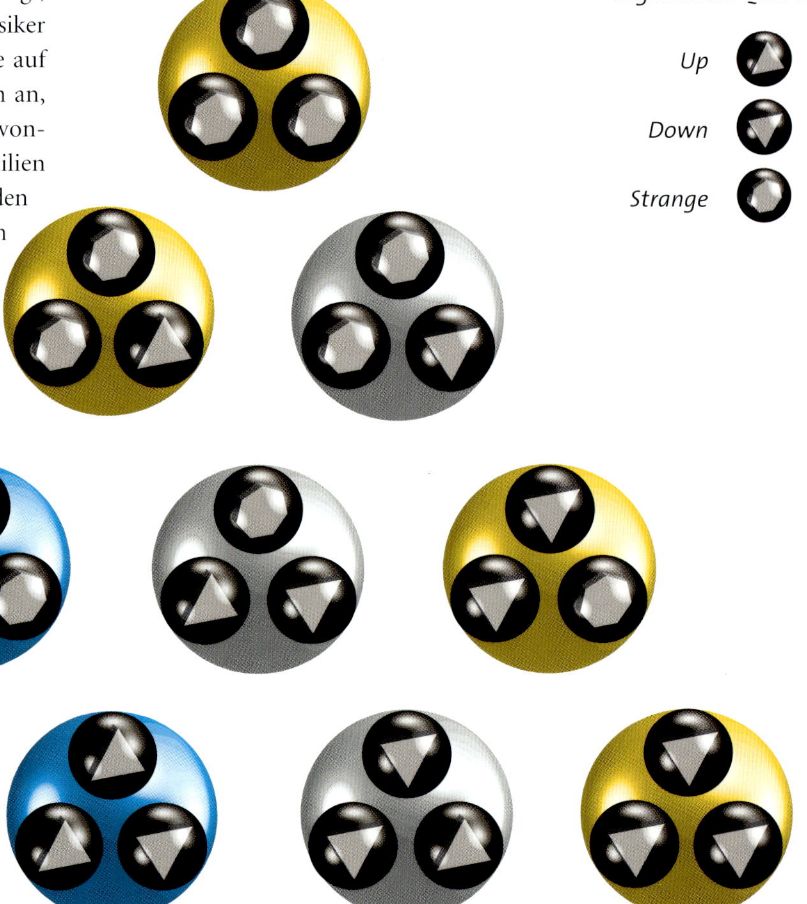

▲ **Buddhismus sagte das Omega Minus voraus:** *Eine der attraktivsten Eigenschaften der Quarktheorie war, wie subatomare Teilchen zu raffinierten geometrischen Bildern arrangiert werden konnten. Vom buddhistischen „Achtfachen Weg" inspiriert, konstruierte Gell-Mann ein pyramidenartiges Muster, das die schwereren Verwandten des Protons und des Neutrons und ihre Seltsamkeit tragenden Gegenstücke enthielt. Am Fuß der Pyramide kamen vier Teilchen, schwerere Versionen der Proton-Neutron-Familie, die keine Seltsamkeit trugen. Nach zwei Reihen von Teilchen, die darauffolgend ein und zwei Strange-Quarks enthielten, mußte die Spitze der Pyramide durch ein Teilchen aufgefüllt werden, das drei Strange-Quarks trug. Dies ist das Omega Minus, dessen Entdeckung 1964 auf dramatische Weise Gell-Manns Idee bestätigte.*

Gell-Mann – Von Komplexität fasziniert

Murray Gell-Mann wurde 1929 als Sohn österreichischer Emigranten in New York City geboren. Als Jugendlicher lag sein Interesse bei der Archäologie. Zusätzlich zu den Ideen über Seltsamkeit und Quarks leistete er einige weitere Beiträge zur Physik. Ein lebenslanges Hobby ist außerdem die Linguistik, der Ursprung und die Entwicklung von Worten in verschiedenen Sprachen. Er wurde immer von intellektuellen Herausforderungen angezogen und half 1984, in Santa Fe in Neu-Mexiko ein Forschungszentrum für „Komplexität" aufzubauen – für Systeme, die von Natur aus schwer zu beschreiben sind.

Bruchteile und Farbe

Aufgrund der Art, wie die Quarks zusammenpaßten, war es für Gell-Mann ganz natürlich, sie nach ihren Richtungen zu benennen. Zwei nannte er „Up" (oder „U" = hoch) und „Down" (oder „D" = runter), während das dritte Quark „Strange" („S" = seltsam) genannt wurde, weil es entscheidend für die seltsamen Teilchen war.

Die Quarks mußten elektrische Ladung tragen, aber anders als andere Teilchen schienen Quarkladungen in Bruchteilen der Ladung eines Protons aufzutreten, das Up-Quark mit ⅔, das Down-Quark mit – ⅓. Physiker hatten nie zuvor Bruchteile einer Elementarladung gesehen, und viele weigerten sich, daran zu glauben. Dennoch gab es einfache Quarkregeln für alle bekannten Hadronen. Die Baryonen sind Gruppen von drei Quarks, ein Proton hat zwei Up-Quarks und ein Down-Quark, das Neutron hat zwei Down-Quarks und ein Up-Quark. Mesonen sind Quark-Antiquark-Paare.

Die Vorstellung einer neuen Materieebene, die geteilte elektrische Ladungen trug, war schwer zu akzeptieren, und so wurde die Quarkidee zunächst als rein mathematisches Schema verkauft, das irgendwie alles richtig darstellte. Quarks haben keine unabhängige Existenz und sind keine echten Konstituenten, sagten viele Physiker. Zusätzlich zu den geteilten elektrischen Ladungen riet etwas weiteres davon ab, die Quarks für real zu halten. Das neu entdeckte Omega Minus brachte, obwohl es ein Triumph für die Quarktheorie war, ein Dilemma mit sich. Nach einer grundlegenden Quantenregel – dem Ausschlußprinzip von Pauli – können keine zwei Teilchen im selben Zustand innerhalb eines größeren Teilchens sein. Das Omega Minus bestand jedoch aus drei offenbar identischen Strange-Quarks.

Um das Problem zu umgehen, schlug O. W. („Wally") Greenberg 1964 vor, daß Quarks eine weitere zusätzliche Ladung trugen, bekannt als „Farbe". Die Farbe unterschied die sonst identischen Quarks voneinander und rettete so das Ausschlußprinzip. Die drei Quarksorten kamen jeweils in drei verschiedenen Farben – normalerweise als rot, grün und blau bezeichnet – vor, und eine Gruppe dreier Quarks muß immer ein Quark jeder Farbe haben, das ein farbneutrales oder „weißes" Ergebnis liefert, analog zum Mischen farbigen Lichts. (Unabhängig von dieser raffinierten Analogie, hat die „Farbe" in der Quarkwelt keine Beziehung zu der alltäglichen Bedeutung dieses Wortes.)

Als die Idee der Quarks auf festerem Boden stand, fanden Physiker, daß dieses erstaunlich einfache Bild viele Aspekte von Teilchen erklären konnte. Zunächst war es auf statische Prozesse begrenzt – Teilcheneigenschaften wie elektrische Ladung und Seltsamkeit – es wurde aber allmählich auf Dynamik ausgeweitet, wobei es die Raten verschiedener Teilchenreaktionen verglich. Baryonen, die drei Quarks haben, bieten mehr Reaktionsmöglichkeiten als Mesonen mit nur zwei.

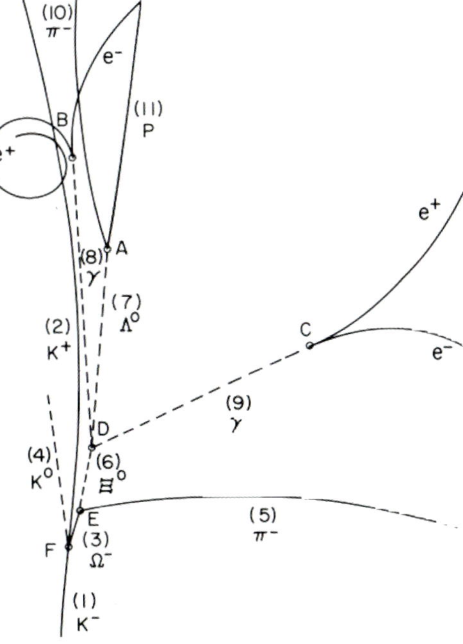

◄ *Omega Minus: Als Gell-Mann 1962 das Omega Minus voraussagte, war unter den Zuhörern Nick Samios aus Brookhaven, wo gerade eine neue große Blasenkammer fertiggestellt wurde. Gell-Manns Teilchen trug mehr Seltsamkeit als jedes andere Teilchen, und Samios verstand, daß die Seltsamkeit mit Hilfe eines Strahls aus seltsamen Teilchen zur Verfügung gestellt werden mußte: mit Kaonen. Das Experiment hatte gerade begonnen, als einige Reflektoren, die zur Verbesserung der Sicht in die Blasenkammer installiert wurden, zerbrachen und die Kammer zu ruinieren drohten. Doch er ließ weitermachen. Vier Wochen und 50 000 Fotografien später hatte Samios' Gruppe ein Postkartenbild eines Omega-Minus-Zerfalls gefunden, der am linken unteren Rand der Fotografie sichtbar ist.*

In der Nähe der Stanford-Universität in Kalifornien verläuft die Route 280 von San Jose nach San Francisco über eine 3 km lange Betongalerie, dem Stanford Linear Accelerator Center. In den späten 1960er Jahren fand an dieser leistungsfähigen Maschine ein Experiment statt, das zeigte, daß Quarks existieren.

Auf der Jagd nach dem Quark

In das Proton vorstoßen

Trotz seiner attraktiven Einfachheit, war das Quarkmodell nicht reif für die Lehrbücher. Zusätzlich zu ihrer unangenehmen nicht ganzzahligen Ladung weigerten sich die Quarks entschlossen, sich offen zu zeigen. Experimentatoren suchten vergeblich nach ihnen in der kosmischen Strahlung, in Meteoriten und im Schlamm vom Meeresboden. Wenn hochenergetische Protonen auf Targets geschossen wurden, kamen keine Quarks herausgeflogen. Die offizielle Erklärung war, daß Quarks keine realen Teilchen waren, sondern mathematische Objekte, die ins Bild des „Achtfachen Weges" paßten. Dennoch lieferten Berechnungen, die auf einfachen Quarkzählungen basierten, vielversprechende Ergebnisse.

Unter dem Einfluß von Ernest Lawrence haben Physiker am Berkeley-Laboratorium im Nordosten von San Francisco in große Zyklotrone investiert, und fast der ganze Rest der Welt folgte ihrem Beispiel. An der Stanford-Universität im Süden von San Francisco hatten Elektronenspezialisten jedoch andere Ideen. Sie konzentrierten sich statt dessen auf hochfrequente oszillierende elektrische Felder, um Teilchen zu beschleunigen. 1937 war die Erfindung des Klystrons, einem neuartigen leistungsfähigen Radiofrequenzverstärker, ein großer Durchbruch.

Als die Forschung nach dem 2. Weltkrieg wieder aufgenommen wurde, wurde bald darauf mit der neuen Technik gearbeitet. Robert Hofstadter benutzte leistungsfähige neue Elektronenstrahlen, um zu zeigen, daß

▶ *Meilenstein der Physik: Entlang des Campus der Stanford-Universität in Palo Alto in Kalifornien ist die 3 km lange Galerie des Stanford Linear Accelerator Centers (SLAC) unübersehbar. Heute ist es offiziell ein historischer technischer Meilenstein der USA.*

► **Quarks in Teilchen:** *Drei Quarks fügen sich jeweils zu Baryonen zusammen – dem Proton und Neutron und ihren schwereren Partnern. Zum Beispiel besteht das Proton (positive Ladung) aus zwei Up-Quarks (jedes mit der Ladung $+\frac{2}{3}$) und einem Down-Quark (Ladung $-\frac{1}{3}$). Quarks können sich auch mit ihren Antimateriegegenstücken zu Mesonen, wie Pionen, verbinden.*

Richard Feynman – respektloses Genie

Wie Einstein war Richard Feynman schon zu Lebzeiten eine Legende. Selten in der Lage, die Meinung eines anderen ernstzunehmen, zog er es vor, jedes neue Problem für sich selber auszuarbeiten. Dabei entdeckte er oft neue Sichtweisen auf die Physik. Zum Beispiel lieferte seine Lösung der Quantenelektrodynamik, die auf einfachen Diagrammen basierte, in denen eine Dimension den Raum, die andere die Zeit repräsentierte, eine neue Methode, die Naturkräfte darzustellen. Julian Schwinger, ein weiterer Architekt der Quantenelektrodynamik, sagte: „Wie heute der Siliziumchip brachten Feynmans Diagramme die Berechnungen zu den Massen." Wenige konnten Feynmans Extravaganz und Freimütigkeit in Einklang bringen. Seine anekdotenhafte Autobiographie *Sie belieben wohl zu scherzen, Mr. Feynman,* 1985 veröffentlicht, war ein sofortiger Bestseller.

Sein letzter großer Beitrag kam kurz vor seinem Tod 1988, als er in die offizielle Kommission berufen wurde, die die Katastrophe auf dem Cape Kennedy aus dem Jahr 1986, die Explosion des Challenger Space Shuttle, untersuchen sollte. Seine Demonstration des Effektes niedriger Temperaturen auf Dichtungsringe der Challenger anhand einer Tasse Eiswasser war typisch für seine bemerkenswerte Fähigkeit, komplexe Probleme auf einfachste Weise zu erklären.

das Proton nicht nur ein verschwommener runder Ball war. Im Inneren des Balls waren einige Bereiche weniger unscharf als andere: Das Proton hatte eine bestimmte Form. Währenddessen plante eine begabte Gruppe aus Physikern und Ingenieuren, u.a. mit Wolfgang („Pief") Panofsky, eine „Monster"-Elektronenmaschine von 3 km Länge. Da Geld zu jener Zeit leicht zu bekommen war, wurde die Maschine bald darauf gebaut, und das Stanford Linear Accelerator Center (SLAC) lieferte 1967 seine ersten Strahlen.

Eins der ersten Experimente am SLAC wurde von Jerome Friedman, Henry Kendall und Richard Taylor geleitet. Ihre ursprüngliche Idee war, zu untersuchen, ob die neuen Teilchen auch von Elektronen produziert werden könnten. Ein Theoretiker, James Bjorken, hatte allerdings vorgeschlagen, sie sollten auch nach anderem schauen.

Bjorkens Rat folgend, schoben sie ihren Detektor aus der Linie des Elektronenstrahls, um nach Elektronen zu suchen, die stark abgelenkt wurden. Sie waren überrascht, 10mal mehr stark abgelenkte Elektronen zu finden, als erwartet.

Rutherford erneut besucht

Es war eine Wiederholung von Rutherfords klassischem Experiment (s. S. 32). Er hatte seine Alpha-Teilchen von schweren dichten Kernen tief im Zentrum des Atoms abprallen sehen. Richard Feynman zeigte durch die Vereinfachung von Bjorkens Ideen, daß die Ergebnisse unter der Annahme erklärt werden könnten, daß Protonen aus wenigen harten Körnern bestehen, die er „Partonen" nannte.

Die experimentellen Ergebnisse wurden zuerst auf einem wissenschaftlichen Treffen in Wien 1968 vorgestellt, auf dem die Schlußfolgerung war, daß „sie Hinweise auf punktartige geladene Strukturen innerhalb des Nukleons geben könnten". Zunächst fiel die Nachricht auf unfruchtbaren Boden. Ein Jahr verging, bis die Protonidee allmählich angenommen wurde. Aber einige Physiker zögerten noch, von Quarks zu sprechen.

Nun, da die Physiker wußten, daß etwas innerhalb des Protons war, war die nächste Aufgabe, die neuen Partonen genauer zu untersuchen. Bis 1974 hatten Neutrinostrahlexperimente am CERN gezeigt, daß Feynmans Partonen einen Bruchteil einer Ladung hatten und daß drei in jedem Proton waren. Gell-Manns mathematische Quarks waren echt.

Henry Kendall und Jerome Friedman, die beide jetzt am Massachusetts Institute of Technology sind, und der Kanadier Richard Taylor, noch immer am SLAC, erhielten 1990 den Nobelpreis für Physik, 20 Jahre nachdem ihr Experiment das Quark entdeckt hatte.

Den größten Teil seines Lebens bemühte sich Einstein, eine endgültige Theorie des Universums zu schaffen, die Elektromagnetismus und Gravitation vereinte. Er arbeitete daran unerbittlich von den 1920er Jahren bis zu seinem Tod 1955. Aber seine Mühe war zum Scheitern verurteilt, weil er die Kernkräfte ignoriert hatte.

Einsteins letzter Traum

Die Große Vereinheitlichte Theorie

1915 lieferte Albert Einsteins allgemeine Relativitätstheorie eine neue Beschreibung der Gravitation, die die von Newton ersetzte. Nach Einstein ist Gravitation keine Kraft, sondern eine geometrische Eigenschaft des Raumes, hervorgerufen durch die Materie in ihm: Der Raum wird in der Nähe schwerer Objekte gekrümmt. Er sagte voraus, daß Lichtstrahlen von einem Stern hinter der Sonne von der Gravitation der Sonne abgelenkt würden. Als dies in einem Experiment während der Sonnenfinsternis 1919 bestätigt wurde, wurde Einstein fast über Nacht berühmt.

Die allgemeine Relativität war der Höhepunkt von Einsteins wissenschaftlicher Kreativität. Sie legte die Grundlagen für die moderne Kosmologie und erweiterte seine spezielle Relativitätstheorie, die unser Verständnis von Raum, Zeit und Bewegung für immer veränderte. Darüber hinaus trug er zur Quantenrevolution bei und gab der Welt den Schlüssel zur Ebene des Kerns mit seiner berühmten Gleichung: $E = mc^2$. Was kann sich ein Wissenschaftler noch zu erreichen wünschen, kurz vor der endgültigen Theorie, die das Universum in eine vereinheitlichte Theorie zusammenfaßt?

▶ *Die Suche nach der Vereinheitlichung der Kräfte: Es gibt fünf grundlegende Kräfte in der Natur. Die erste Vereinheitlichung von Kräften fand 1864 statt, als Maxwell sah, daß Elektrizität und Magnetismus nur zwei Formen der elektromagnetischen Kraft sind, die für chemische Reaktionen und die Übertragung von Licht verantwortlich ist. Die zweite Vereinheitlichung geschah 1973 mit der Entdeckung der elektroschwachen Kraft. Die Suche nach einer einzigen „Großen Vereinheitlichten Theorie", die die elektroschwache und starke Kraft zusammenbringt, geht weiter, und möglicherweise nach einer „allumfassenden Theorie", die ebenfalls die Gravitation enthält.*

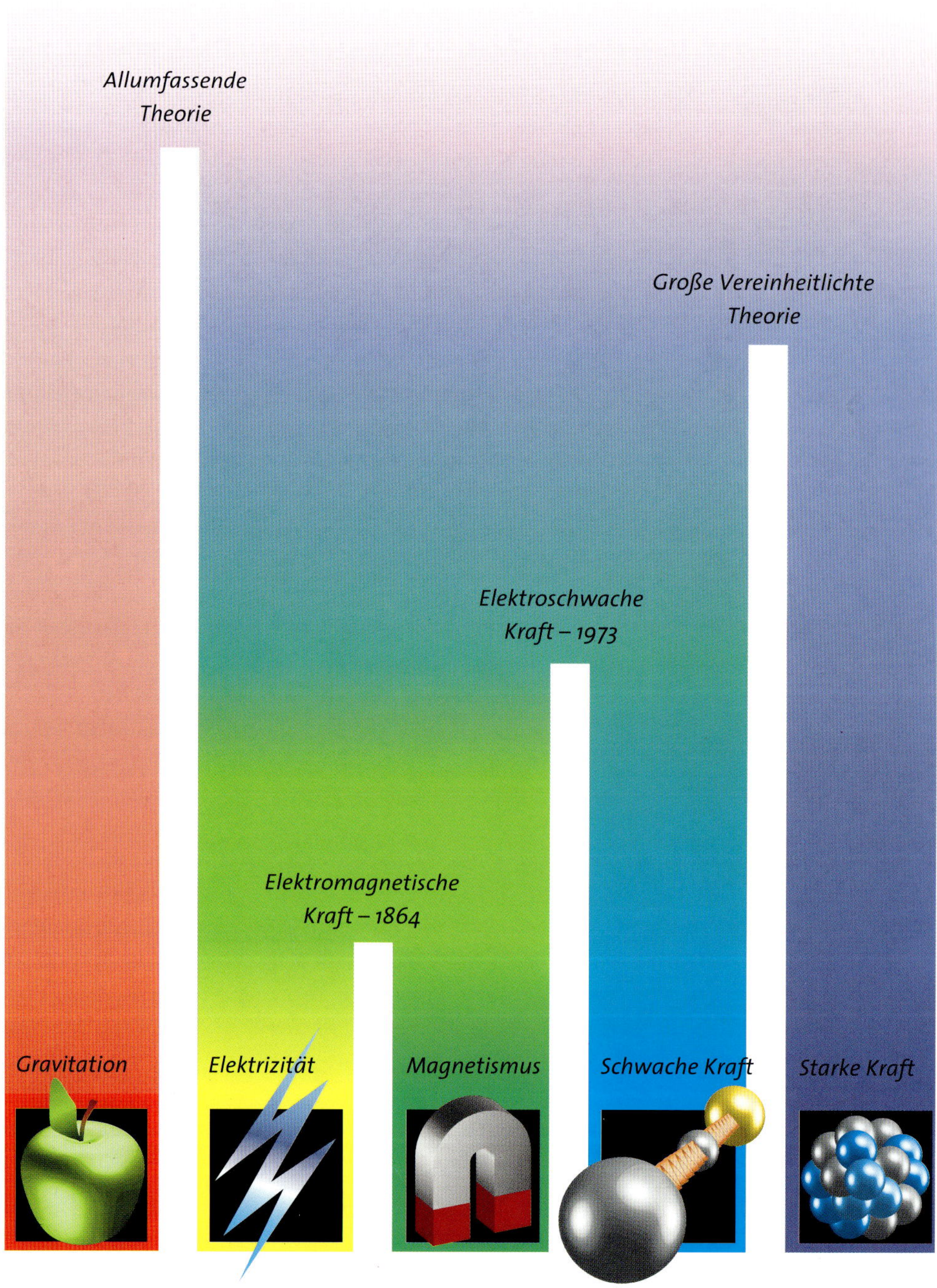

▼ *Lebende Legende:* *Mit seinen radikalen, fast mystischen neuen Ideen, die unser Verständnis von Raum und Zeit vollständig veränderten, wurde Albert Einstein schon zu Lebzeiten eine Legende und wurde schon fast wie ein Gott verehrt. Aber er blieb bescheiden, eigenartig unbeeinflußt vom Ruhm, und behandelte jeden auf dieselbe Weise. Mit seinem Sinn für Humor konnte Einstein die komische Seite des Lebens sehen. Einstein liebte Musik, besonders Bach und Mozart, und spielte Violine. Als er von einem Reporter über Bach befragt wurde, antwortete er kurz: „Höre, spiele, liebe, verehre – und halt deinen Mund geschlossen."*

Eine fünfte Dimension

1921 behauptete der deutsche Mathematiker Theodor Kaluza, daß Gravitation und Elektromagnetismus vereinheitlicht werden könnten, wenn Einsteins Gleichungen in fünf statt vier Dimensionen geschrieben würden. Der schwedische Physiker Oscar Klein fügte 1926 hinzu, daß diese zusätzliche Dimension sozusagen stark aufgerollt und daher unsichtbar ist.

Einstein akzeptierte anfänglich Kaluza und Klein, änderte dann aber seine Meinung. Statt dessen verfolgte er hartnäckig seinen eigenen mathematischen Zugang zum Problem der Vereinheitlichung. Anfangs war er sich sicher, auf dem richtigen Weg zu sein, und 1929 berichteten Zeitungen, er sei kurz davor, daß Rätsel des Universums zu lösen. Bei der damit verbundenen Euphorie mußte er sich vor den Medien verstecken.

Es war falscher Alarm, und Einstein mußte zugeben, daß er falschgelegen hatte. 1931 erzählte er Pauli, der seine Theorie kritisiert hatte: „Am Ende hattest du recht, du Schuft." Dennoch attackierte Einstein weiter beharrlich das Problem bis zum Ende. Er starb am 18. April 1955, nur einen Tag vorher hatte er seine letzten Berechnungen zur Vereinheitlichung durchgeführt.

Der heilige Gral der Physiker

Als Einstein an einer Vereinheitlichung zu arbeiten begann, kannten die Physiker nur drei Kräfte: Gravitation, elektrische Kraft und Magnetismus. Die letzten beiden waren bereits in den 1860ern von Maxwell zum Elektromagnetismus vereinigt worden. In den 1930ern wurden jedoch zwei weitere Kräfte der Natur aufgedeckt: die starke und die schwache Kernkraft. Eine das ganze Universum beschreibende Theorie muß diese beiden Kräfte enthalten. Einstein jedoch entschied, sie zu ignorieren, weil sie von der Quantenmechanik beschrieben wurden, die er haßte. Für jeden anderen wäre dies wissenschaftlicher Selbstmord gewesen, aber Einstein machte weiter. Einsteins Traum lebt weiter. Eine neue Generation von Physikern nahm die Idee der vereinheitlichten Theorie auf, und 20 Jahre nach dem Tod von Einstein war die nächste Stufe auf der Suche nach der universellen Kraft erreicht: Der Elektromagnetismus wurde erfolgreich mit der schwachen Kraft zur elektroschwachen Kraft verbunden.

Auf diesen elektroschwachen Vereinigungserfolg bauend, warten Physiker auf die „Große Vereinheitlichte Theorie" (Grand Unified Theory, GUT), die die starke Kraft auf dieselbe Weise einbindet. Hinweise auf eine solche Theorie könnten von ehrgeizigen Experimenten kommen (s. S. 84). Die letzte Herausforderung einer „allumfassenden Theorie" müßte außerdem die Gravitation enthalten. Während alle anderen Kräfte von Quanten bestimmt werden, müssen Gravitation und Quantenmechanik noch miteinander in Einklang gebracht werden. Bis dahin bleibt die Idee einer einzigen Kraft ein Traum. Die Energieskalen dieser Vereinheitlichungen sind wahrscheinlich unerreichbar mit Laborexperimenten und müssen durch Ergebnisse bei niedrigeren Energien oder aus der Astrophysik geschlossen werden. Diese Vereinheitlichungen spielten in der Entwicklung des frühen Universums eine wichtige Rolle (s. S. 84).

In den 1950ern entstand eine neue Methode, fundamentale Kräfte zu betrachten, aus Studien von mathematischen Symmetrien. Dies führte zu einem tieferen Verständnis der Kräfte und öffnete die Tür für neue Wege, sie zu vereinen. Die Ergebnisse hatten weitreichende Bedeutung. Jede Kraft hat ihre eigene Symmetrie.

Die Symmetrie zeigt den Weg

Die elektroschwache Vereinheitlichung

Viele Objekte haben eine Regelmäßigkeit, die sie nach einer Spiegelung oder Rotation gleich aussehen läßt. Der menschliche Körper hat eine annähernde Links-Rechts Symmetrie, eine Kugel sieht aus allen Richtungen gleich aus, und eine Schneeflocke hat eine hexagonale Symmetrie.

Solche geometrischen Symmetrien sind leicht zu erkennen. Aber Symmetrie kann auch abstrakt sein. Die Naturgesetze spiegeln tiefe mathematische Symmetrien wieder, die dem Gefüge des Universums zugrunde liegen. Der Begriff „Eichsymmetrie" bezieht sich auf bestimmte Phänomene, die symmetrisch sind, wenn sie in der abstrakten mathematischen Welt betrachtet werden.

Ein Beispiel für eine Eichsymmetrie tritt im Elektromagnetismus auf: Ein Elektron, das sich zwischen zwei Elektroden verschiedener Spannungen bewegt, sieht nur die Spannungsdifferenz zwischen den Elektroden, nicht aber die eigentlichen Spannungen. Die Kraft auf das Elektron kann von vielen mathematischen Winkeln aus betrachtet werden, bleibt jedoch immer dieselbe – sie ist „symmetrisch". Es gibt keinen „Nordpol" der Spannung, nur relative Zusammenhänge. Auf diese Weise betrachtet, werden Kräfte zum Weg der Natur, mathematische Symmetrie zu erhalten.

In den späten 1940ern erschien die „luxuriöse" Fassung des Elektromagnetismus – Wegbereiter waren Richard Feynman, Julian Schwinger und Sin-Itiro Tomonaga – und wurde „Quantenelektrodynamik" (QED) genannt. Sie vereinigt Maxwells klassischen Elektromagnetismus mit der Quantentheorie und der speziellen Relativitätstheorie, den beiden Eckpunkten der Physik des 20. Jahrhunderts. Die weitreichenden Kräfte der QED werden von masselosen Photonen übermittelt, die zwischen elektrischen Ladungen hin- und herschalten (s. S. 48). Die Vorhersagen waren so genau – innerhalb einiger Millionstel – daß Experimentatoren ihre Mühe hatten, sie zu überprüfen.

Durch diesen Erfolg ermutigt, suchten Physiker nach weiteren Beispielen für funktionierende Symmetrien. 1956 wandte Julian Schwinger die Ideen der Eichtheorie sowohl auf den Elektromagnetismus, als auch auf die

▲ Sechsfache Symmetrie:
Ein Abbild eines Schneeflockenkristalls. Es hat eine schöne sechsfache Symmetrie, die von einem grundlegenden Muster stammt (selber links-rechts-symmetrisch), das stetig in 60-Grad-Schritten weiter rotiert wird.

schwache Kraft an. Die alten Ideen von Enrico Fermi erinnernd, glaubte er, daß diese beiden Kräfte etwas miteinander zu tun hatten, und gab seine Überzeugung an seinen Studenten Sheldon Glashow weiter.

1961 entwickelte Glashow eine Theorie, die beide Kräfte kombinierte. Sie hatte drei Träger der schwachen Kraft: ein elektrisch geladenes Paar, W + und W −, und eine neutrale Version, Z (oder Z^0). Sie alle mußten schwere Teilchen sein, weil die schwache Kraft nur auf kurzen Distanzen wirkt, aber ihre genaue Masse konnte nicht berechnet werden. Glashow hatte eine Lösung erzwungen. Er hatte gezeigt, wie eine kombinierte „elektroschwache" Theorie prinzipiell ge-

Abdus Salam – Ein Weltwissenschaftler

Auf einer internationalen Konferenz 1978 in Tokio führte der pakistanische Physiker Abdus Salam einen neuen Begriff ein: „elektroschwache" Vereinheitlichung. Salam, der 1926 in Jhang geboren wurde (damals ein Teil Indiens), ist in vielen Kulturen zu Hause. Als praktizierender Moslem zitiert er häufig aus dem Koran, der Gläubige ermahnt „die Natur zu studieren, zu reflektieren, und das wissenschaftliche Unternehmen zu einem Teil des Gesellschaftslebens zu machen".

Seine eigenen frühen Erfahrungen machen ihm die Probleme deutlich, die aus mangelnden Mitteln für Wissenschaftler in Entwicklungsländern entstehen. Als er nach seiner anfänglichen Karriere in Großbritannien 1951 in seine Heimat Pakistan zurückkehrte, fand er sich selber abgeschnitten von der konstanten Stimulation,

die für führende Forschung notwendig ist. In den 1960er Jahren richtete er das Internationale Zentrum für Theoretische Physik in Triest in Italien ein, das heute ein Weltwissenschaftstreffpunkt ist. Das Zentrum stellt einen wertvollen Stützpunkt für junge Wissenschaftler aus Entwicklungsländern dar, die am Anfang ihrer Karriere stehen.

macht wird, aber in seinen eigenen Worten hatte er „vollständig den Anschluß verpaßt" bei dem Problem, die Massen der Träger der schwachen Kraft zu erklären.

Elektroschwache Kraft

Was Glashow damals nicht wußte, war, daß eine symmetrische Symmetrie auch unsymmetrische Resultate haben kann. Teilchenphysiker fanden Mitte der 1960er Jahre einen alternativen Weg zu der sogenannten „spontanen Symmetriebrechung". Neue unbekannte schwere Teilchen konnten leeren Raum unsymmetrisch machen. Die Träger der schwachen Kraft „verschlucken" diese schweren Teilchen und nehmen Masse auf, während die Photonen masselos bleiben.

Einer der Vorschläge stammte vom schottischen Physiker Peter Higgs. Seitdem werden die Symmetriebrecher „Higgs-Teilchen" genannt. Diese Idee aufgreifend, fanden Steven Weinberg von der Harvard-Universität und Abdus Salam vom Imperial College in London unabhängig voneinander eine Theorie, die Elektromagnetismus und schwache Kraft vereinte.

In den frühen 1970er Jahren zeigte der holländische Theoretiker Gerard 't Hooft, wie das Schema mathematisch zum Arbeiten gebracht werden konnte.

1979 erhielten S. Glashow, A. Salam und S. Weinberg den Nobelpreis für Physik für ihre Arbeit, den Elektromagnetismus mit der schwachen Kernkraft zu vereinigen.

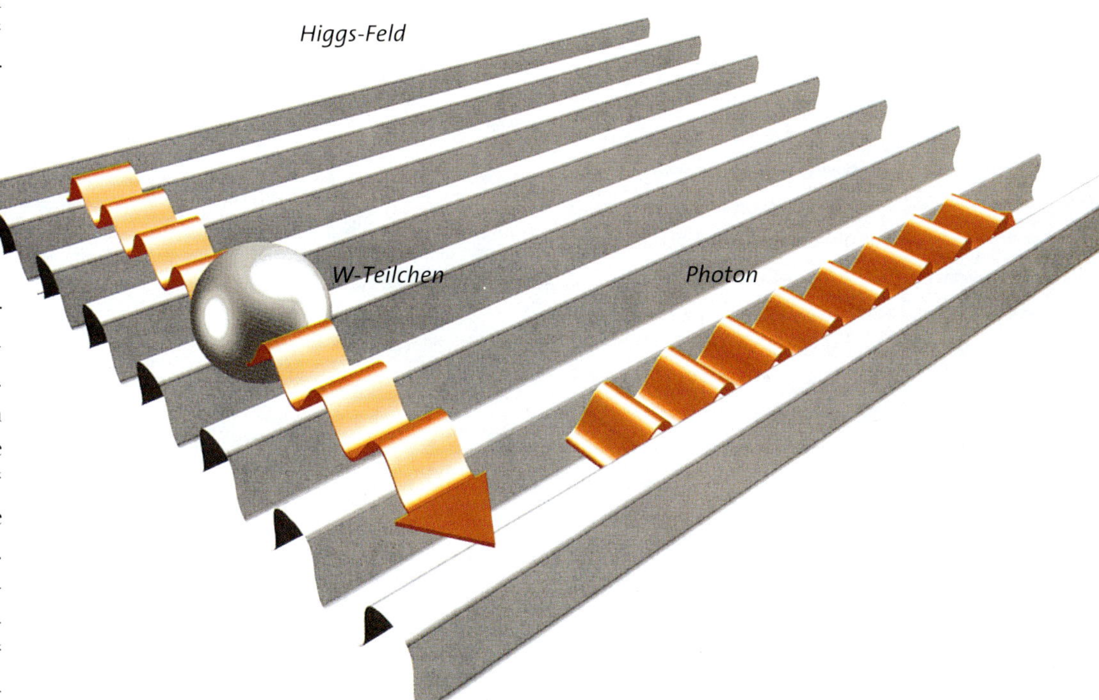

▲ **Die gebrochene Symmetrie des Raumes:** *Die elektroschwache Vereinheitlichung entsteht durch die mysteriösen Higgs-Teilchen, die die Symmetrie des Raumes „spontan brechen". In der Quantenphysik ist sogar das Vakuum nicht leer: Das Unschärfeprinzip besagt, daß es voller unsichtbarer vergänglicher Teilchen ist, die fortwährend auftauchen und verschwinden. Das Higgs-Teilchen gibt dem leeren Raum eine Struktur – das sogenannte Higgs-Feld – mit Eigenschaften, etwa wie die versteckten Furchen in einem Pappkarton. Die masselosen Träger der elektromagnetischen Kraft (Photonen) reisen ungehindert entlang der versteckten Furchen, aber die Träger der schwachen Kraft (Ws und Zs) müssen die Furchen kreuzen und benötigen eine Menge zusätzlicher Energie, die sie vom Higgs-Feld absorbieren und dadurch schwer werden. Ohne das Higgs-Feld wären die Träger sowohl der elektromagnetischen als auch der schwachen Kraft masselos. Während die Physiker sicher sind, daß das Higgs-Teilchen existiert, ist es immer noch mysteriös, was es ist und wie es arbeitet. Die Entdeckung dieser Teilchen, die auf unheimliche Weise das Vakuum durchdringen, ist eines der Hauptziele der heutigen Hochenergiephysik.*

Gargamelles Geist

Der neutrale Strom

Bis 1973 wurde die schwache Kraft immer dabei beobachtet, elektrische Ladungen umzuschalten. Dann zeigte ein Experiment am CERN etwas Neues. Die schwache Kraft hatte ein Teilchen „durchgeschüttelt", ohne seine elektrische Ladung zu ändern. Plötzlich war die elektroschwache Vereinheitlichung im Geschäft.

Schon immer seit Fermis ursprünglicher Erklärung 1934 waren Physiker überzeugt, daß die schwache Kernkraft, die Ursache der Beta-Radioaktivität, von Teilchen getragen werden mußte, die schwer und elektrisch geladen waren: schwer, weil die Kraft nur eine geringe Reichweite hat, und elektrisch geladen, weil schwache nukleare Phänomene offenbar immer elektrische Ladungen übertrugen.

Die Vereinheitlichung von Elektromagnetismus und der schwachen Kraft, von Sheldon Glashow, Steven Weinberg und Abdus Salam in den 1960ern entwickelt, sagte voraus, daß die schweren elektrisch geladenen W-Teilchen ein elektrisch neutrales Gegenstück, das Z, haben sollten. Die Theorie besagte, daß Ws und Zs beide zu Kernprozessen beitrugen. Das Problem war, daß niemand einen schwachen nuklearen Austausch beobachtet hatte, der elektrische Ladungen intakt ließ, einen sogenannten „neutralen Strom". Oder niemand dachte, daß er es getan hätte.

In ihrem klassischen 2-Neutrino-Experiment von 1962 hatten Leon Lederman, Jack Steinberger und Mel Schwartz einige Neutrinokollisionen bemerkt, die keine entsprechenden Bahnen geladener Teilchen zeigten. Die Kollisionen wurden zunächst als Untergrund-„Müll" verworfen, der durch ungewollte Teilchen produziert wurde, die aus dem massiven Stahlschild streuten. Aber vielleicht waren sie Beispiele für neutrale Ströme.

Überzeugt, daß die elektroschwache Vereinheitlichung auf dem richtigen Weg war, drängte Steven Weinberg die Experimentatoren, verstärkt nach neutralen Strömen zu suchen. Die Überzeugung wuchs, als Gerard 't Hooft 1971 zeigte, daß das Vereinheitlichungsschema mathematisch funktionierte und Berechnungen im Stile Feynmans erlaubte.

▲ **Gefräßiger Gigant:** *Während die ersten Neutrinostrahlgenerationen arbeiteten, bereitete sich das CERN für die nächste Runde vor. Mit dem Einverständnis der französischen Atomenergiebehörde wurde eine gigantische Blasenkammer gebaut, die 5 m lang war und 25 t wog, um 18 t flüssiges Freon aufzunehmen. Die riesige Kammer (hier innerhalb des gelben Magneten zu sehen) wurde Gargamelle getauft, nach der Mutter des gefräßigen Giganten Gargantua in Rebelais klassischem Buch. Das französische Projekt wurde von André Lagarrigue geleitet, der unglücklicherweise 1975 starb, bevor seine Leistung anerkannt werden konnte.*

Währenddessen ging am CERN eine gigantische neue Blasenkammer zum Einfangen von Neutrinos in Betrieb. Sie wurde Gargamelle genannt und enthielt 18 t des flüssigen schweren Freons. Die Suche stand anfänglich auf der Prioritätenliste von Gargamelle ganz unten.

Die Fotografien von Gargamelles Neutrinowechselwirkungen wurden in ganz Westeuropa ausgewertet, aber Ende 1972 stolperte die Gruppe von Helmut Faissner in Aachen über ein postkartengroßes Bild einer Reaktion eines neutralen Stromes. Die Fotografie zeigte, wo ein unsichtbares Neutrino gerade durch die Kammer flog, das in seinem Schweif ein Elektron stark angestoßen hatte.

Faissner nahm die Fotografie auf eine physikalische Tagung in Oxford mit, wo er sich mit Donald Perkins noch am Londoner Flughafen Heathrow traf, auf dem sich die beiden Physiker sofort an die Bar zurückzogen, um die Fotografie zu untersuchen und ihren Erfolg zu feiern.

Das CERN-Management war große Entdeckungen nicht gewohnt und war nicht überzeugt. Andere Experimente zeigten keine neutralen Ströme, und die Gargamelle-Gruppe wurde höflich gebeten, das Ergebnis zurückzuziehen. Die Hauptmitglieder bestanden darauf, daß sie recht hatten, und 1973 wurde nach langen Gewissenskämpfen die Entdeckung auf einem internationalen Treffen in Aix-en-Provence in Frankreich bekanntgegeben. Abdus Salam, ein Architekt der elektroschwachen Vereinheitlichung, beschrieb die Atmosphäre als „wie auf einem Volksfest".

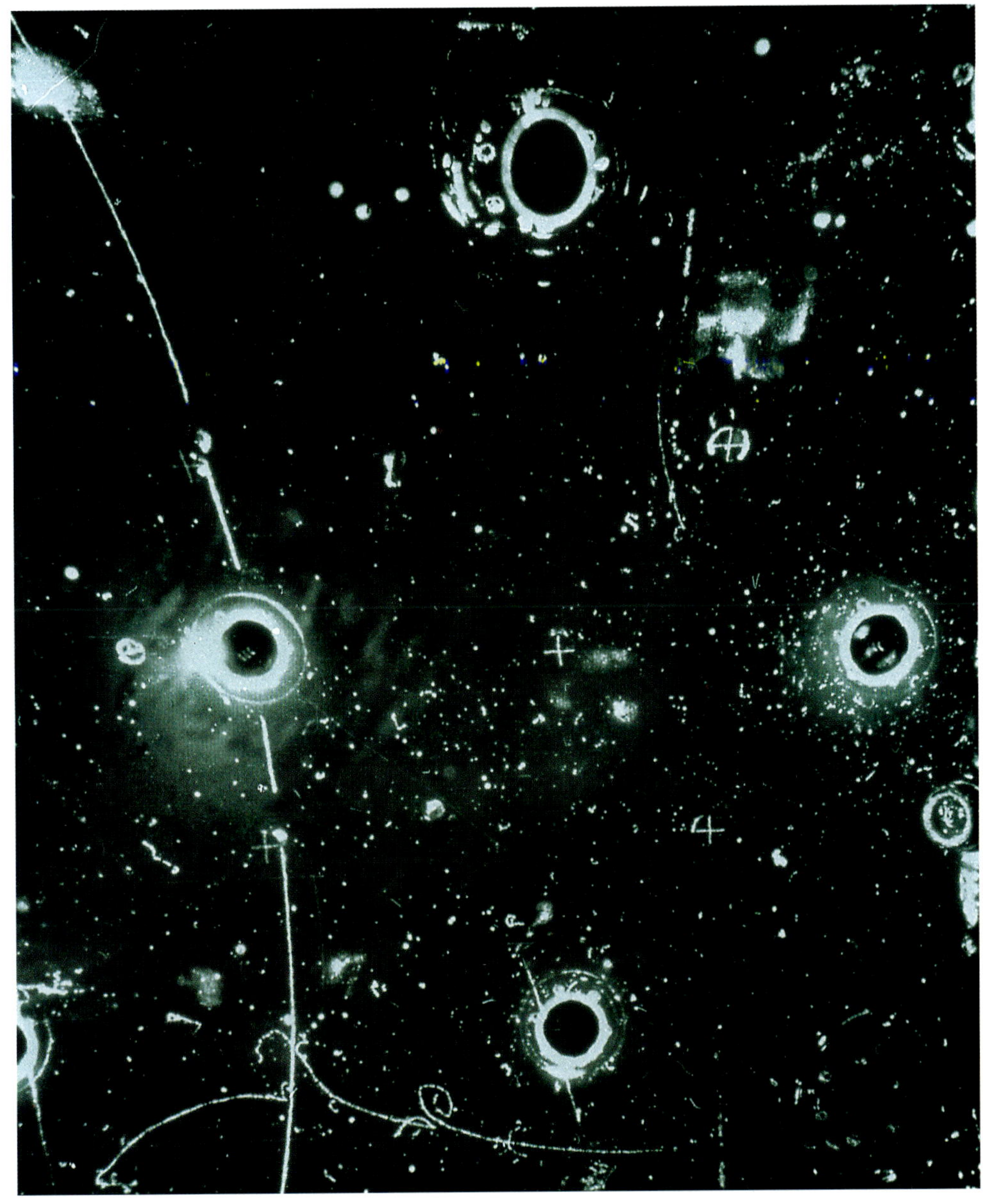

◀ *Entdeckung des neutralen Stroms 1973:* Ein Neutrino dringt von rechts in die Blasenkammer ein und hat ein Elektron von der Umlaufbahn eines Atoms angestoßen. Dieses Elektron stößt weitere an. Die runden „Augen" sind die Lampen, die die Kammer erleuchten. Der neutrale Strom hat praktisch nichts mit dem Alltag zu tun. Dennoch treibt dieser winzige Effekt die größten Explosionen im Universum an, die Supernovae. Diese Verbindung zwischen winzigen terrestrischen Spuren und riesigen astronomischen Umwälzungen ist typisch für das Verständnis grundlegender Physik.

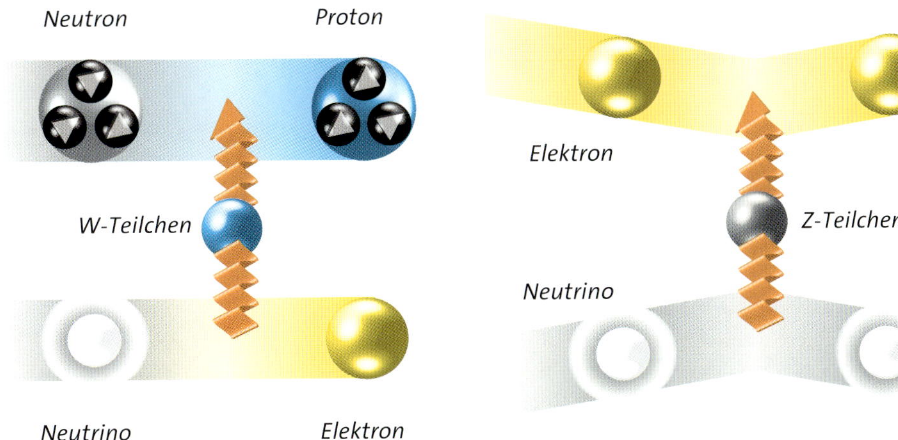

◀ *Schwache Wechselwirkungen:* Links, in einem klassischen Beta-Zerfall, geht ein Neutron (zwei Down-Quarks und ein Up-Quark) in ein Proton über – das ausgetauschte W-Teilchen verwandelt ein Down-Quark des Neutrons in ein Up-Quark, während das Neutrino ein Elektron wird. In einer Reaktion eines neutralen Stroms, der von einem Z-Teilchen (rechts) vermittelt wird, stößt ein Neutrino ein Quark, oder, wie hier gezeigt, ein Elektron an. In hochenergetischen Experimenten geschehen die beiden Prozesse parallel zueinander. Sogar bevor das Z-Teilchen zum erstenmal beobachtet wurde, ermöglichte der Vergleich neutraler Ströme mit elektromagnetischen Effekten, eine Abschätzung seiner Masse zu geben.

Die ursprüngliche Quarkfamilie hatte nur drei Quarks. Um jedoch alles richtig aufgehen zu lassen, gab es bald Vorschläge für ein viertes Quark, das „Charm". Seine Existenz wurde parallel von zwei amerikanischen Experimenten 1974 bestätigt, die ein außergewöhnliches neues Teilchen enthüllten.

Charmante Quarks

Die Entdeckung des Charm-Quarks

Ting mit Team

Professor Samuel Ting ist der Inbegriff für die Hingabe, die für moderne Physik nötig ist. 1936 geboren, teilte sich Ting mit Burton Richter aus Stanford 1976 den Nobelpreis für Physik für ihre unabhängige „November-Revolution" von 1974, als das J/Psi-Teilchen entdeckt wurde.

„Wir suchten nicht nach einem neuen Quark, als wir das 1974-Experiment durchführten", sagt Ting. „Die Geschichte beginnt eigentlich 1966, als ein Experiment am Elektronenbeschleuniger in Cambridge, Massachusetts, offenbar eine Abweichung von der Quantenelektrodynamik zeigte, die vermuten ließ, daß das Elektron eine Größe hat."

Ting überprüfte das Ergebnis am DESY-Elektronenbeschleuniger in Hamburg und sah, daß das Cambridge-Experiment fehlerhaft war. Das Elektron hatte keine meßbare Größe.

Während dieser Messungen fand er jedoch etwas Interessantes. Ein Photon, das aus einer hochenergetischen Kollision kommt, kann sich manchmal in ein schweres Teilchen verwandeln – ein Rho, ein Omega oder ein Phi. Ting untersuchte die Teilchen weiter und fragte sich nach einigen Jahren, warum sie etwa die Masse des Protons hatten.

Warum waren sie nicht schwerer? „Dies war unsere Motivation, zu höheren Energien zu gehen", erklärt Ting.

„Wenn Sie eine Stadt wie Genf im Regen betrachten, fallen etwa 10 Milliarden Regentropfen pro Sekunde. Stellen Sie sich vor, einer ist lila und Sie müssen ihn finden. Das verdeutlicht das Problem, mit dem wir es zu tun hatten."

Hier präsentiert Samuel Ting stolz den scharfen Stachel seines Teilchens, das in Brookhaven entdeckt wurde.

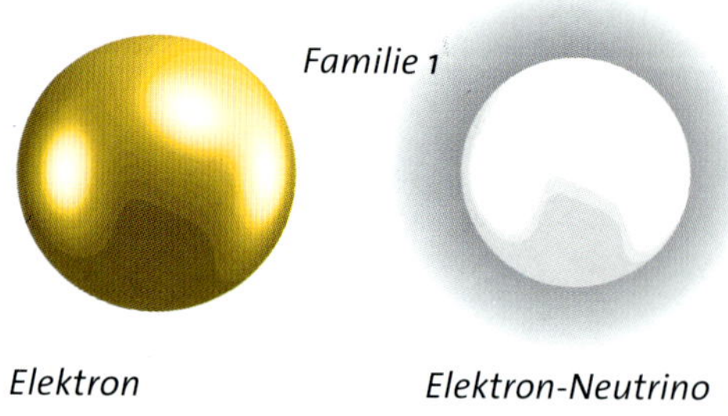

Elektron

Elektron-Neutrino

Up-Quark

Down-Quark

Die zwei in den 1960er Jahren bekannten Gruppen fundamentaler Teilchen paßten nicht zueinander. Während es drei Quarks gab (Up, Down und Strange), hatte die Leptonenfamilie vier Mitglieder (das Elektron, das Myon und ihre begleitenden Neutrinos). Dieses Ungleichgewicht beunruhigte Sheldon Glashow und James D. Bjorken, die schon 1964 behaupteten, daß es ein viertes Quark geben sollte. Sie nannten es Charm, weil es eine angenehme Symmetrie in die subatomare Welt einführte.

Damals gab es keine Notwendigkeit für ein zusätzliches Quark, um ein bekanntes Teilchen aufzubauen. Die vorgeschlagene Vereinheitlichung des Elektromagnetismus und der schwachen Kernkraft umfaßte ursprünglich nur die Leptonen. Die Quarks wurden ausgelassen. Glashow, der diesmal mit Luciano Maiani und John Iliopoulos zusammenarbeitete, zeigte, wie die Vereinheitlichung auf Quarks ausgedehnt werden könnte, allerdings nur, wenn es vier von ihnen geben würde. Die meisten Physiker dachen, die Idee wäre zu weit hergeholt, und es gab keine organisierte Suche.

▼ **Das Bild vervollständigen:** *Bis 1974 wurde angenommen, daß die gesamte Materie sich aus nur vier Leptonen und drei Quarks zusammensetzt. Theoretische Ideen schlugen vor, daß es ein viertes Quark geben sollte, um dieses Bild zu vervollständigen. Physiker hatten sogar einen Namen dafür: das Charm-Quark. Es wurde zum erstenmal im J/Psi-Teilchen gesehen, das 1974 entdeckt wurde und eine neue Verbindung zwischen den Quarks und den Leptonen herstellte.*

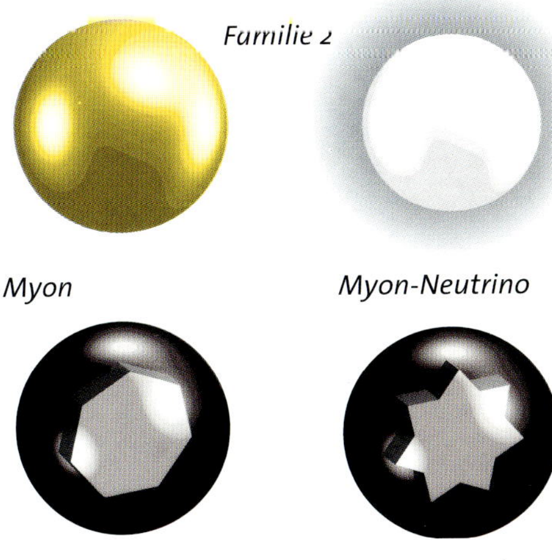

November-Revolution

Im November 1974 änderte sich die Situation dramatisch. Eine Gruppe in Stanford, von Burton Richter angeführt, machte ein Experiment am SPEAR, einer bescheidenen neuen Maschine, die vom großen Linearbeschleuniger gefüllt wurde. Als die Experimentatoren Energie der kollidierenden Elektronen und Positronen in SPEAR leicht veränderten, fanden sie eine plötzliche Erhöhung ihres Signals bei einer bestimmten Energie – es war ein neues Teilchen. Richter nannte es „Psi" und gab die Entdeckung in einem Seminar in Stanford am 11. November bekannt.

Unter den Zuhörern war Samuel Ting vom MIT. Während des Sommers 1974 hatte

▶ **Der SPEAR-Ring:** *Die Anlage des rivalisierenden „November-Revolution"-Experiments, das von Burton Richter geleitet wurde, und das erste Teilchen, das Charm-Quarks enthielt, entdeckte. Der SPEAR-Ring in Stanford wurde auf einem Parkplatz gebaut. Die Stanford-Gruppe nannte das Teilchen „Psi", es wurde aber in „J/Psi" umbenannt, um an die gleichzeitige Entdeckung zu erinnern.*

sein Team, das in Brookhaven arbeitete, Hinweise gesammelt, die in dieselbe Richtung wiesen. Sie untersuchten Elektronen und Positronen, die in Kollisionen von Protonen mit Nukleonen produziert wurden, und waren über eine gewaltige Spitze in einer kleinen Ecke ihrer Daten gestolpert. Von der Größe ihres Signals betäubt war das Team damit beschäftigt, seine Ergebnisse zu überprüfen, um die Möglichkeit eines technischen Fehlers auszuschließen. Als Ting jedoch nach Stanford kam und von Richters Entdeckung hörte, verstand er, daß er dasselbe Teilchen gefunden hatte. Ting bevorzugte, es „J" zu nennen.

Die doppelte Entdeckung anerkennend, ist das neue Teilchen allgemein als „J/Psi" bekannt. Sein plötzliches Erscheinen wird allgemein als die „November-Revolution" der Physik bezeichnet.

Das J/Psi zu erklären, war weniger leicht. Nachdem die langen Diskussionen verstummt waren, akzeptierte jeder, daß das vierte Quark, Charm, aufgetaucht war. Im J/Psi klammerte sich das Charm an sein eigenes Antiquark. Aufgrund der resultierenden Charm-Neutralität war es anfänglich schwer zu sehen.

Noch mehr Quarks!

Mit den vier Quarks und den vier Leptonen sah die Physik jetzt sehr elegant aus. Aber das glückliche Gleichgewicht währte nicht lange. 1975 fand Martin Perl, auch in Stanford, ein neues Lepton, „Tau" genannt, ein superschwerer Verwandter des Elektrons und des Myons. Es mußte ebenfalls ein Tau-Neutrino geben. Plötzlich erhöhte sich die Anzahl der Leptonen auf sechs.

Um das Gleichgewicht wiederherzustellen, wurden zwei weitere Quarks benötigt. Diese waren entweder als „Top" und „Bottom" oder aber als „Truth" und „Beauty" bekannt. Das Bottom-Quark wurde im Sommer 1977 gefunden. Wie Charm tauchte es „versteckt" mit seinem Antiquark in einem sehr schweren Teilchen auf, dem Ypsilon, das von Leon Lederman und einer Gruppe von Physikern am Fermilab bei Chicago entdeckt wurde.

Quarks sind ihr Leben lang gefangen und dauerhaft durch eine äußerst starke Kraft in Teilchen eingesperrt, die durch ihre Farbladung erzeugt wird. Sie wird schwächer, wenn die Quarks näher zusammenkommen, und stärker, wenn sie sich voneinander entfernen.

Lebenslange Haftstrafe

Die Farbkraft zwischen Quarks

Durch den „Achtfachen Weg" (s. S. 60), Quarks und das Omega Minus waren die Physiker in den frühen 1960ern mit der starken Kraft beschäftigt, aber Ideen über Kraftfelder wurden mißachtet. Der Erfolg der vereinheitlichten elektroschwachen Kraft erinnerte sie an die Leistungsfähigkeit der Feldtheorie, und in den frühen 1970er Jahren wandten die Theoretiker ihre Aufmerksamkeit wieder der starken Kraft zu. Sie gingen die Frage an, was Quarks in den Protonen und Neutronen zusammenbindet, und entwickelten die eine Theorie, die die spezielle Farbladung (s. S. 60) der Quarks verwendete. Die Theorie wurde „Quantenchromodynamik" (QCD) genannt, vom griechischen „chromos", was „Farbe" bedeutet.

QCD ist vergleichbar mit der Quantenelektrodynamik (QED), der relativistischen Quantenfeldtheorie des Elektromagne-

▶ *Quark-Brustexpander: Die starken Bänder zwischen den Quarks können als ein Brustexpander mit sehr starken Federn veranschaulicht werden. Wenn der Expander lose auf dem Tisch liegt, sind die Griffe – die Quarks – einfach zu bewegen. Nur wenn die Federn gespannt werden, ist ein Widerstand spürbar. Genauso ist es mit den Quarks: Je weiter sie voneinander entfernt sind, desto stärker ist die Bindung zwischen ihnen. Durch eine „Anregung" bis an die Grenze gespannt, reißt die gequälte Feder, und die freigesetzte Spannung produziert zwei Quarkschwärme (rechts) entlang der Richtung der ursprünglich gespannten Feder, die durch Federfragmente verbunden sind. Gelegentlich springt ein Federstück davon und produziert einen zusätzlichen Teilchenschwarm.*

Diese Quark-Gluon-Schauer, bekannt als „Jets", stellten rasch eine neue Sonde für die sonst unsichtbaren Quarks tief im Inneren der kollidierenden Teilchen dar. Kombinationen aus Jets und anderen Teilchen waren charakteristische „Unterschriften" neuer Teilchenreaktionen.

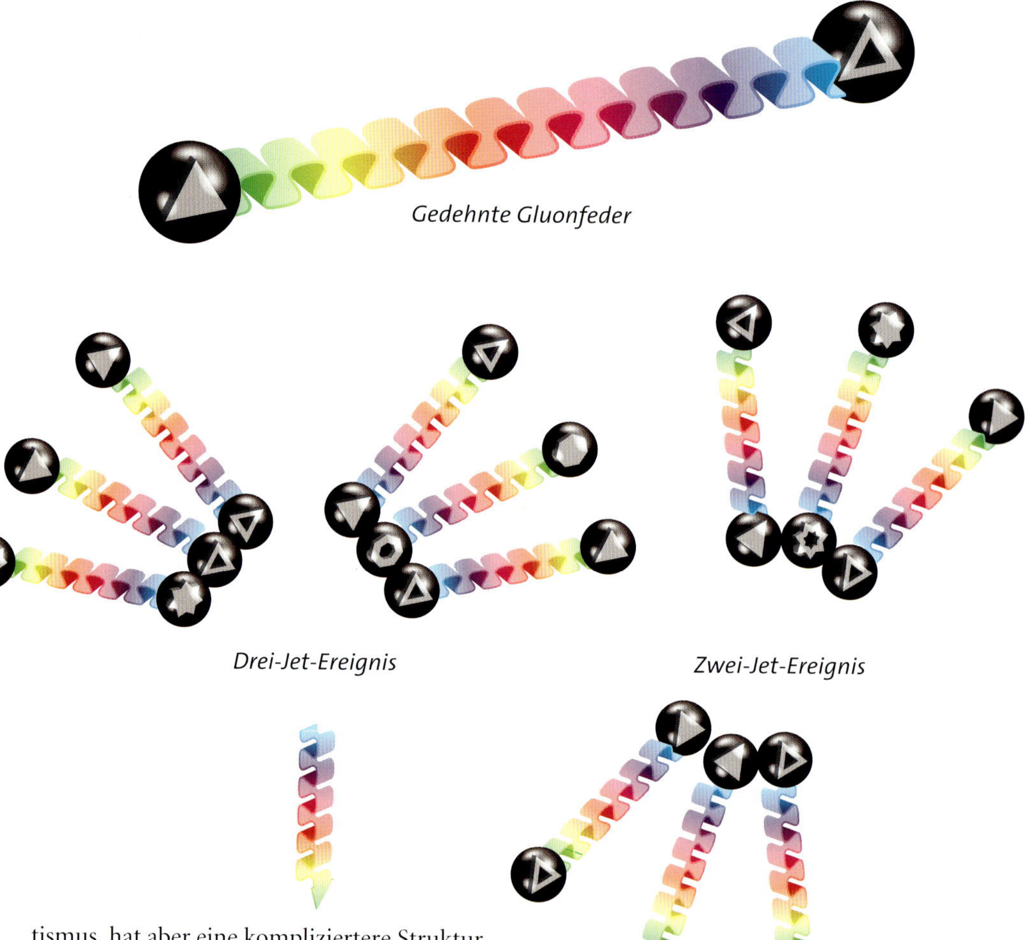

tismus, hat aber eine kompliziertere Struktur. Die zwischen den Quarks wirkende Farbkraft wird von acht „Gluonen" genannten Trägerteilchen vermittelt, die an den Quarks wie eine Art Superkleber haften. In der QCD hängen ladungsartige Größen außerdem von Raum und Zeit ab, denn je kleiner ein Volumen wird, desto schwächer wird die Wechselwirkung. Umgekehrt wird Kraft um so stärker, je größer das Volumen wird, was es praktisch unmöglich macht, Quarks zu separieren.

Die Farbkraft, die die Quarks verbindet, verhält sich wie ein dickes Gummiband, an dessen Enden sich die Quarks befinden.

Solange das Band locker ist, können sich die Quarks leicht bewegen, aber es wird schwieriger, sie zu verschieben, sobald das Band gespannt wird. Die Farbkraft zwischen den Quarks unterliegt der starken Kernkraft, aber auf der Ebene der Nukleonen ist die gesamte starke Kraft durch Mesonenaustausch einfacher zu bemerken, als zwischen den Quarks.

Die Farbkraft ist die bei weitem stärkste Kraft in der Natur. Sie ist 1 000fach stärker als der Elektomagnetismus, der die Elektronen

Sau-Lan Wu

Geboren in Hong-Kong, spielte Sau-Lan Wu eine entscheidende Rolle bei der Entdeckung der Gluonen 1979, als das vielsagende Drei-Jet-Muster zum erstenmal im TASSO-Experiment an dem damals neuen Elektron-Positron-Collider PETRA am Forschungszentrum DESY in Hamburg auftauchte. Vorher hatte sie mit Sam Ting an dessen berühmtem Experiment von 1974 zusammengearbeitet und spielte eine wichtige Rolle bei der Entdeckung des J/Psi-Teilchens und somit des Charm-Quarks. Sau-Lan Wu ist am rechten Rand auf der Fotografie von Ting und seinem Team auf S. 70 sichtbar.

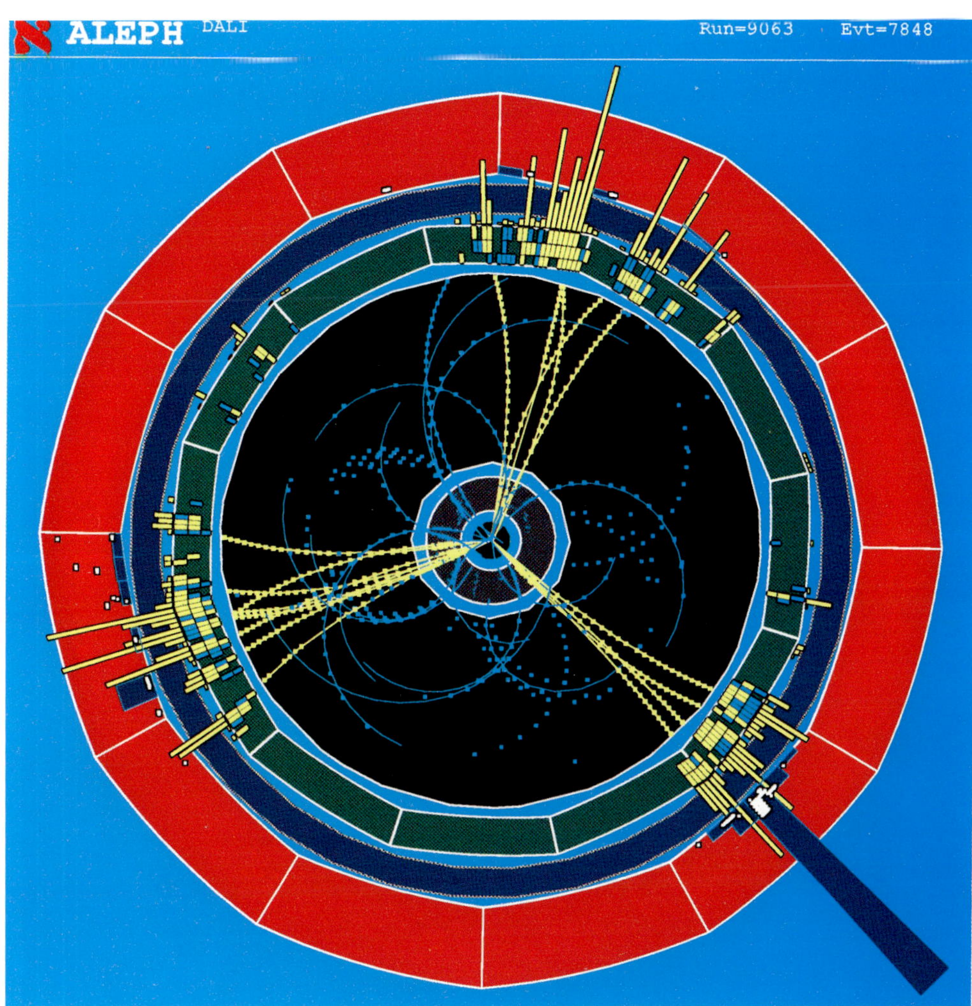

an die Atomkerne bindet. Die Energie, die benötigt wird, um zwei Quarks voneinander zu trennen, entspricht der Energie, die gebraucht wird, um ein Gewicht von einer Tonne um einen Meter hochzuheben. Nicht einmal ein Beschleuniger mit dem Umfang der Erde könnte Quarks auseinanderschlagen.

Das paradoxe an der QCD ist, daß diese enorme starke Kraft auf den Distanzen zwischen Quarks im Proton oder anderen Teilchen schwach ist. Solange Quarks so nahe zusammenbleiben, in Paaren oder zu dritt gebunden, sind sie mehr oder weniger unabhängige Teilchen und genießen ihre „asymptotische Freiheit". Wenn die Quarks genügend hart getroffen werden, ist die Wechselwirkung so schnell, daß sie keine Zeit haben, sich auszubreiten und die ganze Stärke der Farbkraft zu spüren. Daten aus Experimenten wie das in Stanford (s. S. 70) sind ein guter Beweis für die QCD, und auf diesem Wege sind Physiker in der Lage, Quarkberechnungen durchzuführen, ohne sie jemals zu sehen.

Jet Set

Die Farbkraft ist so stark, daß freie Quarks noch nie gesehen wurden und wahrscheinlich nie gesehen werden. Aber wenn das „Elastische" zwischen ihnen in einer Kollision auf die Probe gestellt und sehr gespannt wird, kann die Quarkbindung eventuell reißen. Wenn dies geschieht, wird die im Elastischen gespeicherte Energie als Quarks und Antiquarks, verbunden durch neue elastische Stücke, abgestrahlt. Diese Strahlung hängt sowohl von den Quarks als auch dem vermittelnden Elastischen ab und wird als schmale „Jets" aus neuen Teilchen, die aus der Kollision entweichen, gesehen. Diese Jets „erinnern" die Richtung, in die das Elastische gedehnt wurde.

◄ *Test des subnuklearen Leims*
Drei deutlich sichtbare Schwärme, oder „Jets", aus Teilchen entweichen aus dieser Elektron-Positron-Kollision, die vom ALEPH-Detektor am LEP Elektron-Positron-Ring am CERN aufgenommen wurde. Die verschieden gefärbten radialen Zonen entsprechen verschiedenen Elementen des Detektors mit 12 m Durchmesser. Die innere Region (dunkler Hintergrund) wurde hier jedoch künstlich vergrößert, um eine „Froschaugen"-Ansicht zu zeigen, die das Muster der entweichenden Spuren besser zeigt. Weiter außen zeigen die schmalen farbigen Rechtecke die Energie an, die von den äußeren Ringen des Detektors absorbiert wurde. Zwei dieser Jets kommen aus einem Quark-Antiquark-System, das in dem Energieausbruch gebildet wurde, als das kollidierende Elektron und Positron sich gegenseitig vernichtet haben. Der dritte Jet stammt von einem Gluon, das von dem zerrissenen Band, das das Quark und das Antiquark verband, freigegeben wurde. Der Gluonenjet ist wahrscheinlich der unten links.

73

Ein Blick auf die Schöpfung

Träger der schwachen Kraft

Die von der elektroschwachen Theorie vorhergesagten W- und Z-Teilchen wurden 1983 am CERN entdeckt. Dazu waren revolutionäre Beschleunigerideen nötig, die Protonen mit ihren Antimateriegegenstücken, den Antiprotonen, kollidieren zu lassen und die Bedingungen des Universums wiederherzustellen, als es nur einen Bruchteil einer Sekunde alt war.

Obwohl Steven Weinberg, Abdus Salam und Sheldon Glashow 1979 mit dem Nobelpreis für Physik für ihre elektroschwache Theorie ausgezeichnet wurden, war es eine gewissermaßen gewagte Entscheidung des Nobelkomitees. Die Theorie konnte nicht in die Lehrbücher geschrieben werden, bis die W- und Z-Teilchen, als die Träger der schwachen Kernkraft vorhergesagt, gefunden waren. Sie waren sehr schwer, etwa 100mal schwerer als ein Proton. So viel Energie zu finden, würde schwierig werden.

Mitte der 1970er Jahre hatten zwei neue „Super"-Protonensynchrotrons ihren Betrieb begonnen, eins am CERN und eins an einem neuen US-Laboratorium, dem Fermilab, nahe Chicago. Beide hatten etwa 7 km Umfang und brachten Protonen auf etwa 400 GeV, bevor sie auf feste Ziele (fixed targets) prallten. Dies ist ein ineffizienter Weg, die unter hohen Kosten in die Protonen gesteckte Energie zu nutzen, weil der größte Teil im Rückstoß des Zieles verlorengeht. So wie sie standen, hatte keine der Maschinen eine Chance, die Ws und Zs zu finden.

Ein effizienterer Weg, die Teilchenenergie zu nutzen, ist, zwei Strahlen aufeinanderzuschießen, und der geschickteste Weg ist, zwei entgegengesetzt umlaufende Strahlen, einen aus Teilchen, den anderen aus den entsprechenden Anti-Teilchen, in einem Ring zu speichern. Dies war das erstemal mit Elektronen und Positronen am Frascati-Labor 1963 in Italien gemacht worden.

1976 schlug Carlo Rubbia, ein italienischer Physiker an der Harvard-Universität, vor, einen existierenden Beschleuniger anzupassen, um Protonen mit Antiprotonen im selben Ring kollidieren zu lassen. Das Problem war, daß bisher niemand jemals genügend Antiprotonen gesammelt hatte.

Antimaterie beherrschen

Rubbia trug seinen Vorschlag zuerst zum Fermilab, der aber abgelehnt wurde. Dann legte er seine Idee beim CERN vor, wo Simon van der Meer, ein stiller, aber brillanter holländischer Beschleunigerphysiker, schon früher eine Methode für die Sammlung und Zähmung von Teilchen entwickelt hatte, die sogenannte „stochastische Kühlung". Sie war der Schlüssel für Rubbias Plan.

1978 gab das CERN-Management, im Bewußtsein, große Entdeckungen durch Sicherheitsdenken verpaßt zu haben, dunkelgrünes Licht. CERNs Super-Proton-Synchrotron (SPS) wurde in einen Proton-Antiproton-Ring umgewandelt, und die erste

Antiprotonenfabrik der Welt wurde gebaut.

Zwei große Experimente wurden vorbereitet, UA1 und UA2 genannt, wobei die Initialen UA für Untergrundareal standen. Riesige unterirdische Höhlen mußten ausgehoben werden, um die vielschichtigen Detektoren aufzunehmen, die jeden Kollisionspunkt umgaben. UA1, das größere Experiment, hatte 2 000 t konzentrischer Elemente, wie eine hochtechnologische russische Puppe. Der Detektor wurde von 140 Physikern von 12 Forschungszentren zusammengesetzt – 11 aus Europa und eins aus den USA – unter der gnadenlosen Führung von Rubbia.

Der Collider nahm 1981 seinen Betrieb auf. Um Weihnachten 1982 wurden erste

Gerüchte vernommen. Im Januar 1983 kam die Bekanntgabe, zuerst von UA1. Von etwa 1 Milliarde Proton-Antiproton-Kollisionen stellte nur etwa 1 Promille die richtigen Bedingungen zur Verfügung, W-Teilchen herzustellen. Wenige Monate später wurden auch die noch schwierigeren Z-Teilchen entdeckt.

Die Energie, die die W- und Z-Teilchen produzierte, entsprach den Bedingungen etwa 1 Milliardstel Sekunde nachdem das Universum im Urknall geboren wurde. Im darauffolgenden Jahr, 1984, teilten sich Rubbia und van der Meer den Nobelpreis für Physik. Dies war einer der kürzesten Zeiträume aller Zeiten zwischen Entdeckung und Auszeichnung.

▲ *Fehlende Energie (oben):* Neutrinos sind absolut unsichtbar, aber es gibt Wege, sie „sichtbar" zu machen. Neutrinos tragen Energie fort, und Physiker vergleichen die Energien, die auf entgegengesetzten Seiten von der Kollision kommen; „fehlende Energie" zeigt, daß ein Neutrino entkommen ist. Hier zeigt ein Bild von UA1 am CERN den Zerfall eines W-Teilchens, das ein Elektron (roter Pfeil) erzeugt, das entgegengesetzt zu einem Streifen „fehlender Energie" entkommt.

◄ *UA1-Detektor (links):* Der 2 000-Tonnen-Detektor, hier für eine Routineuntersuchung auseinandergenommen, war mit 140 beteiligten Wissenschaftlern bahnbrechend für eine neue Größenordnung bei der Zusammenarbeit bei Experimenten.

Carlo Rubbia – Leben mit 64 km/h

Carlo Rubbia wurde 1934 in der Kleinstadt Gorizia in Italien geboren. Sein Vater war Elektroingenieur bei der lokalen Telefongesellschaft, und als Junge begann Carlos tiefes Interesse an der Wissenschaft. Anschaulich und kontrovers war er als CERN-Generaldirektor zwischen 1989 und 1993. Rubbia beschreibt sich selbst als ein Internationalist, und er ist ein unablässiger Flugreisender – die Fluglinie Alitalia wählte ihn zum Ehrenmitglied ihres Vorstands. Freunde berechneten, daß er so viel herumfliegt, daß seine Lebensdurchschnittsgeschwindigkeit über 64 km/h liegt! Aber Rubbias größte Stärke ist Physik, wo seine Einsicht und Vorstellung sicherstellt, daß er immer einen Schritt voraus ist.

Teilchenphysik ist heute im „Standardmodell" verpackt, einem handlichen Weg, die fundamentalen Prozesse des Universums zu verstehen. Aber mit der starken und der elektroschwachen Kraft, völlig voneinander unabhängig, und viele unbekannte Größen enthaltend, könnte die Verpackung besser sein.

Das Standardmodell

Elementarteilchenfamilien

Die gesamte Materie ist aus 12 Elementarteilchen aufgebaut. Dies sind sechs Quarks, die die starke Kernkraft spüren, und sechs Leptonen, die das nicht tun. Die 12 Teilchen sind außerdem in drei „Familien" von jeweils vier unterteilt, jede mit zwei Quarks und einem Paar engverbundener Leptonen. Die erste Familie (das Up- und Down-Quark, das Elektron und sein begleitendes Neutrino) baut die gewöhnliche Materie auf und ist für alltägliche Phänomene verantwortlich. Up- und Down-Quarks formen Protonen und Neutronen, die sich zu Atomkernen verbinden. Kerne ziehen Elektronen an und bilden Atome, und Atome fügen sich zu Molekülen. Auf diese Weise sind 92 Elemente und mehr als eine halbe Million chemischer Verbindungen aufgebaut, die letztendlich die reiche Materialvielfalt um uns herum schaffen.

Die beiden anderen Familien, nach der ersten aufgebaut, bilden instabile Teilchen, die

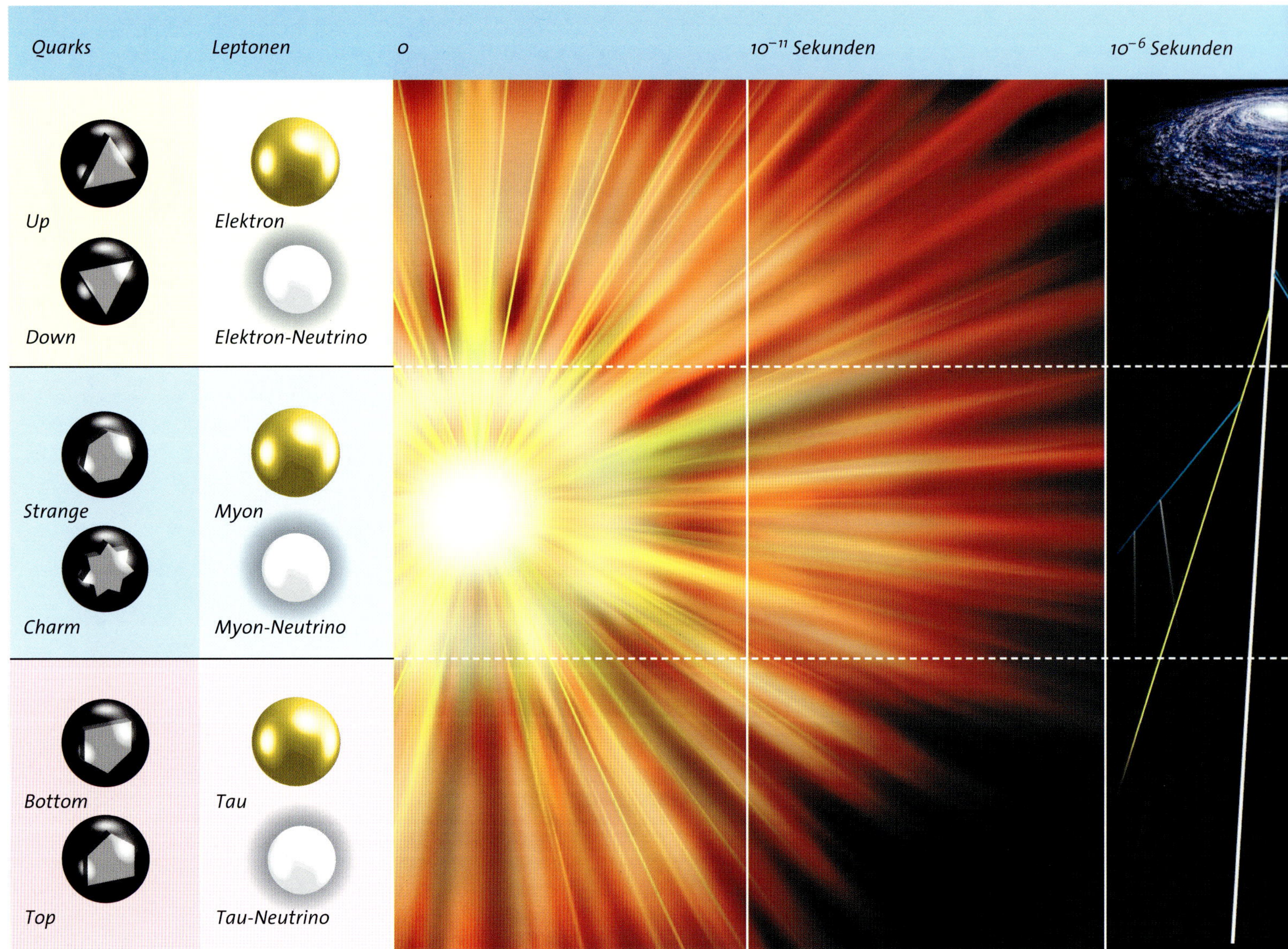

Quarks spüren alle drei Kräfte – die starke, die elektromagnetische und die schwache. Leptonen fühlen immer die schwache; wenn sie elektrisch geladen sind (das Elektron, das Myon und das Tau) spüren sie ebenfalls den Elektromagnetismus, aber Neutrinos, die elektrisch neutral sind, fühlen nur die schwache Kraft.

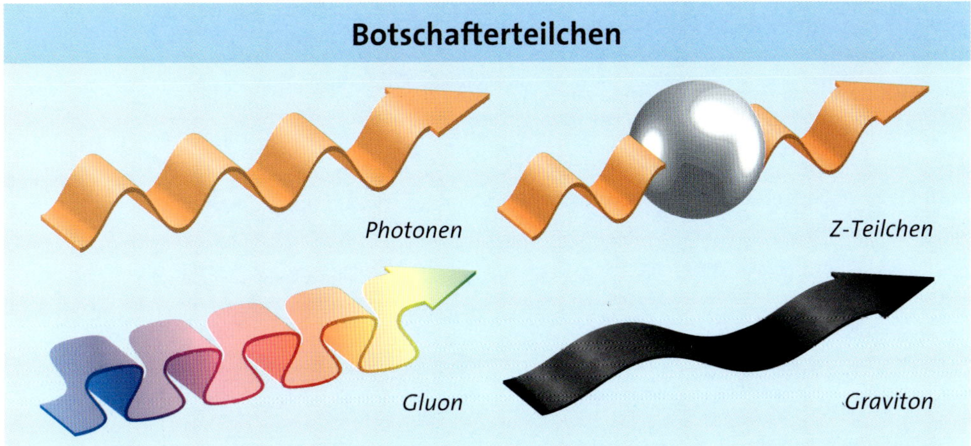

Jede Kraft wird von einem Botschafterteilchen übertragen: das Photon für den Elektromagnetismus, die Ws und Zs für die schwache Kraft, das Gluon für die starke Quarkkraft und das Graviton für die Gravitation.

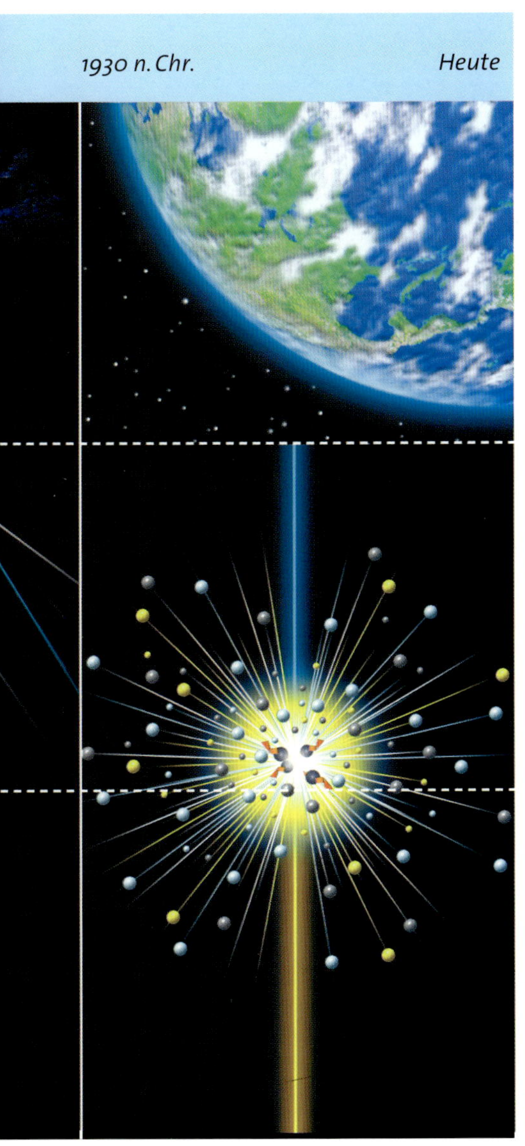

nur in kosmischer Strahlung und Hochenergieexperimenten auftauchen. Die zweite Familie versammelt die Strange- und Charm-Quarks, das Myon und das Myon-Neutrino, während die dritte die Top- und Bottom-Quarks, das Tau und das Tau-Neutrino enthält.

Dies ist das statische „Chassis" des Standardmodells. Seine bewegende Kraft stammt aus unabhängigen „Motoren", mit zusätzlichen Teilchen, die die Übertragung zur Verfügung stellen. Eine Kraftquelle ist die elektroschwache Vereinigung des Elektromagnetismus (übertragen durch Photonen) und der schwachen Kraft (übertragen durch W- und Z-Teilchen). Die andere ist die Quantenchromodynamik für die starken Kräfte zwischen den Quarks, übertragen durch Gluonen.

Die resultierenden Vorhersagen stimmen mit der Evidenz aus Experimenten überein, und Gegenproben geben präzise Grenzen für Größen, die noch schwer zu messen sind. Das Standardmodell kann jedoch nicht das Ende der Geschichte sein; es gibt zu viele offene Fragen. Es enthält nicht die Gravitation, die Kraft, die das Universum im großen Maßstab beherrscht, und es hat 20 freie Parameter – Größen und Werte, die es nicht bestimmen kann und die nur im Experiment gemessen werden können. Diese sind u. a. die Anzahl und Massen seiner Teilchen und die Stärke der Kräfte. Im Prinzip könnte das Standardmodell drei oder mehr Quark-Lepton-Familien enthalten, aber 1979 zeigte CERNs LEP Elektron-Positron-Collider, daß es nur drei Quark-Lepton-Familien gibt (s. S. 78). Die elektroschwache und die starke Kraft koexistieren im Standardmodell, aber sind nicht miteinander verbunden. Diese zwei Gesichter des Standardmodells würden in einer weiter vereinheitlichten Theorie vereinigt werden (s. S. 64), während die Einbeziehung der Gravitation auf die ultimative Theorie von allem warten müßte.

Das fehlende Higgs

Teilchenmassen werden durch den Higgs-Mechanismus erzeugt, der alles betrifft, sogar das Vakuum, und die unterliegende elektroschwache Symmetrie bricht (s. S. 66). Higgs-Teilchen werden von den elektroschwachen Teilchen verschluckt, die schwer werden.

Das Paradoxe am Standardmodell ist, daß der Higgs-Mechanismus ein Mysterium bleibt, während alles andere korrekt herauskommt. Er ist der fehlende Baustein der heutigen Physik und das Hauptziel aller neuen Hochenergieprojekte. Die Meinungen über die Higgs-Teilchen gehen auseinander. Einige Physiker sagen, sie könnten aus den bekannten elektroschwachen Teilchen aufgebaut sein; andere denken, sie sind neue Elementarbausteine. Das Higgs zu sehen, ist die Herausforderung für die neuen „Supermaschinen" des 21. Jahrhunderts (s. S. 86).

Am 14. Juli 1989, dem 200. Jahrestag der französischen Revolution, wurde CERN Schauplatz einer Revolution ganz anderer Art, als die ersten Teilchen im LEP, dem „Großen Elektron-Positron-Collider", kreisten. Dieser 27 km lange Ring ist der größte Teilchenbeschleuniger der Welt.

Die Z-Fabrik

Das LEP-Synchrotron

Am Fuße des Jura-Gebirges im Nordwesten Genfs befindet sich der weltgrößte Teilchenbeschleuniger. Trotz seiner Größe ist CERNs 27 km langer LEP-(Large Electron Positron Collider)-Ring größtenteils unsichtbar in seinem 3,8 m breiten Tunnel 100 m unterhalb der französisch-schweizerischen Grenze. Elektronen- und Positronenstrahlen, die auf dem CERN-Hauptgelände der Schweiz erzeugt werden, passieren zunächst eine Kette von Beschleunigern, bevor sie in LEP eingeschossen werden, wo sie nahezu mit Lichtgeschwindigkeit in entgegengesetzte Richtungen kreisen.

Die gegenläufig rotierenden Teilchen kollidieren an vier Punkten. Dort weitet sich der schmale Tunnel zu kathedralenartigen Höhlen aus, wo LEPs „Augen" beheimatet sind: Detektoren, riesige vielschichtige Apparate, jeder so groß wie ein Haus, mit mythisch anmutenden Namen: ALEPH, DELPHI, L3 und OPAL. Die Teilchen stoßen frontal bei einer Energie von 100 Milliarden Elektronenvolt (100 GeV) zusammen, wobei sie sich vernichten und in einem Energieausbruch Schwärme neuer Teilchen freisetzen, die von den wartenden Detektoren aufgezeichnet werden.

▶ *Luftaufnahme: Eingeschlossen vom Genfer Flughafen auf der einen, vom Jura-Gebirge auf der anderen Seite, ist die Landschaft ums CERN herum sehr uneben. Durch die geringfügige Verkleinerung des Rings und eine abgeschrägte Bohrung konnte LEP gebaut werden, ohne tief unter das Jura-Gebirge graben zu müssen. Zwischen dem Genfer Flughafen und den Jura-Bergen befindet sich außerdem die französisch-schweizerische Grenze. Das CERN-Gelände und der LEP-Ring überspannen diese Grenze. Der große Ring ist der LEP-Ring mit 27 km Umfang. In ihm befindet sich der viel kleinere SPS-Ring mit 7 km Umfang. Das SPS arbeitet einerseits als Injektor für LEP, andererseits handhabt es auch Protonen und andere Strahlen.*

Mitte der 70er Jahre wurden Pläne für einen neuen gigantischen Beschleuniger am CERN gemacht, um die Kette von Kreisbeschleunigern des Labors, in der jeder Ring den nächsten speist, zu erweitern. Am CERN waren nie zuvor Elektronen oder Positronen beschleunigt worden, und sie bei hohen Energien in einem Ring zu speichern, stellte eine besondere Herausforderung dar. Da diese Teilchen besonders leicht sind, „schleudern" sie stärker als Protonen; beim Durchfliegen der Kurven verlieren sie Energie durch sogenannte Synchrotronstrahlung, was ihre Beschleunigung erschwert. Um dieses Problem zu umgehen, mußte LEP einen großen Radius haben.

Obwohl LEP der Welt größter Teilchenbeschleuniger ist, ist er nicht der leistungs-

Die Gezeiten bei LEP

Für Präzisionsmessungen mit LEP muß die Energie der umlaufenden Strahlen so genau wie möglich bekannt sein. Der Umfang des Beschleunigers variiert täglich zweimal um etwa 1 mm, da die Gravitation des Mondes abwechselnd an der Erdkruste zieht und drückt. Diese „Gezeiten" werden durch den Beschleuniger verstärkt, die Energie der zirkulierenden Strahlen wird um 20 Teile pro Million geändert. Dieser winzige Effekt wird heute routinemäßig berücksichtigt.

Ein Leben voller Ungewißheit

Sollten mehr als die drei vom Standardmodell bekannten Neutrinos existieren, würde das Z zusätzliche Wege haben zu zerfallen. Ein zerfallendes Teilchen ist wie ein leckender Eimer: Je mehr Löcher er hat, desto schneller läuft das Wasser aus. Daher stellt die Messung der Lebensdauer des Z einen indirekten Weg dar, die Zahl der Teilchenfamilien zu bestimmen.

Die ersten Kollisionen im LEP fanden im August 1989 statt, und schon bald hatte der Beschleuniger 10 000 Zs produziert. Im November des Jahres hatten die vier Experimente genug Anzeichen gesammelt, um schließen zu können, daß es nur drei Familien gibt – die Chance für eine vierte betrug nur noch eins zu tausend. Einige Monate früher hatte schon ein Team vom Linearbeschleuniger in Stanford drei Familien bestimmt. Da sie jedoch weniger Zs zur Verfügung hatten, bestand eine 5prozentige Wahrscheinlichkeit, daß das Ergebnis falsch war.

Heute produziert LEP jedes Jahr Millionen von Z-Teilchen, und das Bild von drei Familien wurde zweifelsfrei bestätigt. Zusätzliche Ausrüstung wird die Energie von LEPs Elektron- und Positronstrahlen verdoppeln, so daß Paare von W-Teilchen, den elektrisch geladenen Gegenstücken zum Z, produziert und die Präzisionsstudien des Standardmodells fortgeführt werden können.

◀ *LEP war das größte Tiefbauprojekt seiner Zeit in Europa. Die 1983 begonnenen Bauarbeiten dauerten 6 Jahre. 1,4 Millionen Kubikmeter Boden und Gestein mußten entfernt werden, was einem Drittel der Großen Pyramide entspricht. Drei Bohrer arbeiteten sich täglich 25 m durch den Fels. Man wollte zweifelsohne unvorhersehbare Hindernisse vermeiden. Der Ring, wie er auf dem Papier geplant war, mußte gewissenhaft durch den Fels gebohrt werden und führte durch unerwartete unterirdische Wasserreservoirs. Die Bohrmaschinen wurden mit einer Genauigkeit von 1 cm gesteuert, und 60 000 t Material wurden im Tunnel installiert. LEP hat seine eigene unterirdische Einschienenbahn. Die gesamten Baukosten betrugen 1300 Millionen Mark.*

stärkste. Protonenmaschinen mit nur einem Bruchteil seiner Größe erreichen mehr als 500 GeV, 10mal mehr als LEPs anfängliche Energie. Die Ursache liegt darin, daß die leichteren Elektronen schwerer auf einer festen Umlaufbahn zu halten sind.

Eines der wichtigsten Ziele bestand darin, das Standardmodell zu testen. Gibt es nur drei Quark-Lepton-Familien, oder könnte es mehr geben? LEP produziert Z-Teilchen in Massen, und durch Messung ihrer Lebensdauer ist es möglich, die Zahl der Teilchenfamilien zu bestimmen. Zusätzliche Familien würden Quarks und Leptonen enthalten, die allerdings zu schwer wären, um sie direkt in Z-Zerfällen zu beobachten, aber ihre begleitend auftretenden Neutrinos würden ihre Spuren hinterlassen.

In einem Hochvakuum wie im Weltall rasen Elektronen und Positronen in der 27 km langen LEP-Röhre mit nahezu Lichtgeschwindigkeit herum. Bei jeder Begegnung riskieren die Elektronen und Positronen, vernichtet zu werden und in einem Energieausbruch in den gewaltigen Detektoren zu verschwinden.

Den Deckel vom LEP genommen

Der Große Elektronen-Positronen-Collider

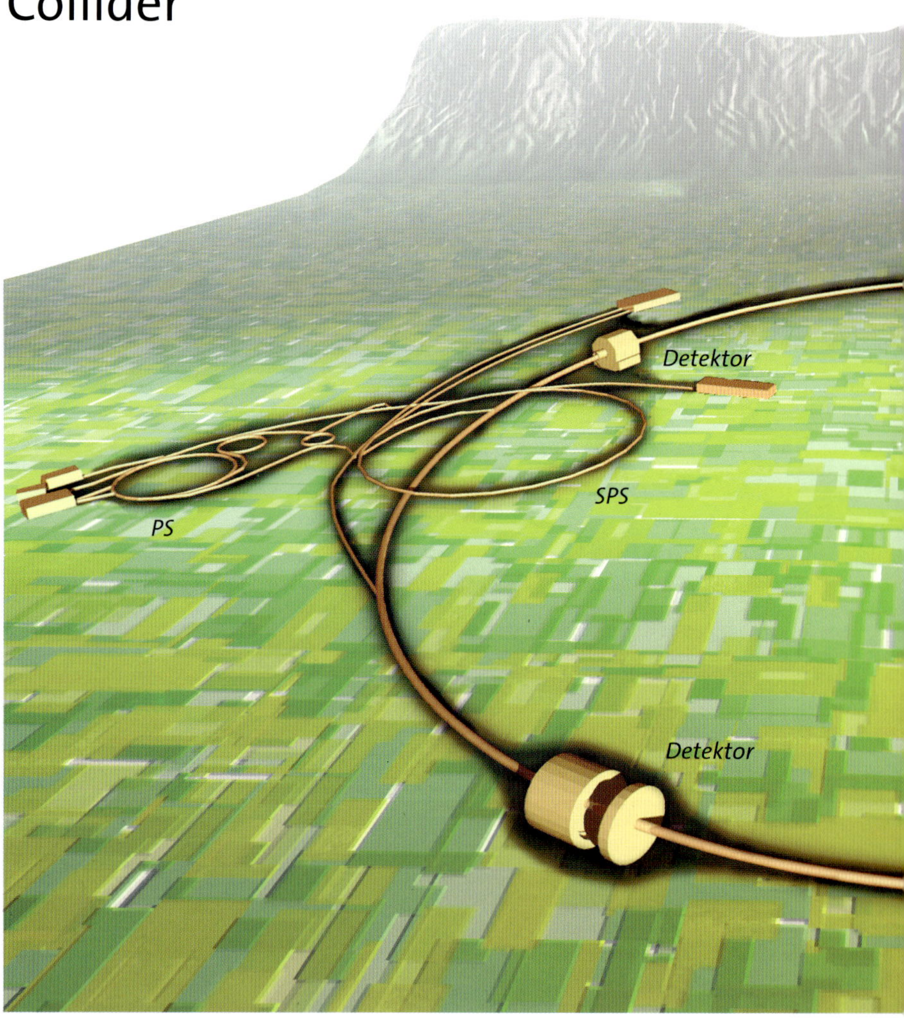

LEPs Elektronen werden im wesentlichen genauso hergestellt, wie der Elektronenstrahl in einer Fernsehröhre: mit einem Glühdraht, der einen Strom von Teilchen aussendet. LEPs Elektronen bekommen ihren ersten Schwung von einem 100 m langen Linearbeschleuniger, der sie auf 200 Millionen Elektronenvolt (200 MeV) bringt.

Positronen zu bekommen, ist schwieriger. Zunächst werden Elektronen auf ein schweres Metall geschossen, wo sie einen Schauer aus Gammastrahlen erzeugen, die sich danach in Elektron-Positron-Paare „umwandeln". Die Positronen werden durch ein Magnetfeld selektiert und in einem Ring gespeichert, bis genug erhältlich sind.

Die Elektronen und Positronen werden in getrennten Paketen gesammelt, von denen jedes viele Milliarden Teilchen enthält. Die Pakete gehen ihren Weg durch die zwei älteren Synchrotrons (PS und SPS), wo sie auf 22 000 Millionen Elektronenvolt (22 GeV) beschleunigt werden. Dann werden sie ins LEP eingeschossen, in dem Elektronen und Positronen in entgegengesetzte Richtungen fliegen.

Fast perfektes Vakuum

Die Elektronen und Positronen umkreisen LEP in einer bleiummantelten und wassergekühlten Aluminiumröhre mit einem Durchmesser von 10 cm. Diese enthält ein fast perfektes Vakuum, das von „Getterpumpen" erzeugt wird, in denen die verbleibenden Moleküle wie an Fliegenpapier haften bleiben. Das Vakuum muß gut sein, um Kollisionen mit Restmolekülen zu vermeiden. LEP ist das längste Hochvakuumsystem der Welt – in ihm kann ein Elektron ein Lichtjahr fliegen, bevor es auf ein Restgasmolekül trifft.

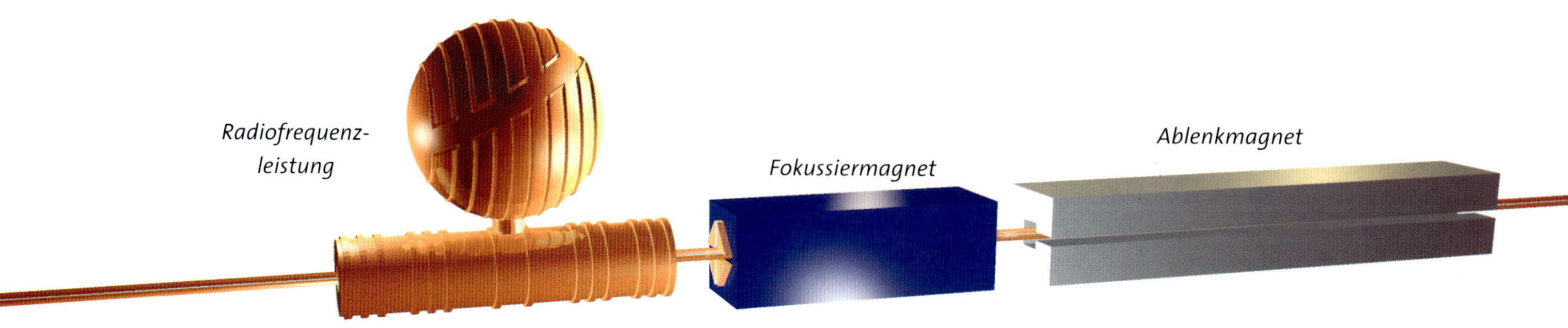

LEPs Elektronen und Positronen fliegen fast mit Lichtgeschwindigkeit und umkreisen den 27 km langen Ring 10 000mal pro Sekunde. Die Strahlen werden normalerweise den größten Teil des Tages gespeichert, wobei sie insgesamt 13 Milliarden km zurücklegen, mehr als das Doppelte der Distanz von der Erde zum Neptun, eine Strecke, für die die *Voyager-2*-Raumsonde 12 Jahre brauchte.

LEPs Teilchen werden von mehr als 5 000 Magneten geführt und gebündelt und von Radiowellen beschleunigt, um den Energieverlust beim Kreisen (Synchrotronstrahlung) auszugleichen und ihre Energie noch etwas zu erhöhen.

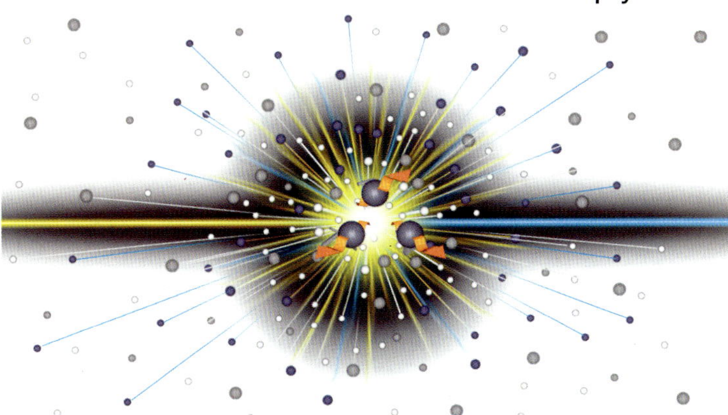

▲ **Teilchen aus dem Vakuum:** *Wenn LEPs Elektronen und Positronen kollidieren, zerstören sie sich gegenseitig und verschwinden in einem Energieausbruch im Vakuum – einem Raum ohne sichtbare Teilchen. Im Vakuum flackern jedoch kontinuierlich Teilchen durch Energie auf, die sie durch das Unschärfeprinzip erhalten. Wenn sie genug Energie erhalten, können diese Vakuumbewohner zu reellen Teilchen werden. Auf diesem Weg stellt LEP seine Z-Teilchen her. Indem die Physiker untersuchen, wie die Z-Teilchen zerfallen, wurde das Verständnis der Koexistenz von Elektronen und Quarks verbessert.*

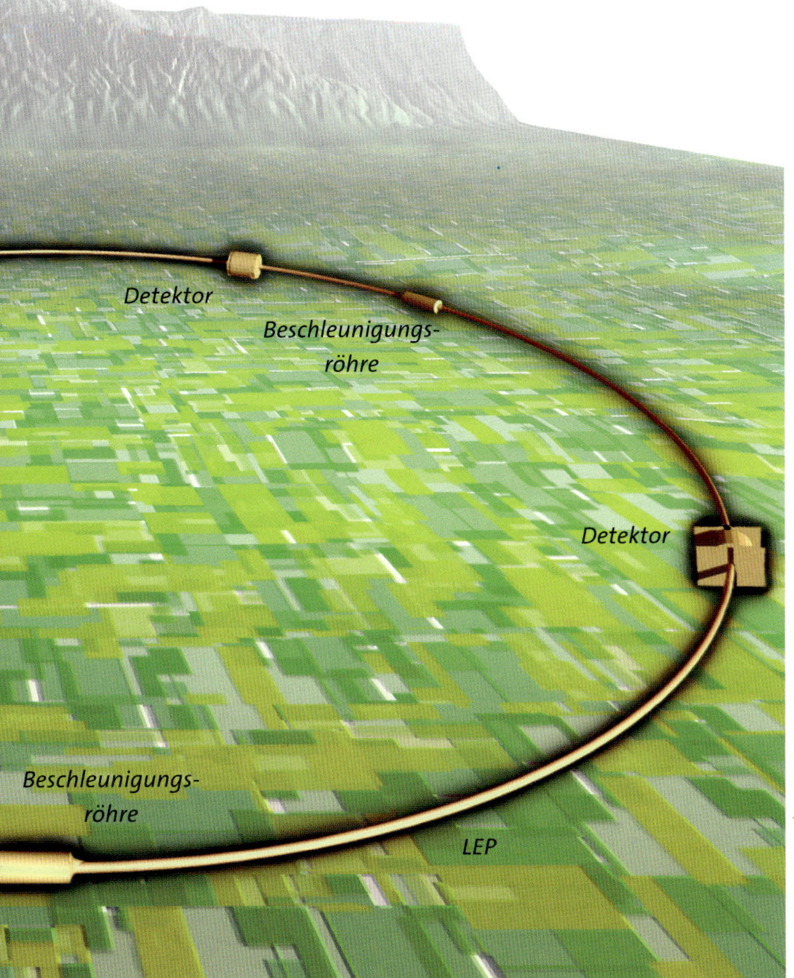

Kollisionskurs

Während der Beschleunigung werden die Elektronen und Positronen durch elektrische Felder auf verschiedenen Seiten der Hochvakuumsstrecke gehalten. Wenn sie die gewünschte Kollisionsenergie erreichen, werden die Felder abgeschaltet, und die entgegengesetzt kreisenden Teilchen begegnen sich bei den vier Kollisionspunkten, jeweils im Inneren eines riesigen Detektors.

LEPs Teilchenpakete sind dünne Platten – einige Zentimeter im Durchmesser und nur einen Bruchteil eines Zentimeters hoch – , die jeweils viele Milliarden Elektronen und Positronen enthalten. Wenn sie den Kollisionspunkt erreichen, werden die Pakete noch weiter von starken Magneten zusammengedrückt. So wird die Teilchendichte erhöht, und die Chance auf eine Kollision steigt. Aber die Teilchen sind so klein, daß sogar in den komprimierten Paketen, die sich 40 000mal pro Sekunde treffen, die meisten Teilchen aneinander vorbeifliegen. Pro Sekunde werden nur wenige Kollisionen erzeugt, und jeder Detektor sammelt ein paar Z-Teilchen pro Minute.

Die gespeicherten Strahlen werden allmählich schwächer, und ein- oder zweimal am Tag wird entschieden, die kreisenden Elektronen und Positronen „wegzuwerfen", um den Ring mit frischen Teilchen zu füllen.

Detektoren – Gigantische Mikroskope

LEPs Elektronen und Positronen kollidieren tief im Inneren der vier riesigen zylindrischen Detektoren, jeder etwa 10 m im Durchmesser und 10 m lang, mit einem Gewicht von mehreren 1 000 t. Obwohl der detaillierte Aufbau dieser gigantischen Mikroskope unterschiedlich ist, haben sie alle konzentrisch um LEPs Vakuumröhre gewickelte Lagen. Die innerste Lage – der „Vertexdetektor" – sieht den Zerfall kurzlebiger Teilchen, die nicht genug Zeit haben, die Vakuumröhre vor ihrem Zerfall zu verlassen. Die nächste Lage bildet ein Spurverfolgungssystem, das den Schweif der Teilchen aufzeichnet. Mehrere Lagen aus „Kalorimetern" messen dann die Energie der Teilchen, und schließlich fängt eine äußere Kappe die Myonen zur Detektierung ab. Irgendwo in dem Sandwich ist ein kraftvoller Magnet, um die geladenen Teilchen abzulenken.

Teilchenkollisionen können schöne Bilder erzeugen, die wie ein surrealistisches Kunstwerk aussehen. Die Interpretation von dem, was passiert, wenn subatomare Teilchen aufeinanderprallen, benötigt anspruchsvolle Elektronik und Computer. Das abschließende Urteil trifft jedoch das menschliche Auge.

Die Kunst, das Un-sichtbare zu sehen

Teilchendetektoren

Rutherford zählte Teilchen als Blitze auf einem Schirm. Der nächste Schritt war, die Kollisionen auf einem fotografischen Film aufzunehmen. Die Teilchen hinterließen Schweife beim Durchqueren eines Gases oder einer Flüssigkeit oder erzeugten Funken, die fotografiert wurden. Mit den Experimenten an den neuen Beschleunigern, die Millionen von Bildern aufnahmen, die manuell vermessen und analysiert werden mußten, entstand schnell ein Datenstau. Die Physiker wandten sich vermehrt elektronischen „Augen" zu, um ausgewählter aufzuzeichnen, was in ihren Experimenten passierte, und Computer zur Analyse zu verwenden.

Große moderne Detektoren wie die am LEP haben 500 000 elektronische Kanäle, die Signale der „Ereignisse" aufzeichnen, wie die Physiker Teilchenkollisionen nennen. Wenn ein Teilchenpaket durch einen Detektor fliegt, hat die Elektronik nur ein 25millionstel einer Sekunde, um zu entscheiden, ob etwas Interessantes geschehen ist. Wenn nicht, muß die Elektronik zurückgesetzt werden, um auf das nächste Paket vorbereitet zu sein. Wenn die Daten vielversprechend sind, werden die nächsten Begegnungen der Teilchenpakete ignoriert, während der Detektor die Information einige 100 Millionstel Sekunden lang verarbeitet. Darauf folgt die „Datenauslese": Alle Kanäle werden entleert, und die Information der Kollision – genug, um ein Telefonbuch zu füllen – wird zum Computer des Experiments geleitet.

Die Information kann jetzt in Ruhe analysiert und die komplexen Spurenmuster können auf einem Bildschirm bewundert werden. Da die Physiker jedoch immer auf neue Ergebnisse brennen, haben die LEP-Experimente Express-Analyselinien für die schnelle Identifikation eines besonderen „Fingerab-

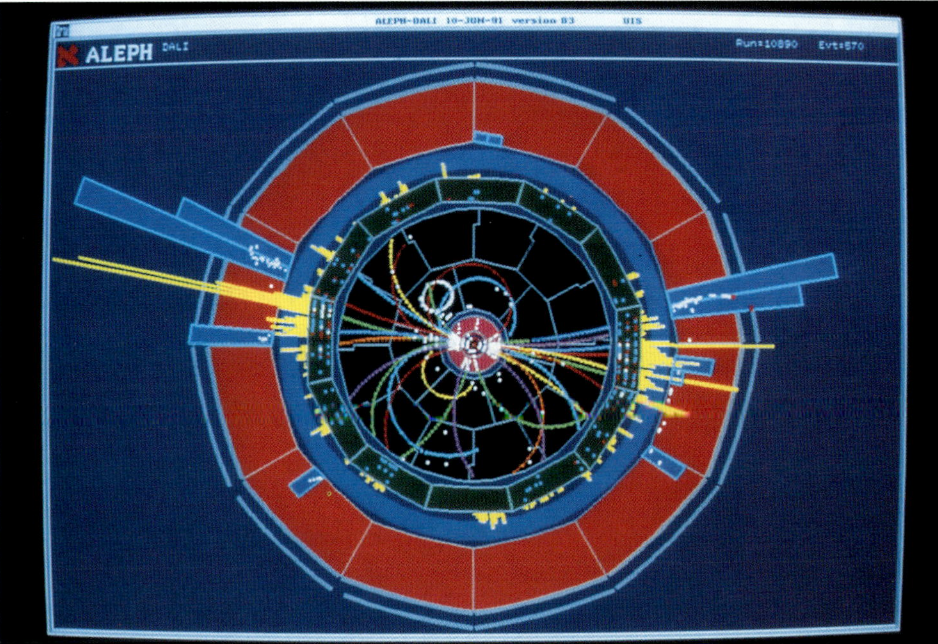

▲ **Computerbild (oben) :** *Eine Rekonstruktion eines Z-Zerfalls im ALEPH-Detektor am LEP zeigt die zahlreichen Zerfallsprodukte, die vom Kollisionspunkt wegfliegen, wo das Z im Zentrum des Detektors produziert wurde. Die keilförmigen Elemente zeigen die fortgetragene Energie an.*

◄ **Draufsicht auf den ALEPH-Detektor (links):** *Das zentrale „Farbglasfenster" ist die zentrale Spurkammer, in der die Pfade der herausfliegenden Teilchen aufgenommen werden. Außen befinden sich die großen „Türme" (readout towers), die die Energie der Hadronen aufzeichnen.*

drucks" eines interessanten und ungewöhnlichen Musters.

Detektivarbeit

Wenn eine Kollision abgefangen wird, registriert der Detektor eine Wolke aus Punkten der resultierenden Trümmer, vermischt mit falschen Punkten vom elektronischen Rauschen. Die Interpretation dieses komplizierten Musters verlangt nach guter Detektivarbeit. Der härteste Teil der Arbeit ist, die von einem Teilchen produzierten Punkte miteinander zu verbinden und so seine Spur durch den Detektor zu rekonstruieren. Spezielle Mustererkennungsprogramme übersetzen bekannte Punktgruppen in glatte Kurven.

Weitere Daten kommen von speziellen Detektorelementen, die die neu entstandenen Teilchen identifizieren und sie analysieren, indem sie Zeit- oder Energiemessungen vornehmen. In einem magnetischen Feld zeigt eine gekrümmte Bahn ein geladenes Teilchen an, und die Krümmung zeigt, ob es ein positives oder negatives Teilchen ist, und ermöglicht seine Impulsberechnung.

Allmählich werden Linien in dieses Labyrinth gezeichnet, wenn der Computer Punkte erkennt, die zu Spuren zusammengefaßt werden können. Die Spuren führen zurück zur Kollision, verfolgen die Lebensgeschichte eines Teilchens – vielleicht eines Z.

Oft kann der Computer jedoch nur eine ungefähre Rekonstruktion eines Ereignisses liefern, oder er verirrt sich in der Vielzahl der Spurkombinationen. Ein Elektron kann eine enge Spirale produzieren, und dem Computer kann es schwerfallen, diese aus hunderten glatter Linien herauszufinden. Ungelöste Ergebnisse werden auf dem Bildschirm des Physikers zur Interpretation dargestellt, der neue Muster in den Computer zurückfüttert, so daß dieser „lernt", wie er nächstes Mal damit umgehen soll.

Gleichgültig, wie hochentwickelt die Computeranalyse ist, die Erfahrung des Physikers bleibt entscheidend, und so haben die LEP-Physiker das letzte Wort, wenn es um das Verständnis ihrer Kollisionen geht.

George Charpak – Ein Detektorvirtuose

Als George Charpak seine Karriere in der Teilchenphysik begann, sagt er, „waren Physiker wie Jäger, die durch das Unterholz pirschten, in der Hoffnung, einige neue seltene Spezies zu finden. Ich entschied mich statt dessen dafür, ihr ‚Waffenhändler' zu werden und sie mit den nötigen Werkzeugen zu versorgen." Charpak wurde 1992 der Nobelpreis für Physik für seine Erfindung der Vieldrahtkammer verliehen, einem vollständig elektronischen Detektor, der die Teilchenphysik revolutionierte und heute die Basis aller modernen Detektoren darstellt.

Charpak wurde 1924 in Polen geboren, hat aber seit 1946 die französische Staatsbürgerschaft. Er entwickelte viele raffinierte neue Techniken. Mit Blasenkammern mußten Millionen von Fotografien visuell untersucht werden. Mit Charpaks Erfindung wurden physikalische Experimente anspruchsvoller. Zum erstenmal konnten Detektoren „getriggert" werden. Sie ignorierten das Uninteressante und reagierten nur auf spezielle Bedingungen.

Eine Ambition Charpaks ist, elektronische Detektoren für medizinische Radiographie zu entwickeln, die Informationen viel schneller sammeln und in kürzerer Zeit Ergebnisse liefern können, und das unter geringerer Strahlenbelastung für den Patienten.

Auf den Erfolg der elektroschwachen Theorie bauend, versuchten Physiker in den 1970er Jahren, die Vereinheitlichung der Kräfte zu erweitern und die starke Kraft ebenso einzubinden. Ihre „Großen Vereinheitlichten Theorien" (GUTs) schlossen eine neue Verbindung zwischen Teilchenphysik und Kosmologie, der Suche nach dem Ursprung des Universums.

Große Vereinheitlichung

Protonenzerfall und Supersymmetrie

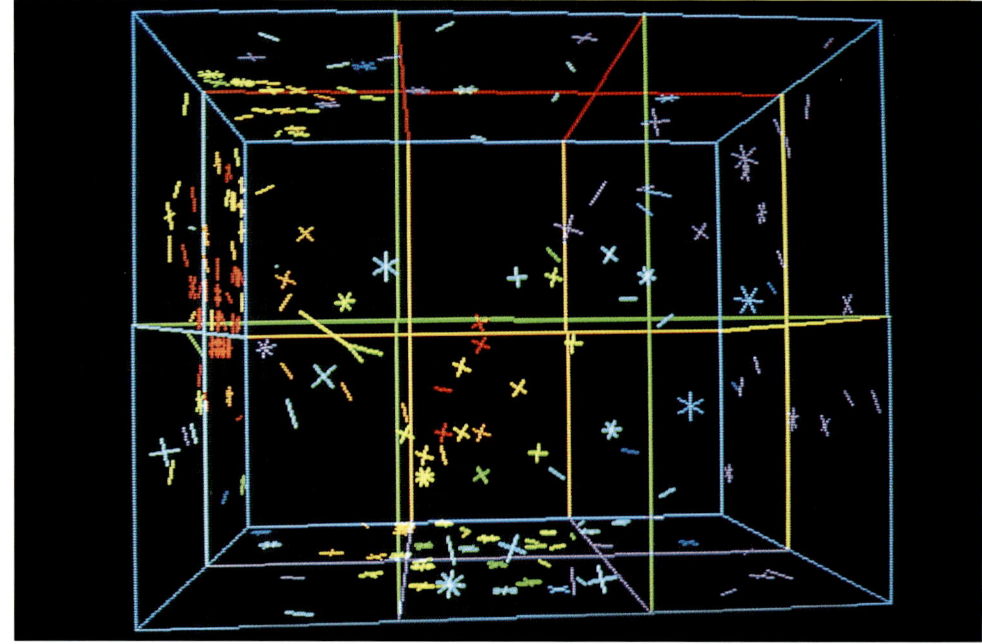

Der elektroschwachen Vereinheitlichung des Elektromagnetismus und der schwachen Kraft folgend, könnte die starke Kraft auf dieselbe Weise eingebracht werden. Die elektroschwache und starke Kraft waren ursprünglich eine einzige „große vereinheitlichte" Kraft, mit einer zugrundeliegenden Symmetrie, die wiederum durch einen Higgs-Mechanismus gebrochen wird. Diesesmal sind die beteiligten Energien jedoch so groß, daß es wenig Hoffnung gibt, die Theorie in hochenergetischen Experimenten zu testen.

Die einfachste große vereinheitlichte Theorie, von Howard Georgi und Sheldon Glashow 1974 entworfen, benötigte zwei extrem schwere Kraftträger, sogenannte „X-Teilchen". Diese sind so schwer, etwa ein 20millionstel Gramm, daß sie auf einer empfindlichen Waage gewogen werden könnten. Kein Beschleuniger kann die Energie für ihre Produktion aufbringen. Der einzige Ort, an dem solche Energien verfügbar waren, war das frühe Universum, in dem die große vereinheitlichte Kraft herrschte, nur 10^{-34} Sekunden nach der Entstehung.

Es gibt allerdings einen indirekten Weg, nach GUTs zu suchen. Diese Vereinheitlichung verschmilzt nicht nur drei Kräfte, sondern verbindet auch die beiden Elementarteilchenklassen, Quarks und Leptonen. Auf der GUT-Ebene sind Quarks und Leptonen austauschbar, so können Protonen in Leptonen zerfallen. Das ist eine dramatische Aussage: Das Teilchen, das das Fundament unseres Universums formt, ist instabil.

Glücklicherweise beträgt die Lebenszeit des Protons wenigstens 10^{32} Jahre, ein Milliardenfaches des Alters des Universums, daher besteht kein unmittelbares Risiko, daß die Welt um uns sich auflösen könnte. Der Protonzerfall ist allerdings ein zufälliger Prozeß. Wenn genügend Protonen zusammengebracht werden, besteht eine geringe Möglichkeit, ein Proton in einem charakteristischen Gammastrahlenausbruch sterben zu sehen. Wenn Protonen 10^{32} Jahre bestehen, könnte jemand 100 Jahre lang leben, bevor möglicherweise ein Proton in seinem Körper verschwindet.

Mehrere Experimente zur Messung des Protonzerfalls sind gestartet worden, bisher ist jedoch keines erfolgreich gewesen. Dies bedeutet aber nicht das Ende der GUT-Theorien. Der Maßstab der Experimente kann vergrößert werden, um einer längeren Protonlebenszeit von wenigstens 10^{35} Jahren zu entsprechen. Diese Experimente müssen tief unter der Erde durchgeführt werden, um kosmische Strahlen abzuschirmen, die jedes Zeichen eines Protonzerfalls überdecken würden.

Trotz des Reizes der neuen GUT-Theorien waren die Physiker wegen der Träger der

*▲ **Das seltenste Ereignis im Universum:** Eine elektronische Darstellung eines simulierten Protonzerfalls in einem IBM-Detektor. Sie zeigt eine mögliche einfache Form des Protonzerfalls, in dem ein Proton in ein Positron und ein neutrales Pion zerfällt, die in entgegengesetzte Richtung fliegen. Solch ein Ereignis würde zwei Lichtringe auf den Detektorwänden erscheinen lassen. Die Spuren der Zerfallsprodukte sind im linken Teil des Würfels rekonstruiert – ein Positron (kurze gelbe Linie) und ein Pion, das sofort zerfällt.*

GUT-Kraft beunruhigt, den X-Teilchen, die so viel schwerer als alles andere sind. Die W- und Z-Träger der schwachen Kraft sind schwer genug, aber es war beunruhigend, sich eine physikalische „Wüste" von 100 GeV bis zu 10^{15} GeV vorzustellen. Muß nicht mit Sicherheit dazwischen etwas passieren?

Der Vorschlag war, daß „Supersymmetrie", oder kurz SUSY, die Materieteilchen (Quarks und Leptonen) mit den Kraftträgern

▲ **Die Tiefe:** *Ein 23 m tiefes „Schwimm-becken", 600 m unter dem Eriesee in dem Morton-Salzbergwerk in Ohio, gefüllt mit 7 000 t Wasser, hat über 10 Jahre lang mit äußerster Sorgfalt nach dem Protonzerfall gesucht. Der Protonzerfall ist wahrscheinlich jedoch so langwierig, daß sogar dieser große Detektor zu klein ist, um etwas zu sehen.*

(Photonen, Ws, Zs und Gluonen) verbindet. Dieses Schema bildet eine neue Welt aus Super-Teilchen, oder „Steilchen". Quarks und Leptonen haben Superpartner, die als „Squarks" und „Sleptonen" bekannt sind, während Photonen, Ws, Zs und Gluonen durch Photinos, Winos, Zinos und Gluinos verdoppelt werden. Supersymmetrische GUTs waren der nächste Schritt, und die Ideen könnten durch das Einbringen der Gravitation erweitert werden. Mit diesem Supergra-vitationsbild konnte die Physik zum ersten-mal alle Kräfte in der Natur handhaben.

Andrej Sacharow – fehlende Antimaterie

GUT-Gleichungen schlugen ein Gleichgewicht zwischen Materie und Antimaterie im Univer-sum vor. Warum ist dann aber das Universum scheinbar aus Materie aufgebaut? Wo ist die ganze Antimaterie geblieben? Eine Ant-wort wurde von dem sowjetischen Physiker Andrej Dimi-trievitch Sacharow in den 1960er Jahren gegeben, vor seiner Verbannung ins Exil nach Gorki und seinem späteren beklagenswert kurzen Wiedererscheinen auf der Weltbühne. Sacharow zeigte, daß der Urknall ur-sprünglich gleiche Mengen von Materie und Antima-terie produziert hatte. Eine Quark-Asymmetrie definierte einen „Zeitpfeil", der Antiteilchen instabiler als Teilchen machte, so daß Materie schnell die Oberhand gewann. Die-ser Effekt, der das Universum prägte, ist heute zu einem obskuren Detail geschrumpft, der nur durch Ver-messungen des Zerfalls elektrisch neutraler Kaonen nachgewiesen werden kann. Um einen solchen Effekt zu ermöglichen, be-darf es mindestens 6 Arten von Quarks.

In den 1980er Jahren entstand eine neue Protonenbeschleunigergeneration, die supraleitende Elektromagnete verwendete, um mit starken Magnetfeldern höherenergetische Protonen zu führen und gleichzeitig den Energieverbrauch zu reduzieren. Die Physiker mußten eine neue Technologie beherrschen: die Kryogenik.

Unterkühlte Supercollider

Die nächste Beschleunigergeneration

Auf ihrer Suche nach ständig höherenergetischen Strahlen, um tiefer ins Proton vorzudringen, stießen die Physiker auf ein Problem. Im Gegensatz zu einem Elektronenstrahl, der leicht und „flexibel" ist, ist ein Strahl aus den viel schwereren Protonen „steif" und benötigt starke Elektromagnete, um auf Kurs im Beschleunigerring gehalten zu werden. Solche Elektromagneten zu versorgen, verlangt nach einer Menge Elektrizität – ein großes Synchrotron braucht etwa 60 Megawatt Strom, genug, um eine Stadt mit 150 000 Menschen zu versorgen. Daher wandten sich die Physiker einer neuen „grünen" Technologie zu, die den Energieverbrauch wesentlich reduzierte.

Bei Abkühlung auf die Temperatur flüssigen Heliums – nur wenige Grad über dem absoluten Nullpunkt – verlieren einige Metalle wie Blei oder Zinn ihren elektrischen Widerstand und werden „supraleitend". Solange die niedrige Temperatur andauert, kann ein elektrischer Strom in diesen Leitern fließen, ohne aufgefüllt zu werden. Supraleitung ist jedoch empfindlich, da sie leicht durch starke Ströme und Felder sowie Temperaturerhöhungen gestört werden kann.

Supraleitende Magnete benötigen viel weniger Energie, verlangen aber nach einer anspruchsvollen Kühltechnik. Der erste große supraleitende Protonenbeschleuniger war der 6,4 km lange Tevatron-Ring am Fermi Natio-

▶ *Wilsons Vision: Das Fermi National Accelerator Laboratory nahe Chicago trägt den unverwechselbaren Abdruck seines Gründers, dem vieltalentierten Robert Rathbun Wilson. Das Design des zentralen, hochaufragenden Gebäudes des Labors, das von Wilson entworfen und nach ihm benannt worden ist, basiert auf der Kathedrale aus dem 13. Jahrhundert in Beauvais in Frankreich, die zwei Türme und einen Chor hat.*

nal Laboratory in der Nähe von Chicago. Das Tevatron wurde 1983 in Betrieb genommen und läuft normalerweise bei 900 GeV, braucht dabei aber nur ein Drittel der Energie eines Rings aus konventionellen Magneten bei dieser Energie.

1992 ging ein neuer Beschleunigertyp am Forschungslabor DESY in Hamburg in Betrieb. Anstatt ähnliche Teilchen in Kollision zu bringen, läßt DESYs 6,3 km langer HERA-Ring (nach der Schwester des griechischen Gottes ZEUS benannt) Elektronen mit Protonen kollidieren. Die Elektronen, die extrem klein sind, tasten Teile des Protons ab, die andere Strahlen mit ihrer komplizierten Quarkstruktur nicht erreichen können. Die 820 GeV Protonen werden in einem Ring aus supraleitenden Magneten gehalten, während die 30 GeV Elektronen ihren eigenen separaten Ring besitzen. Um die 13 t flüssigen Heliums zu kühlen, entstand die zur damaligen Zeit größte Kälteanlage Europas.

Superbeschleuniger des 21. Jahrhunderts

Mit Blick auf die große Vereinheitlichung müssen Physiker die Quarks und Leptonen des Standardmodells mit noch größeren Energien zusammenprallen lassen. Obwohl die Physiker nicht sicher sind, was sie finden werden, deutet die Symmetrie der Glei-

*▲ **Der HERA Elektronen-Protonen-Collider:** Am DESY-Forschungszentrum in Hamburg bringt der 6,3 km lange Ring aus supraleitenden Magneten Protonen auf fast 1 000 GeV. Der darunterliegende kompaktere Ring aus konventionellen Magneten bringt Elektronen auf etwa 30 GeV.*

chungen an, daß 1 TeV (1 000 GeV) wünschenswert sind. Da die Quarks hartnäckig in den Protonen verschlossen sind, ist es unmöglich, freie Quarks kollidieren zu lassen. Jedes gefangene Quark trägt ein Teil der Protonenergie, daher vergrößert die Erhöhung der Protonenergie auf das maximal Mögliche die Chance, ein Quark mit 1 TeV anzutreffen. Ein neues Projekt mit einem Ring aus supraleitenden Magneten im LEP-Tunnel wird am CERN vorbereitet (von Beginn an wurde der LEP-Tunnel zur Aufnahme von zwei übereinanderliegenden Beschleunigerringen entworfen). Dieser neue Große Hadronen-Collider (Large Hadron Collider, LHC) wird 7 TeV Strahlen miteinander kollidieren lassen und die Bedingungen für die winzigen Quarks in den Protonen zur Verfügung stellen, sich gegenseitig „zu sehen".

Im Gegensatz zu den permanent gefangenen Quarks sind freie Leptonen, besonders Elektronen, leicht zu bekommen. Aber 1 TeV Elektronen zu erzeugen, bringt andere Hin-

dernisse mit sich. Weil die Elektronen so leicht sind, verschwenden Versuche, sie in konventionellen Ringen zu beschleunigen, viel Energie durch die Synchrotronstrahlung. Ein Ring mit 1 000 km Durchmesser wäre notwendig, um 1 TeV Elektronen herzustellen!

Daher haben Physiker auf der Jagd nach 1 TeV Elektronenstrahlen das kreisförmige Synchrotron aufgegeben und bevorzugen die gerade „lineare" Maschine. Zwei solch gewaltige Elektronenkanonen, jede mehrere Kilometer lang, würden ihre Strahlen aufeinander schießen. Da jeder Strahl nur ein Hundertstel des Durchmessers eines Haares hat, ist genaues Zielen nötig. Vibrationen durch winzige Erdbeben, durch Verkehr oder sogar Schritte erzeugt, würden das Ziel ruinieren. Um die beiden Strahlen aufeinander gerichtet zu halten, werden die beiden Kanonen auf automatischen Böcken montiert werden müssen, die kontinuierlich mikroseismische Effekte aufnehmen und kompensieren.

Aber zunächst müssen neue Techniken entwickelt werden, die die notwendige Beschleunigungsleistung zur Verfügung stellen können. Während die Planung vor etwa 10 Jahren begann, werden die Elektronen- und Quark-Supercollider erst nach dem Jahr 2000 in Betrieb gehen und die Physik des 21. Jahrhunderts antreiben.

Was Physiker für „Teilchen" halten, könnten gar keine Teilchen sein. Die Theorie deutet an, daß sie sich mehr wie ausgedehnte Objekte verhalten, die als Fäden (strings) veranschaulicht werden können. Sie sind aber keine gewöhnlichen Fäden. Sie sind unglaublich klein, 10^{-35} m im Durchmesser, und beinhalten versteckte Dimensionen.

Die Idee der Teilchenfäden entstand in den späten 1960er Jahren, um zu erklären, wie Quarks „zusammengehalten" werden. Wenn Quarks als die Enden kleiner elastischer Stücke statt als freie Teilchen dargestellt werden, könnte dies helfen zu erklären, warum niemals freie Quarks gesehen wurden. Die Quantenchromodynamik gab Mitte der 70er eine konsistente Beschreibung der Kräfte zwischen den Quarks gab.

1984 entdeckten String-Enthusiasten allerdings, daß Quarkstrings auf natürliche Weise zu einer Theorie mit Supersymmetrie führen, dem genialen neuen Schema, das die bekannten Quarks und Leptonen mit neuen, noch unbekannten Teilchen paart. „Superstrings" waren geboren, und sie schienen dort erfolgreich, wo die Feldtheorie versagt hatte, da sie das seit 50 Jahren ausstehende Problem der Physik lösten, die Quantenmechanik mit der allgemeinen Relativitätstheorie, Einsteins Gravitationstheorie, zu verheiraten.

Aufregung entstand, als einige Superstringtheorien frei von problemhaften „Anomalien" erschienen – Bedingungen, unter denen nicht nur die vorhersagende Kraft der Theorien, sondern auch heilige Erhaltungssätze zusammenbrachen.

▶ *Superstrings und Weltebenen: Eine einfache Teilchenwechselwirkung auf der Stringebene gesehen. Zwei Teilchen kommen zusammen, um eine kurzzeitige Resonanz zu bilden, die danach in drei neue Teilchen aufbricht. Statt punktförmiger Teilchen verwendet dieses Bild geschlossene Ringe, die zusätzliche verborgene Dimensionen enthalten, die wir niemals sehen können. Die Geschichte dieser Ringe erzeugt bizarre Röhrenmuster. Die drei horizontalen Ebenen zeigen, was bei aufeinanderfolgenden Zeitintervallen vor, während und nach der Wechselwirkung geschieht.*

Alles mit Strings verbunden?

Superstring-Theorien

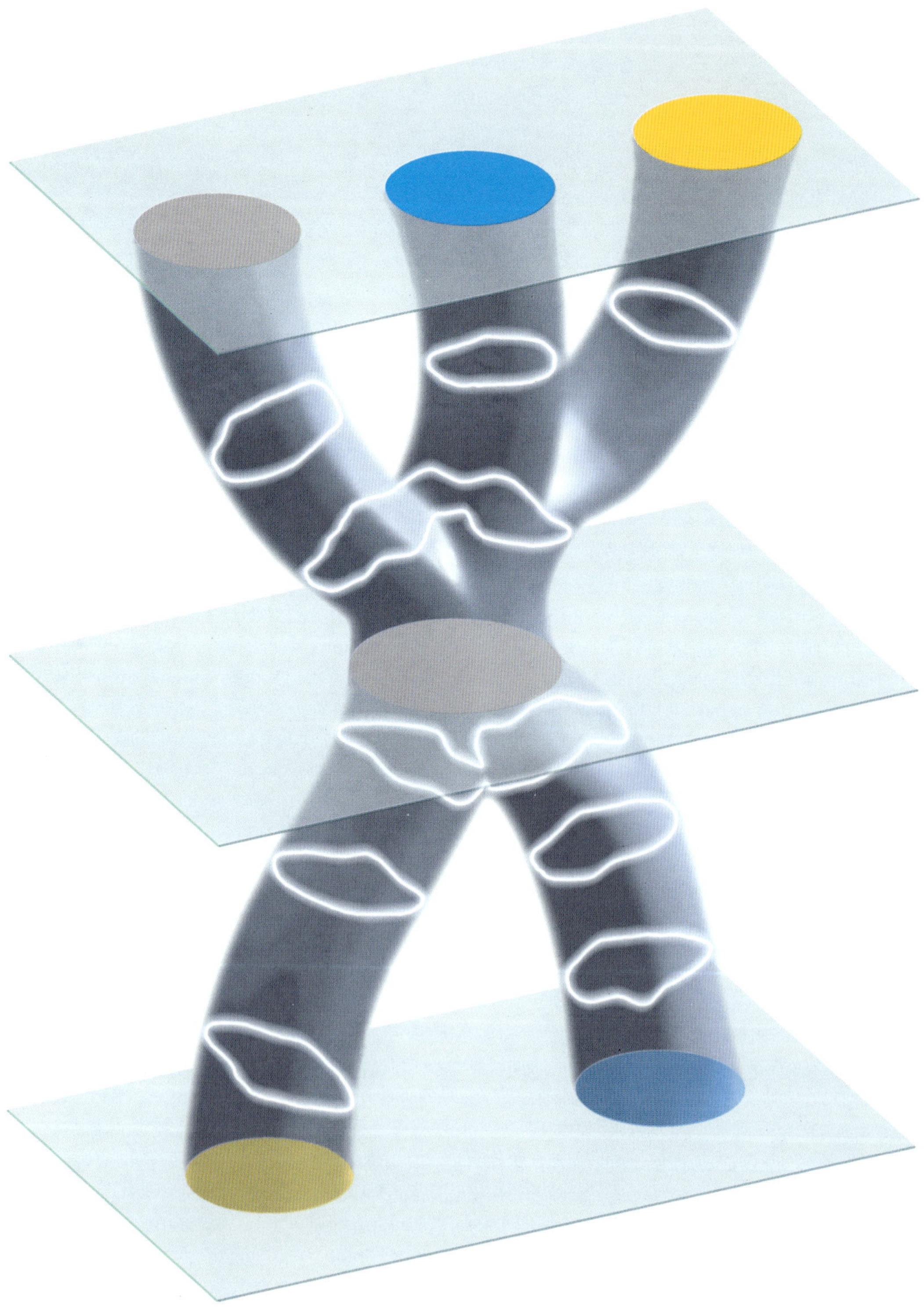

Lassos in vielen Dimensionen

Strings können als geschlossene Ringe, wie Lassos, veranschaulicht werden, die eine Röhre im Raum herausschneiden, wenn sie sich bewegen. Die Strings vibrieren und rotieren, und die Quarks und Leptonen können als Vibrationen der Strings dargestellt werden, wie auch Gitarrensaiten durch Vibration mit verschiedenen Frequenzen verschiedene Noten produzieren.

In Wirklichkeit werden wir nie wissen, wie solche Strings sich verhalten. Mit einem Durchmesser von 10^{-35} m sind Strings 20 Zehnerpotenzen kleiner als ein Proton, und kein Beschleuniger ist oder wird jemals in der Lage sein, ins Stringregime vorzustoßen. In diesem Maßstab herrscht die Quantengravitation, und der Raum, wie wir ihn kennen verändert sich wahrscheinlich in eine schaumartige vieldimensionale Struktur, die unsere gewöhnliche Kenntnis von Raum und Zeit übersteigt. Strings und Raum werden auf subtile Weise miteinander verwoben.

Die ursprüngliche Stringtheorie hatte 26 Dimensionen, während die Superstringversion zehn hat. Für Physiker, die daran gewöhnt sind, in abstrakten Räumen zu arbeiten, waren diese zusätzlichen Dimensionen kein Problem. Unsere Alltagswelt hat allerdings nur vier Dimensionen, drei räumliche und eine zeitliche. Wo sind die zusätzlichen sechs Dimensionen geblieben? Sie sind „aufgerollt", was oft durch eine Röhre illustriert wird. Etwas Ähnliches könnte mit den unsichtbaren Stringdimensionen geschehen sein.

Nicht alle Stringtheoretiker sind über das Aufrollen glücklich. „Wenn die Leute die Idee schwer zu verstehen und zu rechtfertigen hal-

ten", sagt John Ellis, früherer Vorsitzender der Theorie am CERN, „stimme ich ihnen zu. Ich würde es vorziehen, die Stringtheorie direkt in unserer physikalischen Welt zu formulieren. Statt über eine Anzahl aufgerollter Dimensionen zu sprechen, könnte die Theorie eine große Anzahl von inneren Freiheitsgraden an den Strings besitzen, die verschiedene Quanteneigenschaften repräsentieren, wie elektrische Ladung."

GeTOEnte Physik

Die Superstringtheorie ist der aussichtsreichste Kandidat für eine Theorie von allem (theory of everything, TOE), ein Versuch, einfach alles in nur wenigen Gleichungen zusammenzufassen. Eine TOE ist ein natürliches, aber ehrgeiziges Ziel und erfordert einen vollständigen Überblick über die Physik. Einstein (s. S. 64) wußte zu wenig über Kernphysik, um auf seiner Suche nach einer TOE erfolgreich zu sein. Die gesamte Wissenschaft ist zu kompliziert, um „auf einem T-Shirt" zusammengefaßt zu werden, wie Leon Lederman es sagte, aber zumindest könnte es eines Tages möglich sein, eine vollständige Erklärung der grundlegenden Prozesse zu geben und den Rest Simulationen auf Supercomputern zu überlassen.

„Im Moment", sagt John Ellis, „sind Strings die einzige Lösung, die wir haben, um die Quantenmechanik mit der allgemeinen Relativitätstheorie in Einklang zu bringen, und obwohl wir keine experimentelle Evidenz haben, glauben wir an die Theorie, weil sie konsistent und schön ist. Die Situation ähnelt in gewisser Weise dem frühen Zustand der allgemeinen Relativität. Einsteins Theorie wurde aus der theoretischen Konsistenz heraus motiviert und nicht durch experimentelle Ergebnisse."

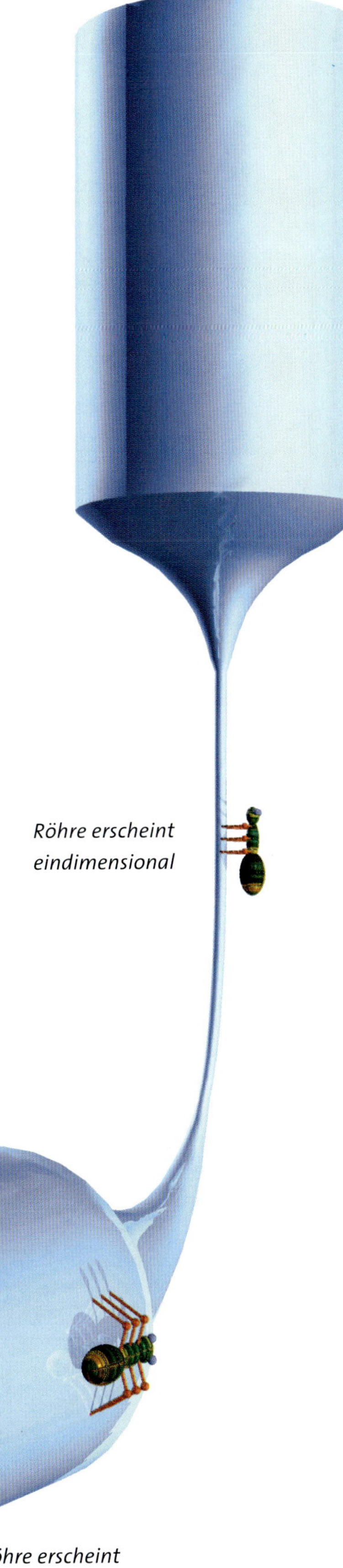

▶ *Aufgerollte Dimensionen: Eine Röhre ist eindeutig ein dreidimensionales Objekt. Eine Ameise, die auf der Röhrenoberfläche krabbelt, sieht sie jedoch nur zweidimensional. Um von der einen Seite der Röhre auf die andere zu gelangen, muß die Ameise entlang der Außenseite der Röhre laufen. Sie kann nicht den kürzesten Weg durch die Röhre nehmen – die dritte Dimension ist blockiert. Physiker sagen, die dritte Dimension ist „aufgerollt". Wenn die Röhre genügend dünn wäre, würde sie für die Ameise eindimensional erscheinen, da sie jetzt nur vorwärts und rückwärts laufen könnte.*

TEIL ZWEI
Blick nach Außen

Die Kosmologie – die Wissenschaft vom Universum als Ganzes, seinem Ursprung, seiner Entwicklung und Struktur – ist eine relativ neue Wissenschaft. Ihre Geschichte kann aber bis ins alte Griechenland zurückverfolgt werden, wo die Philosophen die Schöpfungsmythen anzweifelten und den Sinn des Raumes um uns zu erkennen versuchten.

Am Anfang war entsprechend der antiken griechischen Schöpfungsmythologie das Chaos, eine dunkle und gestaltlose Ansammlung ungeformter Materie. Die Götter formten diese anfängliche Konfusion in ein geordnetes Universum um, das „Kosmos" genannt wurde, ein Wort, das „Ordnung", „Harmonie" oder „Schönheit" bedeutet. Eine der populärsten Sagen erzählt, daß Licht (Äther) und Tag (Hemera) zuerst die Erde (Gaia) und das Meer (Pontus) entstehen ließen. Die Erde krönte schließlich die Schöpfung und schuf sich den Himmel (Uranus).

Der frühe griechische Philosoph Thales erklärt den Ursprung der Materie ohne Einbeziehung der Götter, doch er ging weitgehend von der Kosmologie der Schöpfungsmythen aus. Er glaubte, daß die Erde flach sei, auf dem Wasser schwimme und die Sterne leuchtende Dunstbälle seien. Sein Schüler Anaximander ging einen Schritt weiter und vermutete, daß die Erde ein Zylinder sei, der frei im Raum schwebt. Pythagoras war der erste, der in wissenschaftlicher Weise über den Kosmos sprach.

Die Musik der Sphären

Pythagoras und seine Anhänger hatten eine Vorliebe für Symmetrie und behaupteten, daß die Erde sphärisch sei. Sie schlugen ein Universum vor, in dem die Erde, der Mond, die Sonne und die damals bekannten fünf Planeten einen zentralen „Beobachtungs-

► *Das Ptolemäische System: Eine Seite eines mittelalterlichen Buches zeigt die Erde als Zentrum des Universums. Um die Erde kreisen zuerst der Mond, dann zwei der damals bekannten fünf Planeten, Merkur und Venus; als nächstes kommt die Sonne, dann Mars, Jupiter und Saturn. Schließlich enthält der Außenraum die Sterne.*

Vom Chaos zum Kosmos

Unsere Einordnung im Universum

▲ *Die Milchstraße: Demokrit, der Vater der Atomtheorie, hatte auch Vorstellungen vom Universum. Er schlug vor, daß die Milchstraße, das matte Band, das sich über den Himmel erstreckt, aus schwachen Sternen besteht. Sein Lehrer Leucippus halle behauptet, daß die Sterne glimmen, weil sie mit der Luft zusammenstoßen. Das Wort „Galaxis" kommt vom griechischen Wort für „Milch".*

turm", Zeus genannt, umkreisen. Im Glauben an eine spezielle Bedeutung der Zahl 10 fügten sie einen zehnten Himmelskörper hinzu, eine hypothetische „Gegenerde".

Die Pythagoräer glaubten auch an eine tiefe Verbindung zwischen Mathematik und Musik. Sie meinten, daß die umlaufenden Planeten Noten aussenden, deren Tonhöhe durch ihre Geschwindigkeit und die Entfernung von der Erde bestimmt würde. Diese totale Harmonie, „die Musik der Sphären", verlief unbemerkt, da sie allgegenwärtig und unveränderlich war, wie sie meinten.

Obwohl Aristoteles ebenfalls glaubte, daß die Erde sphärisch ist, behauptete er, sie würde sich nicht bewegen, und plazierte sie im Zentrum eines kugelförmigen Universums. Als Schüler von Plato glaubte er an die reinen Formen mit der Kugel als Grundelement der kosmischen Architektur. Die anderen Planeten bewegten sich auf Kristallkugeln gleichmäßig um die Erde, während die ent-

fernten Sterne in einer äußeren Himmelssphäre eingebettet waren.

Dieses zwiebelartige Modell, das zuerst von Eudoxus um 370 v. Chr. entwickelt wurde, begann mit 27 konzentrischen Kugelschalen. Jeder Planet hatte verschiedene „Schalen", um seine nicht kreisförmige Bewegung zu erklären. Im 2. Jahrhundert v. Chr. verfeinerte Ptolemäus dieses Bild, das allgemein anerkannt wurde, auch von der christlichen Kirche. Darin hatte das Universum einen Ra-

dius, der in heutigen Begriffen etwa 80 Millionen Kilometer war und nur geringfügig weiterreichte als die Umlaufbahn des Merkur um die Sonne.

Heliozentrisches Weltbild

Aristarchos von Samos, der im 3. Jahrhundert v. Chr. wirkte, behauptete als erster, daß die Erde und die Planeten um die Sonne kreisen. In seinem einzigen überlieferten Buch, das er in seiner Jugend verfaßte, berechnete er, daß die Sonne 18- bis 20mal größer und weiter entfernt als der Mond war.

Archimedes schätzte ab, daß das heliozentrische Universum eine Ausdehnung von etwa 9 Milliarden Kilometern (1 tausendstel Lichtjahr) hat. Dies ist winzig nach heutigen Vorstellungen, aber wesentlich größer als von Aristoteles und Ptolemäus vorausgesagt.

Der radikale Vorschlag von Aristarchos fand anfangs keine große Verbreitung. Da hierdurch die antiken Ideen der göttlichen Natur der Erde in Frage gestellt wurden und „das Herz der Welt" deplaziert wurde, wurde dies als Frevel verdammt. In Ermangelung geeigneter Experimente erschien diese Idee bis zum 16. Jahrhundert obskur, als sie durch den Polnischen Astronomen Nicolaus Kopernikus wiederbelebt wurde, der die Voraussetzungen für eine neue Sicht des Universums schuf.

Ptolemäus – Räder in Rädern

Mit der Verbesserung der astronomischen Beobachtungen nahmen die Probleme zu, die Erde als Zentrum des Universums zu interpretieren. Der größte Kämpfer für dieses Weltbild war der Ägypter Claudius Ptolemäus im 2. Jahrhundert n. Chr. Er war ein fähiger Astronom, Philosoph und Geograph. Er erklärte sein Modell des Kosmos in seinem Buch *Syntaxis*, das später als *Almagest* ins Arabische übersetzt wurde. Ptolemäus nahm an, daß sich jeder Planet auf seiner eigenen kleinen Kreisbahn – „Epikreis" – bewegt, wenn er sich um die Erde dreht. Damit erklärte er, wie sich die Planeten gegenüber den Hintergrundsternen zu bewegen scheinen. Um jedoch alle Details zu erklären, mußten mehr und mehr Epikreise hinzugefügt werden. Das System wurde sehr unhandlich, aber doch 14 Jahrhunderte lang akzeptiert.

Im frühen 16. Jahrhundert erweckte Nicolaus Kopernikus die Idee zu neuem Leben, daß die Sonne und nicht die Erde das Zentrum des Universums ist. Als Galileo 1609 durch das erste astronomische Teleskop schaute, fand er, daß Kopernikus recht hatte, und bald wurde die alte Vorstellung des „geozentrischen" Weltbildes zu Grabe getragen.

Durch das Teleskop

Die Erde ist nicht der Nabel der Welt

Das von Aristoteles und Ptolemäus vermittelte Bild der Erde als dem Zentrum des Universums unterstützte die Idee, daß die Menschen eine privilegierte Stellung in der Schöpfung einnehmen, und wurde von der christlichen Kirche anerkannt. Im Mittelalter wurde dieses geozentrische Modell durch neue Beobachtungen mehr und mehr in Frage gestellt, und es wurde dem polnischen Astronom und Geistlichen Kopernikus (Niklas Koppernigk) klar, daß etwas nicht stimmte.

Den größten Teil seines Lebens versuchte Kopernikus verzweifelt, das heliozentrische Weltbild von Aristarchos in das akzeptierte Bild einzufügen, wobei die Kugelschalen des Himmels und die kreisförmigen Umlaufbahnen des ptolemäischen Systems beibehalten wurden. Aus Angst vor der Reaktion der Kirche zögerte er gegenüber der Publizierung seiner Ergebnisse. Das erste Exemplar seines Buches *Über die Umläufe der Himmelsbahnen* erschien nur wenige Stunden vor seinem Tod am 24. Mai 1543. Ein Freund hatte heimlich ein Vorwort angefügt, das besagte, daß die Ergebnisse lediglich ein Rechenhilfsmittel und der Wahrheit nicht abträglich seien.

Am 11. November 1572 entdeckte der dänische Adelige Tycho Brahe einen neuen Stern, der heller als die Venus schien im Sternbild der Cassiopeia. Wie wir jetzt wissen, war dies eine Supernova, die nach einigen Wochen ausklang. Dies störte die klassischen Vorstellungen, nach denen sich der Himmel nicht verändern konnte.

Tycho, der die Augapfelastronomie bis zu ihren Grenzen verfeinerte, sah außerdem einen Kometen. Indem er seine Bahn gründlich aufzeichnete, erkannte er, daß sich Kometen im Himmelsraum bewegen und nicht atmosphärische Produkte sein können, wie durch klassische Ideen behauptet. Seine Beobach-

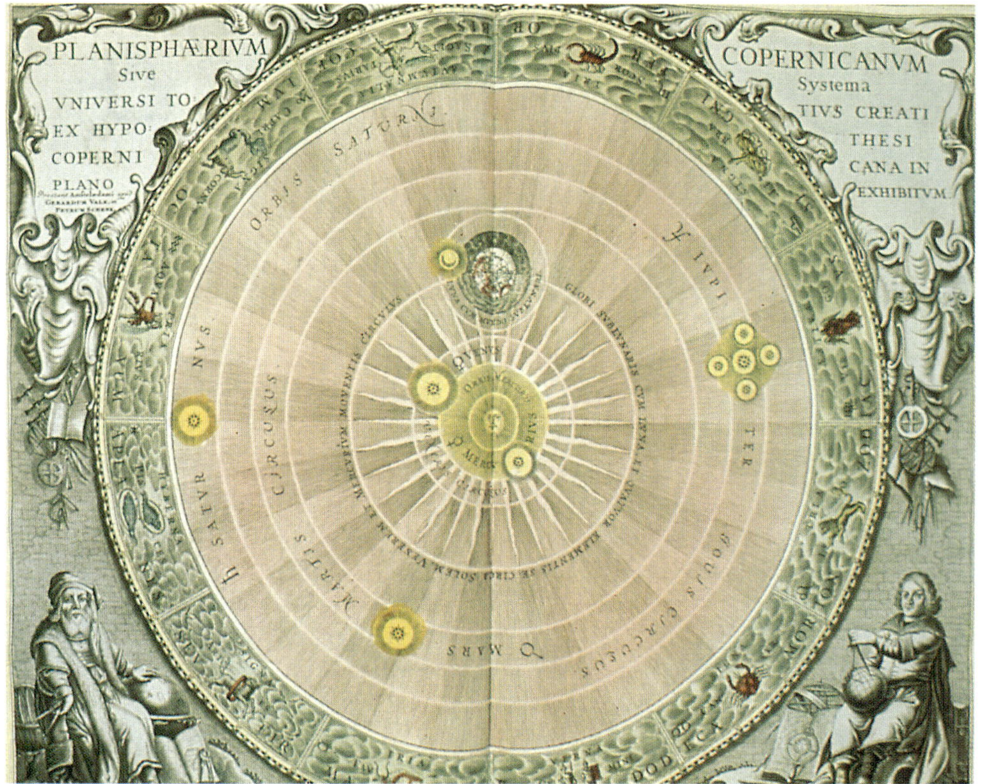

▲ *Das Kopernikanische System (oben):* Eine Illustration aus dem Buch von Andreas Callarios *Harmonia Macrocosmica, 1708* in Amsterdam publiziert. Es wird vermutet, daß die Figur unten rechts Kopernikus darstellt. Kopernikus glaubte, daß die Himmelskörper sich auf perfekten Kreisen bewegen, und nannte sein System das „Ballett der Planeten".

▶ *Tycho Brahes Observatorium (oben rechts):* Das Observatorium wurde von Tycho in Uraniborg auf Hveen, einer Insel zwischen Schweden und Dänemark, gebaut. Tycho war in der Lage, die genauesten Messungen der Sterne durchzuführen, die mit bloßem Auge möglich sind. Bessere Messungen wurden erst mit der Erfindung des Fernrohres möglich.

tungen unterstützten ein neues Weltbild. Aber Tycho war nicht Kopernikus. Er glaubte fest, daß die Sonne sich um die Erde dreht.

Galileos Augenglas

1604 beobachtete Tychos deutscher Schüler Johannes Kepler eine neue Supernova. Unter den Bewunderern dieses neuen hellen Sternes war Galileo Galilei, ein Lehrer an der Uni-

versität Padua. Die Supernova weckte seine Neugier. Und 5 Jahre später entwickelte Galileo das erste astronomische Fernrohr mit 30facher Vergrößerung, das auf den kurz zuvor erfundenen Militär- und Marine-Fernrohren beruhte.

Er nannte dieses Instrument „Occhiale", oder „Augenglas". Und als er es 1609 auf die Planeten richtete, erkannte er aus der Beob-

achtung der Planetenmonde, daß Kopernikus recht hatte. Unter anderem zeigte das Miniatur-Planetensystem der vier den Jupiter umkreisenden Monde, daß die Erde nicht das Zentrum des Himmelsgeschehens ist. Galileo schaute auch tiefer in den Himmel und sah, daß die Milchstraße aus einer Unzahl von kleinen Sternen besteht.

1610 publizierte er das Buch *Der Sternenbote* und geriet damit in Konflikt mit der römisch-katholischen Kirche. Bei dem bekannten Inquisitionsprozeß von 1633 wurden seine Behauptungen als unvereinbar mit der Heiligen Schrift erklärt, und Galilei hatte den Rest seines Lebens unter Hausarrest zu verbringen. Erst 1992 gestand die Kirche schließlich ein, daß es falsch war, ihn zu verdammen.

Häßliche Ellipsen

Während Galilei angestrengt durch das Fernrohr schaute, analysierte Kepler die Bewegungen der Planeten und kam zu dem Schluß, daß sie sich nicht auf glatten Kreisen, sondern auf Ellipsen um die Sonne bewegen. Aber die meisten Astronomen waren an seinen häßlichen Ellipsen nicht interessiert.

Durch eine Serie großer Kometen, die auf der Nordhalbkugel sichtbar waren, wurde in den frühen 1680ern das Interesse an der Bewegung der Himmelskörper wieder entfacht. In Cambridge, England, hatte Isaac Newton eine Theorie entwickelt, die erklärte, was sich hinter Keplers mysteriösen Gesetzen verbirgt. Die Gravitation läßt Äpfel und andere Gegenstände zu Boden fallen und steuert die Bewegungen der Himmelskörper.

1687 legte Newton diese Theorie in seinem Buch *Philosophiae Naturalis Principia Mathematica* dar, das den Beginn der Wissenschaft der Mechanik darstellt, deren Prinzipien die Bewegung bestimmen. Ebenso bedeutend wie die Gravitationstheorie ist das „Gesetz des reziproken Quadrates". Je weiter entfernt 2 Massen voneinander sind, um so geringer ist deren wechselseitige Anziehungskraft. Die Anziehungskraft nimmt mit dem Quadrat der Entfernungen ab. Deshalb ist bei doppeltem Abstand die Anziehungskraft nur noch ein Viertel.

Edmund Halley besucht Newton

Im August 1684 reiste der junge Astronom Edmund Halley von London nach Cambridge, um den Einsiedler Isaac Newton zu besuchen. Halley war von einer Serie heller Kometen fasziniert, Objekten, die seit dem Altertum als böse Vorzeichen betrachtet wurden. Die Kometen von 1680 hatten Europa in Aufregung versetzt und waren für eine Serie von Katastrophen verantwortlich gemacht worden. 1682 kam der Komet, der nun nach Halley benannt wurde. – Hier wird eine Illustration aus der *Nürnberger Zeitung* von 1493 wiedergegeben, die das Auftauchen des Kometen im Jahre 684 darstellt. Halley wollte unbedingt die Kometenbahnen verstehen und hoffte, Newton könnte ihm helfen. Halley war erstaunt zu sehen, daß Newton Keplers Ellipsen unter Zugrundelegung einer universellen Gravitationskraft erklären konnte. Er machte Newton die Bedeutung seiner Entdeckung bewußt, und in den folgenden 3 Jahren arbeitete Newton sein Meisterwerk *Principia* aus. Unter Benutzung der neuen Theorie sagte Halley voraus, daß der Komet von 1682 im Jahre 1759 wiederkehren würde. Seine Wiederkehr löschte alle verbliebene Hoffnung auf das alte geozentrische Weltbild aus. Der Halleysche Komet kehrt alle 76 Jahre zurück. Zuletzt erschien er im Jahr 1986.

Zu Beginn des 20. Jahrhunderts änderte sich unser Weltbild. Die Sonne ist am Rand und nicht in der Mitte der Milchstraßen-Galaxis. Unsere Galaxis ist bei weitem nicht die einzige, und alle Galaxien bewegen sich auseinander. Diese Evolution in der Astronomie wurde durch einen einzigen Mann geprägt, Edwin Hubble.

Eine Galaxis unter vielen

Das expandierende Universum

Das Studium des Universums außerhalb des Sonnensystems wurde durch den großen Astronom des 18. Jahrhunderts, Sir William Herschel, eingeleitet. 1784 folgerte er, daß die Sonne einer von vielen Zentralsternen in einer ausgedehnten scheibenförmigen Galaxis ist. Der matte Lichtstreifen, der seit dem Altertum „Milchstraße" genannt wird, ist die von der Seite betrachtete Galaxis.

Herschel sah ebenfalls viele mattleuchtende wolkenartige Flecke oder „Nebel", die weit außerhalb der Milchstraße zu sein schienen. Einige sahen spiralartig aus und gaben den Astronomen Rätsel auf. 1755 vermutete der deutsche Philosoph Immanuel Kant, sie könnten eigenständige Milchstraßensysteme sein, die er „Inseluniversen" nannte. Andere vermuteten, die Nebel wären Gaswolken innerhalb der Milchstraße, die im Begriff sind, zu neuen Sternen zu kondensieren.

Im Jahr 1901 vollendete der holländische Astronom Jacobus Kapteyn die erste Karte der Milchstraße und schätzte ihren Durchmesser auf 23 000 Lichtjahre.

Für bessere Messungen der Ausdehnung der Galaxis war zuerst eine verbesserte Methode zur Entfernungsmessung der Sterne erforderlich. Indem variable Sterne, sogenannte Cepheiden, als eine Art astronomisches Metermaß genommen wurden (vgl. S. 138), kartografierte der amerikanische Astronom Harlow Shapley die Milchstraße. Er entdeckte, daß sie kreisförmig ist, mit der Sonne in der Nähe der Außenkante und nicht im Zentrum. 400 Jahre nach der kopernikanischen Revolution verschob sich der Blickpunkt nochmals. Nun wurde die Sonne nicht länger als das Zentrum des Universums betrachtet.

Shapley glaubte immer noch, daß die Milchstraße die einzige Galaxis im Universum sei. Das Bild des aus Inseln bestehenden Universums gewann jedoch an Boden, und 1924 wurde die Kontroverse gelöst, als Edwin Hubble die Cepheiden im Andromeda-Nebel fand und zeigte, daß dies ein separates Sternensystem außerhalb der Milchstraße und nicht nur ein Gasnebel ist. Andromeda ist 2,5 Millionen Lichtjahre entfernt und das weiteste mit bloßem Auge erkennbare Objekt. Es ist eine Spiralgalaxis,

▲ **Herschels 12-Meter-Teleskop (oben):** *Herschel baute sein 12 m langes Teleskop in Windsor, England, und es zog viele Besucher an. Dazu gehörte ein durchdachtes System von Stützen und Leitern. Der Beobachter stand auf einer Plattform an der Öffnung des Fernrohres.*

▶ **Naher Nachbar (rechts):** *Andromeda (M31) 1923 von Edwin Hubble als der nächste Nachbar unserer Milchstraße identifiziert.*

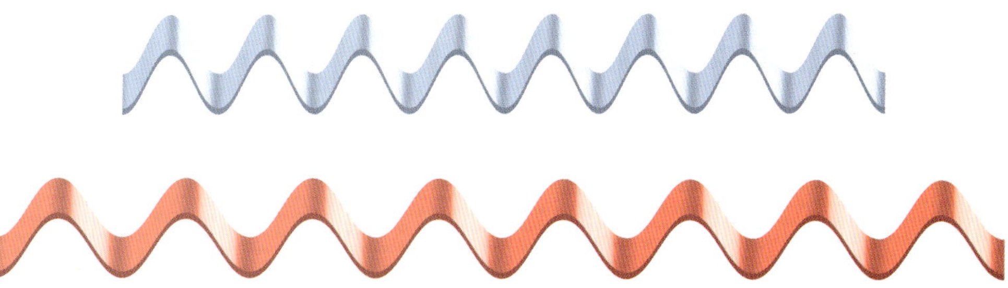

Edwin Hubble – Das Schwergewicht

Edwin Powell Hubble wurde 1889 in Marchfield, Missouri, als Sohn eines örtlichen Rechtsanwaltes geboren. 1910 schloß er das Studium der Rechtswissenschaften und der Astronomie an der Universität von Chicago ab. Er zeichnete sich ebenfalls als Schwergewichtsboxer aus, lehnte aber das Angebot ab, Profiboxer zu werden. Später hatte er einen Schaukampf mit dem französischen Weltmeister Georges Carpentier.

1913 arbeitete Hubble für einige Monate als Rechtsanwalt, doch er kehrte zur Astronomie zurück. Seine historische Karriere begann er 1919, nachdem er im 1. Weltkrieg als Major in Frankreich gedient hatte.

unserer Milchstraße sehr ähnlich mit etwa 200 000 Sternen.

Bald darauf zeigten weitere Beobachtungen, daß bestimmte andere Nebel Sterne enthalten und ebenfalls Galaxien sind. Plötzlich erkannten die Astronomen, daß das Universum viel größer ist, als sie glaubten. Es war jedoch noch eine andere Überraschung parat.

Galaxien auf der Flucht

Im Jahr 1914 sah Vesto M. Slipher, daß Licht entfernterer Sterne rötlicher aussah. Hubble erkannte, daß dies von der Expansion des Universums herrühren könnte.

Die Wellenlänge des Lichts, der Abstand zwischen zwei aufeinanderfolgenden Wellenbergen, wächst im Raum, weil das Universum sich ausdehnt. Je größer die Wellenlänge, desto röter das Licht. Der Anstieg in der Röte zeigt, um wieviel sich die Wellenlänge vergrößert hat – wie weit sich das Weltall ausgedehnt hat –, seitdem das Licht ausgesandt wurde. Das Maß der Ausdehnung des Universums sieht wie eine Geschwindigkeit aus: Je weiter entfernt ein Objekt ist, desto weiter hat sich der dazwischenliegende Raum ausgedehnt und desto schneller scheint das Objekt zu entfliehen. Indem Hubble die Geschwindigkeit von 24 Galaxien gegenüber dem Abstand auftrug, fand er eine gerade Linie, das Hubblesche Gesetz, das den Weg zur Einschätzung des kosmischen Alters aufzeigt (vgl. S. 138).

In den folgenden Jahren erweiterten Hubble und sein Assistent Milton Humason ihre Vermessungen unter Benutzung des von Hubble bereits vorher verwendeten 100-Inch-Mount-Wilson-Teleskops in Pasadena, Kalifornien. 1935 hatten sie Galaxien kartografiert, die 100 Millionen Lichtjahre entfernt sind, in viel größerer Entfernung als im Jahr 1900 die Ausdehnung des Weltalls angenommen wurde.

Die Kosmologie, die Wissenschaft zum Verständnis des Universums, wurde 1927 durch einen belgischen Priester und Astronomen revolutioniert, der die erste moderne Hypothese der Schöpfung aufstellte. Unterstützt durch Hubbles Entdeckung des expandierenden Weltalls, entstand schließlich die Idee des „Urknalls".

Ein Tag ohne Gestern

In der Zeit zurückzeigen

Es fällt schwer, sich vorzustellen, daß das Genie Albert Einstein einen monumentalen Fehler gemacht hat, im Jahr 1917, als er seinen bekannten Artikel „Kosmologische Betrachtungen zur allgemeinen Relativitätstheorie" veröffentlichte. Seine Berechnungen zeigten, daß das Universum durch die Gravitation in einen geschlossenen vierdimensionalen Raum mit einem Durchmesser von etwa 100 Millionen Lichtjahren gekrümmt wird.

Einsteins mathematisches Modell des Universums hatte eine störende Eigenschaft – die Objekte darin bewegten sich auseinander oder stürzten aufeinander zu. Hubbles spätere Entdeckung war im Widerspruch zu Einsteins Überzeugung. Wie die meisten Wissenschaftler seiner Zeit glaubte er, das reale Universum sei statisch und unveränderlich. Um die Bewegungen der Galaxien zu unterdrücken, fügte er seiner Gleichung einen zusätzlichen Ausdruck bei, den er „kosmologische Konstante" nannte, de facto eine Kraft, die entgegen der Gravitation wirkt.

Einsteins großer Fehler

Der zusätzliche Ausdruck, den Einstein einfügte, war ein mathematischer Schwindel. Ein fiktiver Antigravitationsmechanismus, der Materie auseinanderdrückte und nicht zusammenzog. Obwohl dadurch seine Ergebnisse zu dieser Zeit konventioneller aussahen, gefiel ihm diese kosmologische Konstante nie. Sie zerstörte die formale Schönheit der Gleichungen, die immer ein wesentlicher Aspekt seiner Arbeit waren. Später schätzte er die kosmologische Konstante als „den größten Fehler in meinem Leben" ein. Wenn Einstein akzeptiert hätte, was seine schönen Gleichungen ihm sagten, dann hätte er das expandierende Weltall mehr als ein Jahrzehnt vor Hubbles Entdeckung vorausgesagt.

Monsieur L' Abbé – George Lemaître

George Lemaître wurde 1894 in Charleroi, Belgien, geboren. Nach dem Armeedienst im 1. Weltkrieg erreichte er rasch zwei ehrgeizige Ziele. Nachdem er sehr schnell die Promotion in Mathematik erhielt (1920), trat er einem Priesterseminar bei und wurde 1923 ordiniert. Danach kehrte er unter Sir Arthur Eddington nach Cambridge zur astrophysikalischen und kosmologischen Forschung zurück.

Lemaîtres revolutionäre Ideen wurden 1933 als eine Sammlung von Aufsätzen publiziert. Er wurde ein gefeierter Wissenschaftler, scheute aber das Rampenlicht und verbrachte den Rest seines Lebens mit dem Studium anderer Forschungsprobleme. Insbesondere nahm er an, daß die kosmischen Strahlen seine Theorie beweisen und ihren Ursprung im Urknall haben.

1965 erlitt er einen Herzanfall, von dem er nicht wieder genas. Und während er im Krankenhaus lag, erhielt er die erste Juliausgabe des *Astrophysical Journal*, das über die Entdeckung einer kosmischen Untergrundstrahlung (vgl. S. 100) berichtete, wodurch die Urknallidee bestätigt wurde. Er starb 1966 im Alter von 72 Jahren.

Im Jahr 1917 legte der holländische Astronom Willem de Sitter eine Lösung der Einstein-Gleichung vor. Unter Beibehaltung der falschen kosmologischen Konstante kam er zu einem Ergebnis, das absurd erschien: Das Universum von de Sitter war leer und konnte nur so lange statisch bleiben, wie es keine Materie enthielt. Wenn Objekte, wie zwei Galaxien, in das Modell eingefügt wurden, begannen diese auseinanderzufliegen.

Von 1922 bis 1924 entwickelte der sowjetische Mathematiker und Meteorologe Alexander Friedmann einige unterschiedliche Lösungen zur Einsteinschen Relativitätsgleichung unter Weglassung der kosmologischen Konstante. All diese Lösungen zeigten ein expandierendes Weltall. Er machte darauf aufmerksam, daß Einstein einen mathematischen Fehler gemacht hatte, indem er durch eine Zahl dividierte, die Null werden kann, und dadurch zum Ergebnis der Unendlichkeit führen könnte.

Der relativ unbekannte Friedmann war so mutig, an Einstein zu schreiben und auf den Fehler aufmerksam zu machen. Der weltberühmte Wissenschaftler war so demütig anzuerkennen, daß Friedmann recht hatte. Der russische Wissenschaftler lebte jedoch nicht lange genug, um den schließlichen Triumph seiner Ideen zu sehen. Er starb 1925 im Alter von 37 Jahren an Typhus.

Das Uratom

1927 präsentierte George Lemaître eine Theorie des expandierenden Weltalls, das einen Anfang in der Zeit hatte – „ein Tag ohne Gestern", wie er es nannte. Obwohl er Friedmanns Arbeit offensichtlich nicht kannte, behauptete er, daß das Universum in einem Urknall geboren wurde. Seine Idee wurde in einer wenig gelesenen belgischen Zeitschrift veröffentlicht und blieb bis zu Hubbles Entdeckung des expandierenden Univerksams unbeachtet.

Lemaître behauptete, daß das ursprüngliche Universum ein hochkomprimierter Zustand der Materie gewesen sei, den er „Uratom" nannte. Obwohl seine Idee in verschiedenen Aspekten von der modernen Kosmologie abweicht, gilt er zurecht als der Vater der Theorie des Urknalls.

Anfangs setzte sich die Idee des Urknalls nicht durch. Das bevorzugte Bild war das eines Universums in gleichbleibendem Zustand, in dem Materie immer wiederkehrend entsteht. Das Urteil kam 1965, als ein schwaches, aber beständiges Radiorauschen den Wissenschaftlern anzeigte, daß sie dem entfernten Echo des Urknalls lauschten.

Durchbruch der Urknallhypothese

Den Urknall akzeptieren

Die moderne Version von Lemaîtres Idee einer riesigen Urexplosion wurde Ende der 40er Jahre von dem exzentrischen Physiker George Gamov (ehemaliger Student von Alexander Friedmann) ausgearbeitet, mit Unterstützung von Ralph Alpher und Robert Herman.

Gamov und seine Kollegen waren darauf aufmerksam geworden, daß Protonen und Neutronen zusammengeklebt hätten, um die Atomkerne zu formen, wenn das ursprüngliche Universum ein dichter Feuerball gewesen wäre. Anfangs glaubten sie, daß alle möglichen Atomkerne auf diese Weise gebildet wurden. Doch die Berechnungen zeigten, daß die nukleare Produktionskette des Uruniversums bei Helium abgebrochen wäre, das ein extrem stabiler Kern mit zwei Protonen und zwei Neutronen ist, die sehr fest zusammengehalten werden. So hätte also das Universum innegehalten, nachdem es das Helium geschaffen hat.

Heliumproblem

Das Urhelium, das in den Sternen eingeschlossen ist, ist immer noch einer der wesentlichen Bausteine des Universums. Es macht ungefähr ein Viertel des Gesamtgewichts aus. Auf der Erde werden nur Spuren von Helium gefunden, und das Element wurde erst im 19. Jahrhundert durch die Untersuchung des Sonnenlichts entdeckt. Der

▶ *Den Urknall hören: Arno Penzias (links) und Robert Wilson besuchen die Geweihantenne an den Bell Laboratories wieder, wo sie 1964 zufällig das schwache Rauschen der kosmischen Untergrundstrahlung in allen Richtungen des Raumes nachwiesen. Ihre Entdeckung war ein starker Beweis für die Urknall-Theorie und ist einer der Meilensteine der Wissenschaft des 20. Jahrhunderts.*

Name kommt daher vom griechischen Wort „Helios", das „Sonne" bedeutet.

1948 publizierte Gamov seine Arbeit, die schließlich als Bild vom Urknall bekannt wurde. Fred Hoyle, Hermann Bondi und Thomas Gold, die im 2. Weltkrieg in England an der Radarentwicklung zusammengearbeitet hatten, entwickelten zur gleichen Zeit eine völlig andere Idee. Das Universum mußte

sich ausdehnen, sie wiesen jedoch die Idee einer Anfangsexplosion zurück. Sie sagten, das Universum sei immer in einem gleichmäßigen Zustand ohne Anfang und Ende gewesen. Sie vermuteten, daß neue Materie (in Form von Wasserstoffgas) kontinuierlich im Raum zwischen den Galaxien gebildet wird, wenn sie sich auseinanderbewegen. Die beiden Theorien waren für mehr als 10 Jahre unvereinbar.

Anfang der 1960er zeige eine detaillierte Analyse des Sternenlichts, daß etwa 75% des Universums aus Wasserstoff und fast der gesamte Rest aus Helium besteht. Die Anwesenheit von so viel Helium gegenüber so wenig anderen Kernen war auf der Grundlage des unveränderlichen Bildes schwer zu erklären. Das Heliumergebnis unterstützte die Urknall-Hypothese.

Reststrahlung

Gamov war klar, daß die Hitze des Urknalls immer noch verblieben sein sollte. Diese Strahlung wäre jedoch durch die Ausdehnung des Universums so weit auseinandergezogen und abgeschwächt, daß sie als sehr kalt erscheinen würde, nur einige Grad über dem absoluten Nullpunkt, dem Punkt, an dem Atome aufhören, sich zu bewegen. Diese kalte kosmische Untergrundstrahlung sollte nachweisbar sein, wie er sagte.

Diese Voraussage war für mehr als 15 Jahre vergessen worden. Im Jahr 1964 begann eine Gruppe von Physikern aus Princeton, die von Robert Dicke geleitet wurde, in ähnliche Richtung zu denken, und baute ein Radioteleskop, um die Untergrundstrahlung zu suchen. Obwohl ihre Theorie geringfügig anders war, erfanden sie Gamovs Ergebnis nach. Ein schwaches, kaltes Glimmen wäre alles, was vom ursprünglichen Feuerball verblieb.

Während Dicke und seine Gruppe ihre Untersuchung vorbereiteten waren Arno

◀ *Eine Erfindung wird bekannt:* Am 21. Mai 1965 brachte die New York Times *auf ihrer Titelseite die Ankündigung, daß „Wissenschaftler der Bell Laboratories das beobachtet haben, was eine Gruppe an der Princeton University für Restsignale der Explosion hält, die die Geburt des Universums darstellte".*

Penzias und Robert Wilson in den Bell Laboratories, New Jersey, damit beschäftigt, eine Geweihantenne zu installieren, die zum Empfang der Signale von *Telstar* (erster transatlantischer Fernseh- und Nachrichtensatellit) dienen sollte, die sie jedoch für Radioastronomie nutzten. Penzias und Wilson wußten nicht von Gamovs Voraussage und waren an der Geburt des Universums nicht sonderlich interessiert.

Sie zerbrachen sich den Kopf über ein schwaches Radiorauschen, oder „Zusatzstörung" genannt, das immer vorhanden war. Dieses Rauschen war im Mikrowellenteil des Spektrums mit Wellenlängen kürzer als Radiowellen aber länger als Infrarot. Es entsprach einer Temperatur von nur wenigen Grad über dem absoluten Nullpunkt und war immer dasselbe, unabhängig von der Position der Antenne. Nachdem sie ihre Ausrüstung gereinigt hatten und selbst den Kot zweier nistender Tauben beseitigt hatten, bemerkten sie, daß die Mikrowellenstrahlung offenbar vom äußeren Weltraum her kam.

Da sie von Dickes Projekt gehört hatten, nahmen Penzias und Wilson mit der Gruppe von Princeton Kontakt auf. Diese erkannte sofort die Bedeutung der Entdeckung. Die beiden Gruppen diskutierten ihre Ergebnisse, und ihre Artikel wurden im *Astrophysical Journal* gleichzeitig publiziert. Penzias und Wilson erhielten 1978 den Nobelpreis für Physik.

Alpher, Bethe, Gamov

Gamov wurde 1904 in Rußland geboren und kam 1933 in die USA. Er befaßte sich sowohl mit der Grundlagenforschung als auch mit dem Schreiben einer Serie von Wissenschaftsbüchern, bei denen „Mr. Tompkins" die gedankenverlorene zentrale Figur war. Als erfindungsreicher Kopf nannte er das ursprüngliche Material des Universums „ylem", hergeleitet vom griechischen Wort für „ursprüngliche Materie".

Während er mit seinem Studenten Ralph Alpher in Washington in der Mitte der 40er Jahre zusammenarbeitete, hörte er, daß der deutsche Physiker, Hans Bethe, in New York angekommen war. Gamov lud ihn ein, Koautor eines berühmten Artikels über Kernumwandlungen zu werden. Dieser Artikel wurde bekannt als „Alpher, Bethe, Gamov", in Anspielung auf die ersten drei Buchstaben des griechischen Alphabets.

Nach dem Anfangserfolg bekam die Urknallidee ernsthafte Schwierigkeiten. Die Bildungsbedingungen hatten sehr speziell zu sein. Es war nicht irgendein alter Knall. Ein grundlegendes Überdenken brachte die Vorstellung viel näher an den Zeitpunkt Null heran und führte zu neuen Verbindungen zwischen Kosmologie und Teilchenphysik.

Ein sehr spezieller Knall

Die rechten Anfangsbedingungen finden

Während seiner gesamten Geschichte hat sich das Universum nach außen verschoben gegen die nach innen ziehende Gravitation seiner eigenen Masse. In vergleichbarer Weise haben wir ständig gegen die Gravitation der Erde anzukämpfen. Die einzige Möglichkeit, der Gravitation zu entfliehen, ist zu springen. Wenn ein Sprung stark genug ist, dann hat ein Objekt genug Energie, in den Weltraum zu segeln. Ist der Sprung zu schwach, dann fällt das Objekt zurück. Bei einem fein abgestimmten „kritischen" Sprung entweicht das Objekt nicht vollständig, sondern bleibt in einer Umlaufbahn gefangen.

Die Kraft des Urknalls lieferte dem Universum einen Sprung. Wenn diese Kraft größer als das kritische Niveau war, dann wäre das Universum „offen" und würde sich ewig ausdehnen, wobei die Galaxien sich mehr und mehr voneinander entfernten. Wenn der Urknall andererseits unterkritisch gewesen wäre, mit zu wenig Kraft, um die Gravitation zu überkommen, dann wäre das Universum „geschlossen" und würde schließlich in einem großen „Zermahlen" kollabieren – dem Urknall rückwärts.

Da dies nicht eingetreten ist, obwohl unser Universum seit etwa 15 Milliarden Jahren existiert (vgl. S. 138), ist zu vermuten, daß wir sehr dicht am kritischen Niveau sind. Dies bedeutet, die Urknallbedingungen müssen daskritische Niveau mit einer Genauigkeit von 50 Dezimalstellen ausbalanciert haben. Etwas weniger, und das Universum hätte sich schon längst außer Sichtweite ausgedehnt; etwas mehr, und es wäre schon lange in sich selbst zusammengefallen.

Entfernte Horizonte

Ein anderes Problem des Urknalls war die unheimliche Gleichförmigkeit der Hintergrundstrahlung. In guter Mittelung hat diese in allen Teilen des Himmels die gleiche Temperatur. Zu jeder beliebigen Zeit in der Geschichte des Universums gibt es eine Grenze, die Horizontentfernung, bis zu der sich das Licht seit dem Urknall bewegt haben kann. Für uns markiert dieser Horizontabstand die Grenze des beobachtbaren Universums. Und dahinter liegt weiteres Universum, das wir noch nicht gesehen haben – sein Licht ist noch auf dem Weg zu uns.

Wenn man in der Zeitskala zurückgeht, dann wird dieser Horizont enger, weil das Licht weniger Zeit hatte, sich auszubreiten. Zum Zeitpunkt des Entweichens der Untergrundstrahlung waren die gegenwärtig entgegengesetzten Seiten des Himmels von mehr als 90 Horizontabständen getrennt. Weil diese Strahlung „weiß", daß sie überall nahezu dieselbe Temperatur hat, muß sie entweder mit der unmöglichen Geschwindigkeit von 100mal der Lichtgeschwindigkeit miteinander in Wechselwirkung getreten sein, oder etwas anderes hat sich ereignet.

1978 hörte Alan Guth, ein junger amerikanischer Teilchenphysiker, der an der Cornell-Universität arbeitete, einen Vortrag von Robert Dicke über den Urknall. Zu dieser Zeit wußte Guth wenig über Kosmologie. Sein Interesse galt einer einzigen „Großen Vereinheitlichten Theorie" (vgl. S. 84). Nach diesem Vortrag begann er, über die Auswirkungen dieser Idee für die Kosmologie nachzudenken.

Guth erkannte, daß das frühe Universum eine Serie von sogenannten Phasenübergängen

▶ *Lichtkegel (rechts): Wenn man entlang eines Lichtstrahls von einem beliebigen Punkt aus zurückschaut, dann ergibt das das größte Raumgebiet, das mit einem Beobachter verbunden werden kann. Dieses Raumgebiet wird durch „Lichtkegel" illustriert, die zeigen, daß die entfernten Gebiete zu weit voneinander entfernt sind, um in der Vergangenheit verbunden worden zu sein, und sich nicht gegenseitig beeinflußt haben können, weil der Urknall nicht unendlich lang zurückliegt.*

▼ *Aufpumpen: Eine Quantenblase schafft Raum in einem supergekühlten Universum und dehnt sich millionenmal schneller aus als die Lichtgeschwindigkeit ist. Am Ende des Aufpumpens wird die Überschußenergie in den Raum abgegeben, wodurch das Universum wieder aufgeheizt wird und neue Materie entsteht.*

Die spektakuläre Erkenntnis von Alan Guth

Alan Guth, Professor am Massachusetts Institute of Technology, wurde 1947 geboren. Die Idee des Aufpumpens „schien mir geradezu in den Schoß zu fallen", sagte er; „alle bedeutende Information war vorhanden". Am 6. Dezember 1979 kam er von der täglichen Arbeit am Linearbeschleuniger-Zentrum Stanford nach Hause und führte weitere Berechnungen durch. Am nächsten Morgen eilte er zurück an die Arbeit und schwenkte ein rotes Notizbuch, das mit Aufzeichnungen gefüllt war. Über der Seite stand die Überschrift: „spektakuläre Erkenntnis". Es war jene Art von Durchbruch, von der jeder Wissenschaftler träumt.

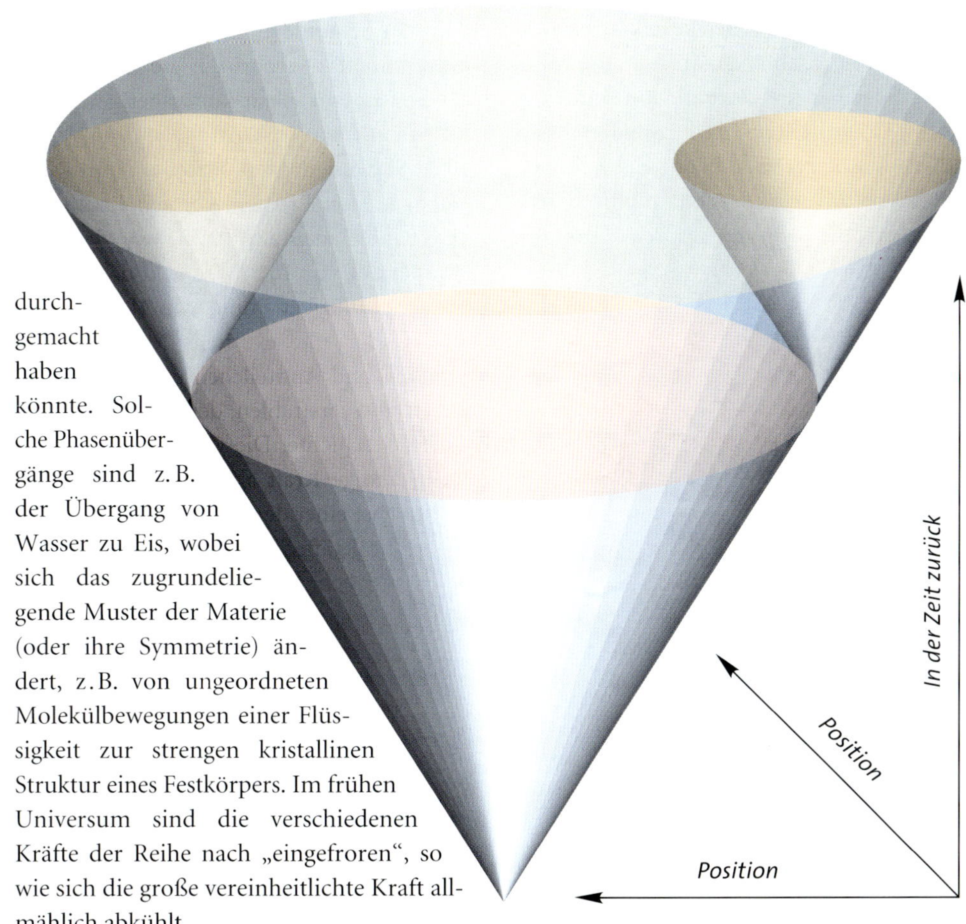

durchgemacht haben könnte. Solche Phasenübergänge sind z.B. der Übergang von Wasser zu Eis, wobei sich das zugrundeliegende Muster der Materie (oder ihre Symmetrie) ändert, z.B. von ungeordneten Molekülbewegungen einer Flüssigkeit zur strengen kristallinen Struktur eines Festkörpers. Im frühen Universum sind die verschiedenen Kräfte der Reihe nach „eingefroren", so wie sich die große vereinheitlichte Kraft allmählich abkühlt.

Phasenübergänge geschehen normalerweise rasch. Wenn Wasser jedoch langsam und gründlich genug abgekühlt wird, dann kann es auch noch bei 20 Grad unter dem Gefrierpunkt flüssig bleiben. Dieser Zustand wird „Superkühlung" genannt. Ähnliches kann das frühe Universum erfahren haben, wo neue Kraftbedingungen bei bestimmten Niveaus „eingefroren" wurden, aber die alten Bedingungen in irgendeiner Weise noch fortwirkten.

Die Phasenübergänge des frühen Universums geschahen jedoch auch sehr schnell. Innerhalb von 10^{-35} Sekunden hat sich der Massepunkt des Universums unter 10^{-17} Grad abgekühlt. Es ist anzunehmen, daß die starke Kernkraft „ausgefroren" ist, aber das Universum, oder ein Teil davon, verblieb im früheren Zustand mit seiner zugrundeliegenden Symmetrie supergekühlt.

Eine kleine Quantenblase (vgl. S. 36) konnte in das umgebende Vakuum aussickern. Sowie diese spezielle Blase sich ausdehnte, schuf sie einen neuen Raum mit eigener Energiedichte, wobei sie versuchte, die anhaltende Energieakkumulation abzuschütteln, und sich schneller ausdehnte als alles andere im Universum, selbst schneller als Licht. Dieser Effekt, den Guth „Aufpumpen" nannte, lies die Blase um einen Faktor von 10^{50} wachsen, wobei sich ihr Durchmesser in jeweils 10^{-34} Sekunden verdoppelte. Die kleine unbedeutende Blase entwickelte sich in das bei weitem größte Objekt.

Schließlich „erinnerte sich" die supergekühlte Region der starken Kräfte daran, daß sie instabil ist, und die Region fror aus. Die angesammelte Überschußenergie wurde entladen, wodurch das Universum auf 10^{27} Grad wiedererwärmt wurde. Und viel mehr Teilchen entstanden. Danach kehrte das Universum zu der viel langsameren Expansion des Urknalls zurück, und frische Zustände des Einfrierens liesen den heutigen Entwicklungszustand des Universums entstehen.

Das plötzliche Anschwellen des Aufblasens verwischte in magischer Weise das Puzzle der Kosmologie des Urknalls. Das sichtbare Universum entfaltete sich aus einem winzigen Raumgebiet, wo die Energie gleichmäßig verteilt war. Alle Teile dieses „Minihimmels" waren in der Größenordnung der Lichtwellenlänge, bevor sie irreversibel auseinandergesprengt wurden. Die Dichte des Universums wurde schnell auf das „feineingestellte" kritische Niveau gebracht, in dem es seitdem ist.

Doch dieses neue Bild des Aufpumpens hat noch einen Schwachpunkt, der manchmal das „anmutige Ausgangsproblem" genannt wird. Der sowjetische Kosmologe Andrej Linde entwickelte eine andere Idee, derzufolge mit gewisser Wahrscheinlichkeit Quantenfluktuationen Energiekonzentrationen entstehen lassen, die entgegen der Gravitation wirken und das Universum auseinandertreiben. Solches „chaotisches" Aufpumpen kann immer wieder auftreten und dazu führen, was Linde „ewig existierende Selbstreproduktion des chaotischen Aufpumpens des Universums" nennt.

10⁻⁴³ Sekunden: Die Gravitation wird als Kraft abgespalten.

10⁻³² Sekunden: Das Aufpumpen endet; die Expansion des Urknalls hält an.

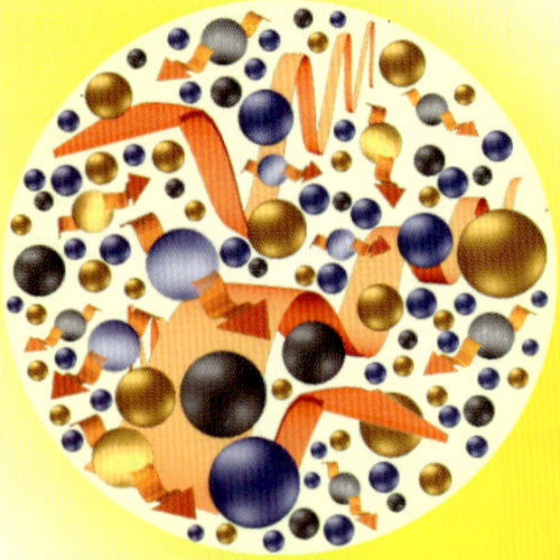

10⁻¹¹ Sekunden: Die elektrisch schwache Wechselwirkung spaltet sich in Elektromagnetismus und schwache Wechselwirkung auf.

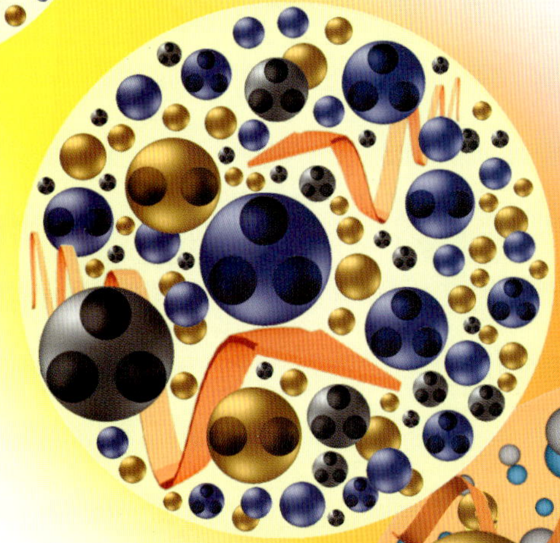

Schlüssel

Exotische Teilchen

Photonen

Quarks

Elektronen

W-Teilchen

Z-Teilchen

Mesonen

Neutronen

Protonen

Kerne

Atome

Positiv geladene Teilchen werden blau, negativ geladene Teilchen gelb und neutrale Teilchen grau dargestellt. Sobald Quarks Protonen, Neutronen und Mesonen bilden, werden sie unsichtbar und werden in späteren Phasen daher nicht gezeigt.

Die größte je aufgetretene Explosion

Der Urknall

Unser Universum wurde vor etwa 15 Milliarden Jahren in einer gigantischen Explosion geboren, dem Urknall. Ein winziger Punkt superdichter und unvorstellbar heißer Materie zerbarst in einer gewaltigen Energieexplosion und schuf dadurch das Universum, das sich immer noch ausdehnt.

Die erste Sekunde im Leben des Universums bestimmte das Szenario. Diese Anfangsepoche war unvorstellbar kurz, aber gefüllt mit bedeutenden kosmischen Ereignissen.

10^{-43} Sekunden: Die Aktion beginnt. Nach einem kurzen Prolog beginnen Raum und Zeit, eine Bedeutung zu haben. Bei einer Temperatur von 10^{32} Grad geht das Universum, ein winziger Punkt von 10^{-32} Durchmesser, der eine exotische Mischung von Teilchen und Antiteilchen enthält, die entstehen und zerstrahlen, den ersten Schritt in seiner Geschichte. Die Gravitation wird als eigenständige Kraft abgespalten. Diese Abspaltung ist einer der „Phasenübergänge", in denen die Kräfte des Universums aus einer einheitlichen Kraft mit dem Sinken der Temperatur „ausfrieren".

10⁻⁴ Sekunden: Quarks lagern sich zusammen, um Protonen und Neutronen zu bilden.

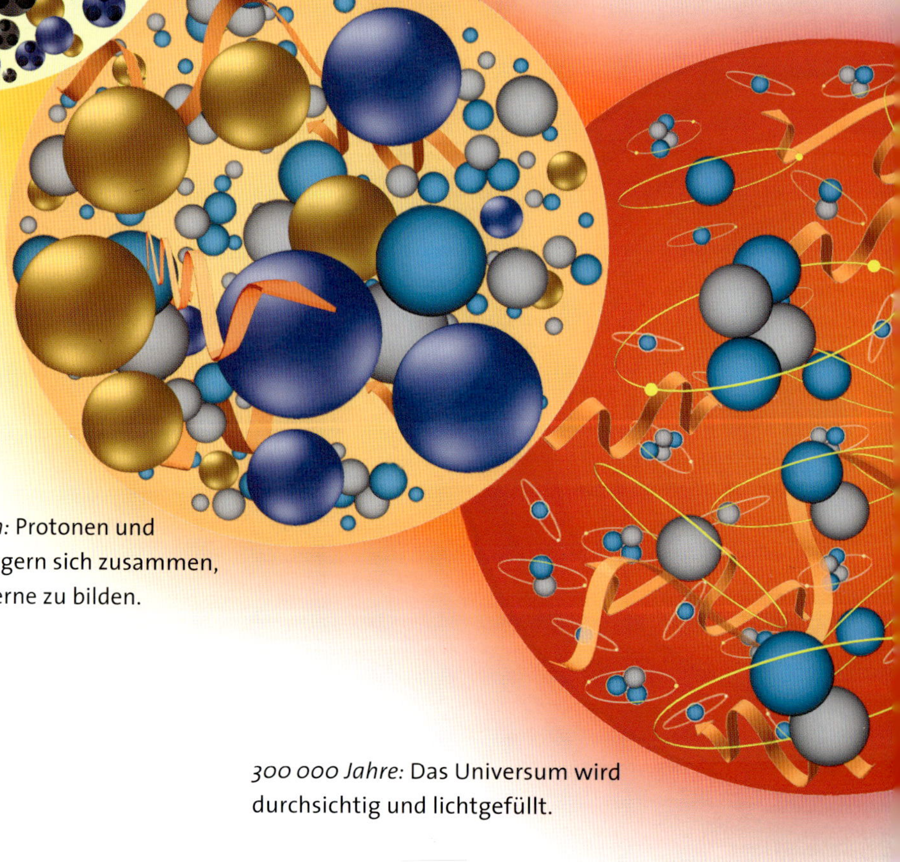

100 Sekunden: Protonen und Neutronen lagern sich zusammen, um Heliumkerne zu bilden.

300 000 Jahre: Das Universum wird durchsichtig und lichtgefüllt.

10^{-35} **Sekunden: Das Aufpumpen beginnt.** So wie die starke Wechselwirkung ausfriert, dehnen sich Quantenblasen in das umgebende Vakuum aus. Eine Blase expandiert mit enormer Geschwindigkeit. Im Inneren erreicht unser sichtbares Universum etwa die Größe eines Tennisballs. Alle Kräfte (ausgenommen die Gravitation) sind immer noch vereinheitlicht. Doch das symmetrische Vakuum „erkennt" plötzlich, daß es instabil ist und seine Energie ausgießt, wodurch mehr Teilchen entstehen und die starke Wechselwirkung ausfriert (vgl. S. 102).

10^{-11} **Sekunden: Die Abspaltung der elektrisch schwachen Wechselwirkung.** Die Temperatur sinkt unter 10^{15} Grad einen weiteren Gefrierpunkt. Die elektrisch schwache Wechselwirkung spaltet sich in Elektromagnetismus und schwache Wechselwirkung in einem symmetrischen Aufspaltungsprozeß auf (S. 66). Die Träger der schwachen Wechselwirkung, W und Z, sind schwer, während das Photon, der Träger des Elektromagnetismus, keine Masse hat.

10^{-6} **Sekunden: Das Massaker der Quarks.** Quarks und Antiquarks sind herumgeflogen, entstanden, annihilierten miteinander und wechselwirkten mit anderen

Teilchen. Als sich das Universum auf 10^{13} Grad abkühlt, ist nicht mehr genug Energie für die Entstehung von Quarks vorhanden. Die existierenden Paare von Quarks und Antiquarks zerstrahlen weiterhin, und es sieht so aus, als würden die Quarks für immer verschwinden.

10^{-4} **Sekunden: Baryonen entstehen.** Das Universum ist etwa bis auf die Große unseres Sonnensystems angewachsen. Als die Temperatur sinkt, endet die Annihilation der Quarks, und die verbliebenen Quarks lagern sich zur Bildung von Protonen und Neutronen zusammen.

1 Sekunde: Das große Entweichen der Neutrinos. Die Neutrinos, die nur die schwache Wechselwirkung spüren, waren bisher sehr aktiv. Doch jetzt ist die schwache Wechselwirkung so schwach geworden, daß die Neutrinos praktisch nicht mehr gehalten werden und davonfliegen. Sie sind immer noch in gewaltiger Anzahl „da draußen".

100 Sekunden: Die ersten Elemente. Protonen und Neutronen kommen plötzlich zusammen, um die Heliumkerne zu formen. In den nächsten etwa 100 000

Jahren ereignet sich nicht viel. Wasserstoff, Helium und die Spuren einiger anderer leichter Kerne, die mit Elektronen und Strahlung vermischt sind, kühlen sich allmählich auf etwa die Temperatur eines Stahlhochofens ab.

300 000 Jahre: Das Universum wird erleuchtet. Die Elektronen werden an die Atomkerne gebunden. Die erste Atommaterie wird geboren. Die Strahlung ist nicht mehr stark genug, um Atome aufzubrechen, und wird nicht mehr automatisch absorbiert. Das Universum wird transparent und mit Licht durchflutet.

1 Milliarde Jahre. Während die Galaxien geformt werden, entwickelt sich das Universum in die Richtung der vertrauten Gestalt.

15 Milliarden Jahre. Heutiges Universum.

1 Milliarde Jahre: Galaxien bilden sich.

15 Milliarden Jahre: Heute.

Sterne – winziger leuchtender Flitter auf dem kalten dunklen Gewebe des Universums – werden geboren, wenn Gas- und Nebelwolken durch die Gravitation im interstellaren Raum zusammengezogen werden. Erst von 1930 an, als entdeckt wurde, wie der Atomkern funktioniert, verstanden die Astrophysiker, was die Sterne scheinen läßt.

Der sternengesprenkelte Himmelsgrund

Die Kernphysik erklärt die Sterne

Die im Himmel funkelnden Sterne scheinen für die Ewigkeit zu sein. Doch auf der gewaltigen Zeitskala des Universums haben sie eine begrenzte Lebensdauer. Wenn ihr Kernbrennstoff aufgebraucht ist, dann erlöschen manche langsam, und andere erleiden einen gewaltsamen Tod. Am Ende des 19. Jahrhunderts vermuteten William Thomson (Lord Kelvin) in Schottland und Hermann von Helmholtz in Deutschland, daß ein Stern aus einer Gaswolke besteht, die unter ihrer eigenen Gravitation kontrahierte, sich durch die Reibung aufheizte und schließlich leuchtend wurde. Doch auf diese Weise könnte die Sonne nur für etwa 20 Millionen Jahre leben. Diese Vorstellung ist mit der geologischen Geschichte der Erde nicht vereinbar, wo die Zeiträume in Milliarden Jahren gemessen werden. Wenn die Sonne mindestens so alt wie die Erde ist, woher kommt dann ihre andauernde Energie?

30 Jahre später vermutete der britische Astronom Arthur Eddington, daß die Sonne ihre Energie durch Verbrennen von Wasserstoff zu Helium erhält, konnte dies aber nicht erklären. Dies gelang 1930 zwei deutschen Physikern, Hans Bethe, der in den USA arbeitet, und Carl von Weizsäcker. Zum Verständnis der Sterne waren die neuen Erkenntnisse der Kernphysik notwendig.

Der innere Ofen eines Sternes wie der Sonne wird durch einen sehr komplizierten und seltenen Kernfunken entzündet. Ein durchschnittlicher stellarer Wasserstoffkern (Pro-

▶ *Der rote Superriese im Orion: Es gibt verschiedene rote Superriesen, Sterne, die angeschwollen und in die letzte Phase getreten sind. Einer davon ist Betelgeuse in der linken Schulter des Orion-Jägers (hier in verstärkter Abbildung wiedergegeben), der etwa 1 000mal größer und 60 000mal heller als die Sonne ist.*

Arthur Eddington – Einstein bestätigt

Der britische Physiker und Astronom Sir Arthur Eddington (1882–1944) erkannte als einer der ersten die Bedeutung von Einsteins Relativitätstheorie. Er plante eine Expedition, um die Sonnenfinsternis 1919 zu beobachten, die nur in den Tropen sichtbar war. Die Beobachtung zeigte, daß Licht von entfernten Sternen durch die Gravitation gebeugt wurde, und brachte Einsteins Namen in die Schlagzeilen.

▲ *Weißer Zwerg im Helix-Nebel: Die Astronomen haben etwa 1 600 Sternennebel kartografiert, sphärische Gasmuscheln, die gebildet werden, wenn sterbende sonnenartige Sterne ihre Außenhülle in den Raum abgeben. Der größte und schönste Nebel ist der Helix-Nebel, der etwa 500 Lichtjahre entfernt im Sternbild Wassermann liegt. Der Helix-Nebel dehnt sich mit einer Geschwindigkeit von etwa 30 km/h aus. Die periphäre Gaswolke wird durch die ultraviolette Strahlung eines sehr heißen weißen Zwerges erleuchtet, einem Überbleibsel des ursprünglichen Sterns im Zentrum des Nebels.*

ton) springt Milliarden Jahre umher, bevor er endlich die Abstoßung eines anderen Protons überwinden kann und damit fusioniert unter dem sanften Einfluß der schwachen Wechselwirkung (vgl. S. 48). Da in den Sternen eine gewaltige Menge von Wasserstoff enthalten ist, treten nach den Gesetzen der Wahrscheinlichkeit viele solcher Wechselwirkungen auf. Nach einigen weiteren Fusionsprozessen entsteht Helium, wobei jeder Heliumkern leichter ist als die Summe der Einzelteile. Diese Massendifferenz wird im Inneren der Sterne als Energie $E = mc^2$ freigesetzt (vgl. S. 40), die als Strahlung aus der Oberfläche austritt.

Der nach außen wirkende Druck dieses „Sternenlichts" wirkt entgegen der nach innen gerichteten Gravitation. Und solange der Stern Wasserstoff zum Verbrennen hat, ist er stabil. Wenn der Brennstoffvorrat verbraucht ist, geht der innere nukleare Ofen aus, und der Druck sinkt. Die Gravitation wirkt ungebremst, der Stern beginnt zu kollabieren.

Die Sonne, die vor etwa 4,6 Milliarden Jahren geboren wurde, verbrennt in jeder Sekunde etwa 1 Milliarde Tonnen Wasserstoff zu Helium. Doch sie wird noch genauso lange leben, bevor der Brennstoff ausgeht.

Rote Riesen, weiße Zwerge

Der Untergang eines Sternes wird durch seine Masse bestimmt. Wenn ein Stern durchschnittlicher Größe – wie die Sonne – zu kollabieren beginnt, dann wird sein zusammengepreßter Kern heißer und entzündet die „Heliumasche" des ursprünglichen thermonuklearen Ofens zum Verbrennen zu Kohlenstoff. Die zusätzliche Hitze drückt die umgebende Gashülle zurück, wodurch der Stern hundertemal größer wird als zuvor. Da die Strahlungsenergie nun über eine viel größere Oberfläche verteilt ist, wird der Stern zum „roten Riesen".

Wenn dessen Kernbrennstoff verbraucht ist, wird die äußere Hülle eines roten Riesen vom Wind aus dem Sterninneren weggeblasen, wodurch Millionen Tonnen Material in den Raum gelangen und eine riesige leere Gasmuschel bilden, die planetarer Nebel genannt wird. Im Zentrum des Nebels schrumpft der verbliebene Stern zum „weißen Zwerg", der etwa die Größe der Erde hat, aber 1 Million mal schwerer ist.

Vor einem weiteren Schrumpfen wird der weiße Zwerg durch die Quantenphysik bewahrt. Weil der Kern komprimiert ist, werden seine Atome zusammengedrückt – der Raum zwischen Kernen und umgebender Elektronenhülle wird ausgepreßt. Doch eine durch die Quantenmechanik definierte Grenze (Pauli-Prinzip) bestimmt, wie dicht Elektronen gepackt werden können und verhindert das Zerdrücken durch die Gravitation.

Anfangs ist ein weißer Zwerg sehr heiß. Er heizt die Innenseite des umgebenden Nebels auf. Doch wenn die Energiezufuhr endet, erlischt der Stern unerbittlich mit Gewinsel.

Zu Beginn des Jahrhunderts glaubten die meisten Astronomen, daß die weißen Zwerge die Grabsteine der Sterne sind. Doch im Jahr 1931 entdeckte der junge Astrophysiker Subrahmanyan Chandrasekhar, daß bei ausgebrannten Sternen, wenn sie etwa die 1,5fache Sonnenmasse haben, die Gewalt der Gravitation selbst den Widerstand des Pauli-Prinzips überwinden kann. Der entstehende nukleare Brei ist das Rohmaterial für Supernova-Explosionen und anderes kosmisches Feuerwerk.

Von der Asche zum Nebel

Alte Sterne bilden neue Materie

Am 23. Februar 1987 explodierte ein Stern in unserer Nachbargalaxis, der Großen Magellanschen Wolke, 170 000 Lichtjahre entfernt. Die hellste Supernova der letzten 400 Jahre eröffnete die seltene Möglichkeit zu beweisen, daß der spektakuläre Tod von großen Sternen der Geburtsort schwerer Kerne ist.

Nur zwei Kerne, Wasserstoff und Helium, wurden durch den Urknall produziert und lieferten das Grundmaterial im Kosmos. Obwohl es auf der Erde eine Vielzahl der 92 natürlich vorkommenden Kerne gibt, machen die restlichen 90 Kerne nur 1% des Universums aus. Vor 30 Jahren glaubten die Kernphysiker, daß die Kerne in einer Kette von Kernreaktionen im Inneren der Sterne gebildet werden. Später stellten sie fest, daß die stellare Fusion keine schwereren Kerne als Eisen, Ordnungszahl 26 im Periodensystem (vgl. S. 20), bilden kann. Weiterführende Kernreaktionen könnten nur gezündet werden, wenn große Sterne explodierten und in einem plötzlichen Schub Extraenergie lieferten.

Gewaltsamer Tod

Ein 10mal größerer Stern als die Sonne kann von der Geburt bis zu seinem gewaltsamen Tod als Supernova seinem Schicksal nicht entrinnen. Seine gewaltige Gravitationskraft läßt seine Kerntemperatur bis zu 600 Millionen Grad anwachsen, verwandelt ihn in einen großen Druckofen, der seinen Kernbrennstoff verschwendet. Während kleinere Sterne Wasserstoff zu Helium fusionieren und dann Helium zu Kohlenstoff und schließlich als ausgebrannte „weiße Zwerge" enden, kontrahieren größere Sterne weiterhin und heizen sich auf, um danach Kohlenstoff zu schwereren Kernen wie Neon, Sauerstoff und Silizium zu rösten.

Nachdem Silizium zu Eisen geröstet wurde, ist der Fusionsweg plötzlich blockiert. Eisen ist der stabilste Kern. Wenn leichtere Kerne fusioniert werden, wird Energie abgegeben. Doch zur Fusion von Eisen muß Energie zugeführt werden. Wenn die Energiezufuhr plötzlich abgeschaltet wird, dann kollabiert der Stern in einer Sekunde. Der Mantel implodiert auf den Kern und drückt ihn fast zusammen. Diese letzte Implosion liefert einen zusätzlichen Energieschub, der selbst die Sternschlacke umwandelt und Eiseneinschlüsse in das Spektrum der gesamten schweren Atomkerne umwandelt.

Das Kernmaterial war schon so stark zusammengedrückt worden, daß es sich schlagartig wie ein Gummiball ausdehnt und dabei eine starke Schockwelle aussendet, die die äußeren Schichten des Sterns absprengt und den Brei der Atomkerne weit in den Weltraum bläst. Der Kern wird zum kompakten Neutronenstern (vgl. S. 110). Sehr massive Sterne kollabieren noch weiter und werden zu schwarzen Löchern (S. 116).

Der atomkernreiche stellare Nebel ist das Rohmaterial für neue kosmische Projekte. Die Erde wurde vor 4,6 Milliarden Jahren ge-

Fritz Zwicky und Objekt Hades

1934 behauptete Fritz Zwicky, daß die massiven Explosionen, die durch den Kollaps eines Neutronensterns entstehen, Supernovas entstehen lassen können. Zusammen mit Walter Baade vom California Institute of Technology forschte er nach diesen mächtigen Eruptionen und entdeckte ungefähr hundert. Bis heute wurden hunderte registriert und katalogisiert.

Zwicky, der in Bulgarien als Sohn norwegischer Eltern geboren wurde, wuchs in der Schweiz auf. In den USA nannten ihn seine CALTECH-Kollegen „Mad Swiss" wegen seiner Vorliebe, mit weithergeholten Ideen zu spielen. Er hatte die Kühnheit zu behaupten, daß ein Neutronenstern nicht das Ende der Straße sei und der Kollaps weiterführen könnte und das entstehen läßt, was er „Objekt Hades" nannte – was schließlich als schwarzes Loch bekannt wurde (vgl. S. 116).

bildet, nachdem eine oder zwei Supernovas alle notwendigen Ingredienzien gebraut hatten, inklusive derer für den menschlichen Körper.

Blauer Superriese

Supernovas kommen ziemlich häufig vor. Die meisten sind jedoch zu weit entfernt, um Einsicht in den gewaltsamen Tod der massiven Sterne zu geben. Mit dem bloßen Auge sichtbare Supernovas sind jedoch sehr selten. In den letzten 1 000 Jahren konnten nur vier beobachtet werden – 1006, 1054, 1572 und 1604 – bis Ian Shelton, ein jun-

ger kanadischer Astronom, der das Las-Campanas-Observatorium in Chile besuchte, in der Nacht vom 23. zum 24. Februar 1987 einen neuen Stern in der Großen Magellanschen Wolke erscheinen sah, einer Galaxis in einer Entfernung von nur 170 000 Lichtjahren.

SN1987A explodierte jedoch nicht 1987. Obwohl die Große Magellansche Wolke ein naher Nachbar der Milchstraße ist, braucht das Licht 170 000 Jahre, um die Erde zu erreichen. So hat sich die 1987 beobachtete Explosion in der Eiszeit ereignet.

Der explodierende Stern war bei früheren Beobachtungen deutlich sichtbar und wurde als Sandulcak – 69° 202, ein blauer Superriese, identifiziert. SN1987A gab den Astrophysikern die einzigartige Möglichkeit, ihre Theorien über Supernovas zu testen, und eine weltweite Beobachtungskampagne begann, sowohl mit erdgebundenen Teleskopen als auch Satelliten. SN1987A emittierte sowohl sichtbares Licht als auch ultraviolette und infrarote Strahlung und eine charakteristische Gammastrahlung infolge des nuklearen Kochens.

Eine Supernova-Explosion produziert große Mengen des radioaktiven Nickelisotops 56, das wiederum in das langlebigere Kobalt 56 und schließlich zum stabilen Eisen zerfällt Die Menge des von dieser Supernova produzierten Kobalt 56 wurde auf 70mal die Jupitermasse abgeschätzt. Diese Prozesse waren im „Lichttagebuch" von SN1987A deutlich sichtbar.

Die Astronomen waren von SN1987A überrascht. Entsprechend der Supernova-Theorie hätte der Progenitor-Stern ein roter und nicht ein blauer Superriese sein sollen. Er war viel heißer als erwartet (150 000 Grad) und viel kleiner (50mal größer als die Sonne). Die Astronomen waren ebenfalls durch die Tatsache irritiert, daß nicht ein Pulsar (vgl. S. 110) erschien. Andere glaubten, daß SN1987A ein Neutronenstern wurde, auf den innerhalb einiger Minuten ein Teil des explodierenden Materials zurückfiel und ihn zu einem schwarzen Loch kollabieren ließ.

Doppeltes Leben

Im März 1993 wurden die Astronomen Zeugen einer neuen spektakulären Supernova, SN1993J, in der Spiralgalaxis M81 im Sternbild Ursa Major. Der Progenitor war ein rötlich gelber Superriese mit etwa 200fachem Durchmesser der Sonne und 10- bis 18mal größerer Masse. Obwohl er 11 Millionen Lichtjahre entfernt ist, hat er bemerkenswerte Informationen geliefert und wurde zum Mysterium. Die Supernova schien Probleme gehabt zu haben zu entscheiden, ob sie eine sogenannte Typ-I-Supernova werden sollte, die normalerweise in Doppelsternsystemen auftritt, wenn ein weißer Zwerg Material vom Begleitstern anzieht, oder ob sie eine Typ-II-Supernova werden sollte, der klassische Tod von Riesensternen. Offensichtlich ist sie beides geworden.

◄ ***Eine Supernova erscheint:*** *Die beiden Fotografien wurden vor und nach der Explosion der Supernova SN1987A aufgenommen. Das obere Bild wurde 1969 und das untere am 26. Februar 1987, 2 Tage nach der Supernova-Explosion, aufgenommen. Die Supernova SN1987A war die hellste seit 1604 und resultierte aus der Explosion eines Riesensternes in der Großen Magellanschen Wolke, einer Galaxis in der Nähe der Milchstraße.*

Stellare Leuchttürme

Neutronensterne und Pulsare

Die verbrauchten Kerne der explodierenden Sterne kollabieren in einem Ball dichtgepackter Neutronen. Diese Neutronensterne rotieren schnell und senden regelmäßig Strahlungsimpulse aus, die den Himmel durchstreichen wie der Strahl eines Leuchtturmes – man nennt sie „Pulsare". Sie wurden 1967 entdeckt und eröffneten eine neue Ära in der Astronomie.

Supernova-Kerne werden bis zur Unkenntlichkeit zermahlen, wobei Protonen und Elektronen zusammenstoßen und Neutronen bilden. Diese kompakten übrigbleibenden Neutronensterne, die 1932 durch den russischen Physiker Lev Landau vorausgesagt wurden, haben Durchmesser von ungefähr nur 30 km, aber eine Dichte von etwa 100 Millionen Tonnen pro Kubikzentimeter.

Die Oberfläche der Neutronensterne besteht aus Eisen. Unter dieser Schale sind verschiedene Arten von Flüssigkeiten. Die Gravitation des Sterns ist so stark, daß eine fallengelassene Münze auf der Oberfläche mit der halben Lichtgeschwindigkeit auftreffen würde! Nur sehr niedrige und flache Lebewesen könnten überhaupt auf einem Neutronenstern leben. Um groß zu sein, benötigten sie ein extrem stabiles Skelett!

Obwohl Neutronensterne scheinen, sind sie viel zu klein, um direkt gesehen zu werden. Ein solcher Stern dreht sich jedoch sehr schnell und hat ein sehr starkes Magnetfeld. Er bildet einen sehr leistungsfähigen Teilchenbeschleuniger, der eine gebündelte hochenergetische Strahlung abgibt. Bei jeder Umdrehung streicht der Strahl über den Himmel und bildet einen Pulsar – einen pulsierenden Radiostern.

Schmutz

Jocelyn Bell, eine Forschungsstudentin aus Cambridge, die im Mullard-Radioastronomie-Laboratorium arbeitete, entdeckte den ersten Pulsar – katalogisiert als CP1919 – im Jahre 1967. Als sie routinemäßig täglich 30 m Papierausdrucke von Messungen auswertete und nach neuen Radioquellen suchte, sah sie etwas, was sie „ein bißchen Dreck" nannte.

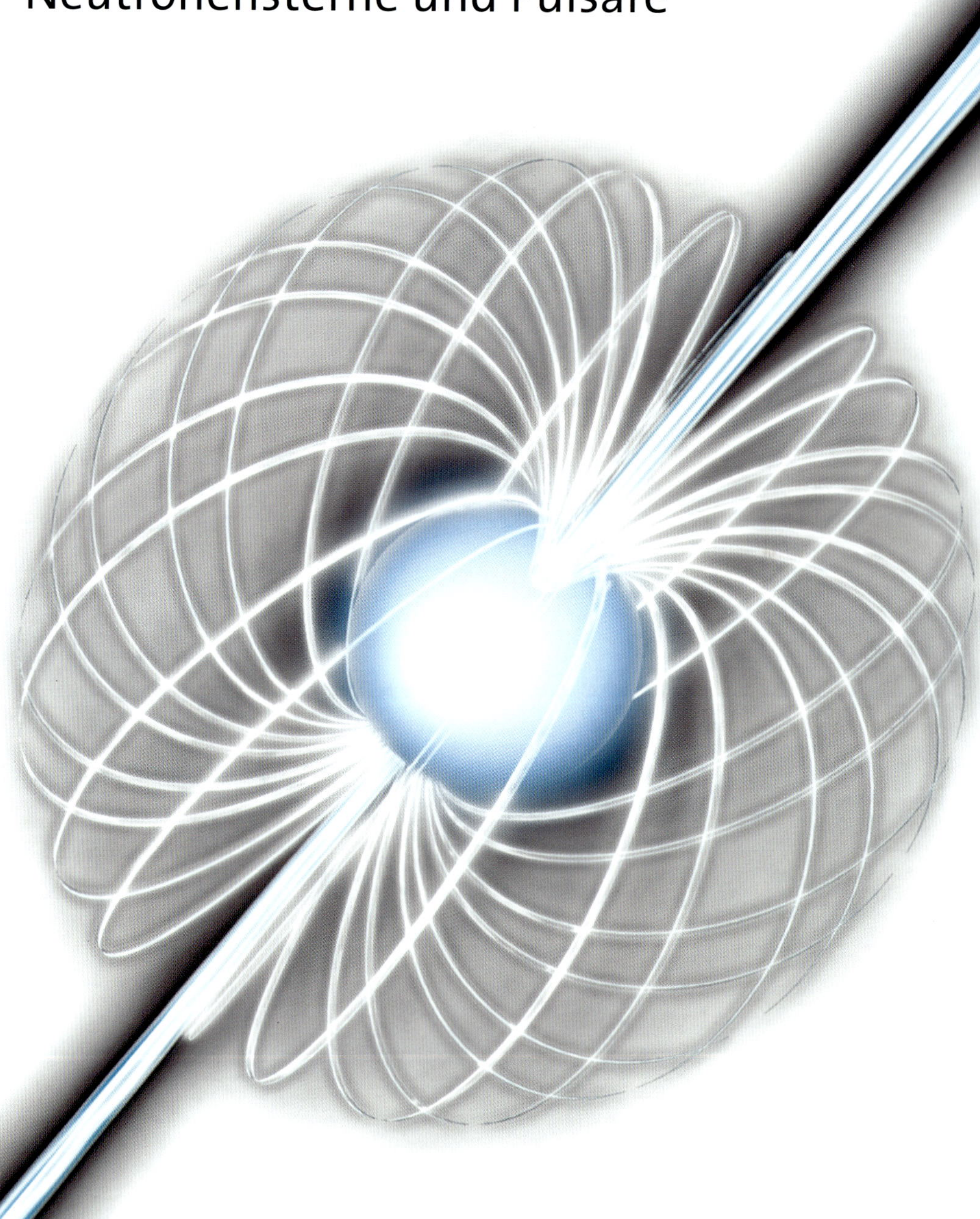

▲ **Künstlerische Vorstellung eines Pulsars:** *Elektronen, die im Magnetfeld eines Neutronensterns gefangen sind, werden entlang der Feldlinien um den Kern getrieben und beschleunigt. Die Krümmung der Elektronenbahn läßt energiereiche Bremsstrahlung entstehen, die in zwei enge Strahlen um die Magnetpole kanalisiert wird. Der Pulsar rotiert und erzeugt dadurch ein charakteristisches „Blinken".*

Ihr Professor Anthony Hewish bestärkte sie, dieses mysteriöse Signal weiterhin aufzuzeichnen. Über einen Monat ereignete sich nichts. Doch dann erschien es wieder.

Die Signale sahen verdächtig nach zivilisatorischer Herkunft aus und traten in überraschend gleichbleibendem Rhythmus auf. Bell und Hewish gaben diesen Signalen zuerst den Scherznamen LGM für „little green men" (kleine grüne Männchen). Als sie ihre

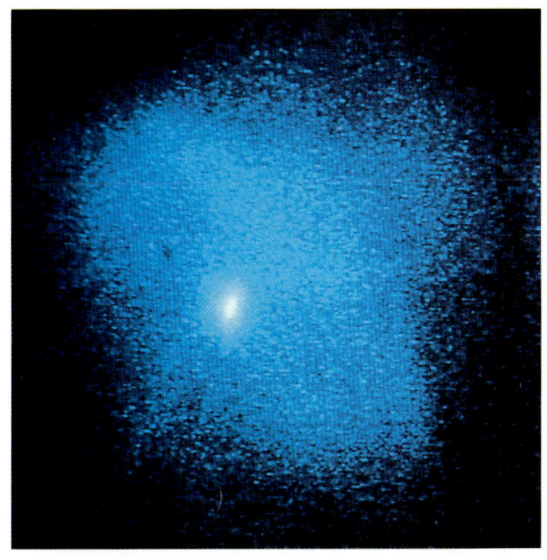

Ergebnisse im Februar 1968 bekanntgaben, waren sie immer noch nicht sicher, was für eine Quelle dies war. Der britische Kosmologe Thomas Gold identifizierte sie schnell als rasch rotierender Neutronenstern. Der Name „Pulsar" war bald geprägt.

Heute sind mehr als 600 Pulsare bekannt. Sie produzieren nicht nur Radiosignale, sondern auch andere Strahlungsformen. Der Pulsar im bekannten Krebsnebel sendet sowohl Röntgen- als auch Gammastrahlen aus. Der schnellste bekannte Pulsar, PSR1913+16 leuchtet 600mal pro Sekunde auf. Pulsare sind gute Zeitmesser. Pro Jahrhundert gehen sie um 0,00006 Millionstel Sekunden falsch und sind damit genauer als Atomuhren.

Schwingungen

Im Jahre 1974 fanden zwei amerikanische Astrophysiker, Joseph Taylor und Russell Hulse einen seltsamen Pulsar, PSR1913+16, der einen Rhythmus mit einer schwachen Vibration aufwies. Dies war kein einzelner Neutronenstern, sondern ein Sternenpaar. Die schwache Vibration wurde durch das Schwingen gegenüber der Umlaufbahn hervorgerufen, wobei er von seinem Nicht-Pulsar-Begleiter alle acht Stunden etwa im Erde-Mond-Abstand umkreist wurde. Dieser kompakte „binäre Pulsar" ist perfekt zur Überprüfung eines Effekts von Einsteins allgemeiner Relativitätstheorie geeignet. Taylor und Hulse konnten zeigen, daß die beiden Sterne sich annähern und dabei ihre Umlaufgeschwindigkeit erhöhten, etwa so wie bei einer Eiskunstlaufpirouette. Die Frequenz wuchs um etwa 76 Millionstel Sekunden pro Jahr.

Dieser Effekt wird durch Gravitationswellen hervorgerufen, schwache Wellen in der Raum-Zeit, durch die starke Gravitationsanziehung zwischen zwei Sternen hervorgerufen. Dies war der erste nachgewiesene gravitationswellenbedingte Effekt, und Taylor und Hulse erhielten dafür 1993 den Nobelpreis für Physik; den zweiten für Pulsare. Hewish hatte ihn 1974 erhalten.

Wahrscheinlich sind Neutronensterne nicht die einzige Quelle von Pulsaren. Es gibt viele Pulsare in kugelartigen Clustern. Und diese können nicht durch eine Supernova produziert worden sein, denn sonst wären die Cluster auseinandergeblasen worden. Weiße Zwerge können Material angezogen haben und implodiert sein.

▲ *Blinkender Pulsar: Röntgenaufnahmen des Krabbenpulsars im Krebsnebel, der den starken Unterschied zwischen den Phasen des Pulsars „ein" (oberes Bild) und „aus" (unteres Bild) zeigt. Die Bilder wurden vom Röntgenastronomie-Satelliten des Einstein-Observatoriums aufgenommen. Der Krabbenpulsar, der auch als Taurus A bekannt ist, blinkt 33mal pro Sekunde.*

Jocelyn Bell – die Pulsar-Lady

Jocelyn Bell wurde 1941 als Tochter eines Architekten in Belfast, Nordirland geboren. Als Teenager war sie von der Astronomie fasziniert und las Bücher, die ihr Vater aus Bibliotheken entliehen hatte. An der Universität von Glasgow studierte sie Physik und war unter 50 Studenten das einzige Mädchen. Danach promovierte sie in Radioastronomie in Cambridge. Nach deren Entdeckung im Jahr 1967 und der folgenden Beschäftigung mit Pulsaren wechselte sie zur Gamma- und Röntgen-Astronomie. Nach ihrer Heirat nahm sie den Namen Bell-Burnell an. Heute ist sie Physik-Professorin an der Open University, der größten Universität des Vereinigten Königreichs, und hofft, daß ihre Stellung mehr Frauen ermutigen wird, Physik zu studieren. Sie gehört der Quäker-Religion an und findet es einfach, Wissenschaft und Religion zu verbinden. Die Pulsare sind immer noch ihr „Baby", und sie verfolgt weiterhin die lustige Forschungsobjekte, die alt sind, und ich hätte erwartet, daß derartig alte Objekte zu veralten beginnen. Doch die Pulsare halten immer noch Überraschungen für uns bereit", sagt sie. Forschung. „Pulsare sind nun über 25 Jahre

Anbruch der Neu-trino-Astronomie

Teilchen von einer Supernova

Einige Stunden vor dem ersten Licht der großen Supernova-Explosion von 1987 wurden Schwärme von Neutrinos durch unterirdische Detektoren in Japan und den USA registriert. Diese 19 extragalaktischen Neutrinos des explodierenden Sternes leiteten ein neues Kapitel der Astronomie ein.

Beim Gravitationskollaps einer Supernova wird eine immense Energie freigesetzt, die der gleichzeitigen Explosion von 10 Millionen Wasserstoffbomben auf jedem der 100 Millionen Sterne unserer Galaxis entspricht! Fast diese gesamte Energie (99,99 %) tragen die dabei entstehenden Neutrinos.

Obwohl Neutrinos Materie scheinbar ungehindert durchqueren, ist es nicht leicht für sie, ihren Weg durch die Schockwellen zu finden, die den kollabierenden Stern einhüllen. Einige Sekunden nach der gigantischen Explosion wird eine Außenschale durchlässig für Neutrinos, und einige Teilchen entweichen.

Da diese Neutrinos mit Lichtgeschwindigkeit – oder fast mit Lichtgeschwindigkeit – fliegen, können sie nicht überholt werden. Ihre

▼ **Das Einläuten der Veränderungen:** *Leuchtender Gasring um die Supernova 1987A beobachtet vom Hubble-Weltraumteleskop. Der Ring mit einem Durchmesser von 1,4 Lichtjahren wurde vor 10 000 Jahren vom Stern abgesprengt, bevor er endgültig explodierte. Durch die gewaltige Explosion wurde der Ring zum feurigen Leuchten aufgeheizt.*

Ausbreitung kündigt eine Supernova an und hätte als Warnsignal der Explosion in der Großen Magellanschen Wolke am 23. Februar 1987 betrachtet werden müssen.

Obwohl Supernovas hell leuchten, wird nur ein verschwindender Teil der Supernova-Energie in Strahlung umgesetzt. Wenn die vom Kern ausgehende Schockwelle schließlich die Außenhülle des Sterns abgesprengt hat, wird diese Strahlung nicht mehr verdeckt, und die Supernova beginnt zu leuchten. Doch die emittierten Neutrinos sind zuerst gestartet.

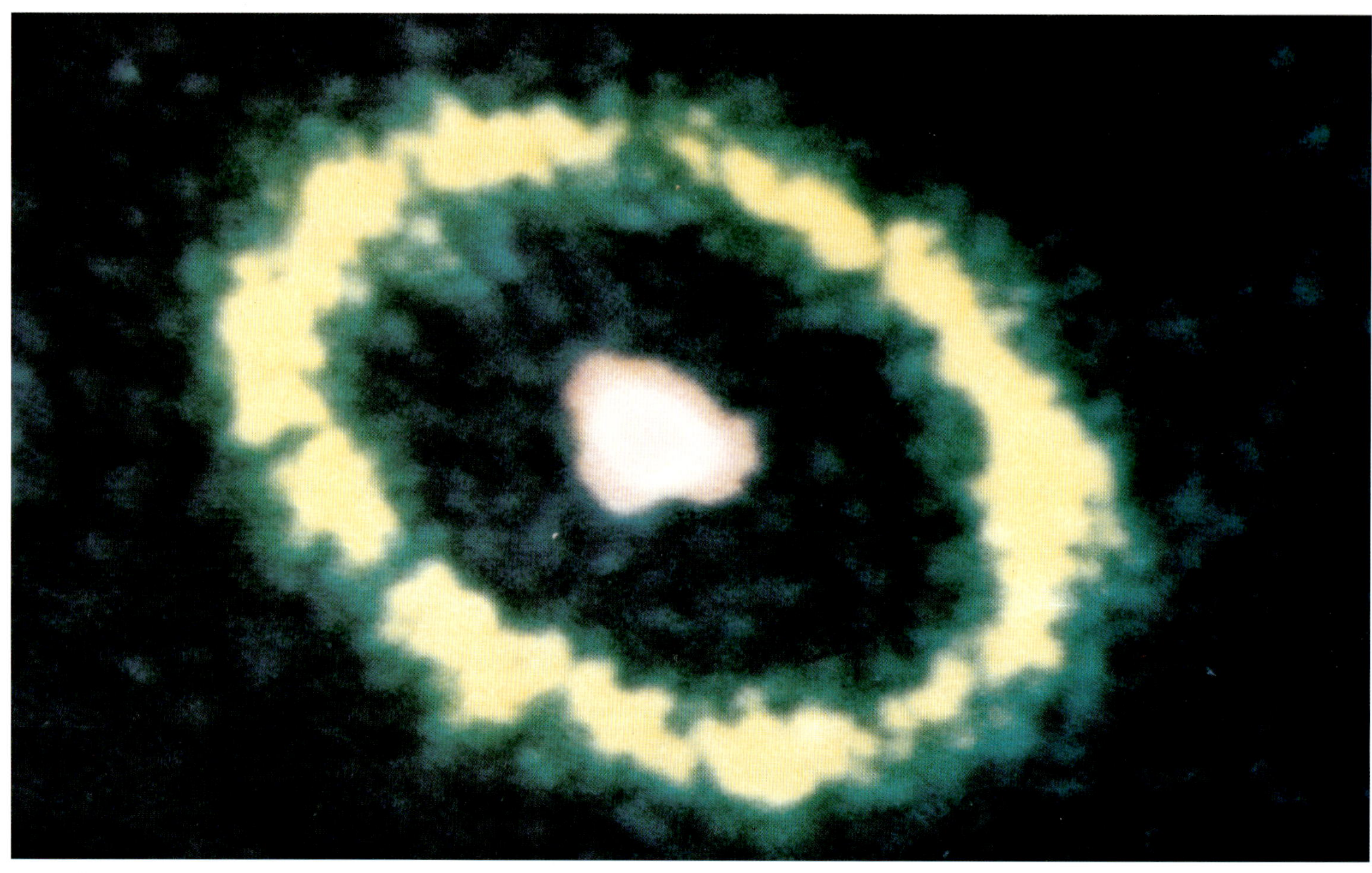

Geduldiges Warten

Im Jahr 1987 waren in einigen großen Experimenten riesige Detektoren aufgebaut worden, die die Anzeichen des Protonenzerfalls nachweisen sollten (vgl. S. 84). Sie waren ebenfalls für extraterrestrische Neutrinos empfindlich. Da keine überraschenden Ergebnisse erwartet wurden, wurden die Daten nicht sehr schnell ausgewertet. Niemand schaute nach Supernovas aus. Doch als sie von der Supernova hörten und von Astrophysikern gedrängt wurden, beeilten sich die Experimentatoren, ihre letzten Ergebnisse zu überprüfen.

Am 10. März 1987 berichtete die Gruppe vom Kamioka-Untergrunddetektor in Japan über ein starkes Neutrinosignal vom 23. Februar, drei Stunden vor der visuellen Sichtbarkeit. Etwa 10^{58} Neutrinos wurden produziert, als der Stern kollabierte. Davon gingen 300 Millionen durch den Detektor – und nur elf wurden registriert!

Der Kamioka-Detektor ist ein riesiger wassergefüllter Tank. Die hochenergetischen Teilchen, die durch einen zufälligen Neutrinostoß entstehen, bewegen sich mit einer Geschwindigkeit durch den Tank, die höher als die Lichtgeschwindigkeit im Wasser ist, und bewirken eine optische Schockwelle – Cherenkov-Strahlung (vgl. S. 114) – , die durch Anordnungen von Lichtsensoren registriert wurde.

Glückliche Panne

Das Kamioka-Team hatte Glück. Das Magnetband, auf dem die Kamioka-Daten registriert werden, wird periodisch gewechselt. Ein routinemäßiger Wechsel hätte normalerweise genau zur Zeit der Supernova stattgefunden, und das Ereignis wäre verpaßt worden. An diesem Tag war jedoch in Japan ein Feiertag, und der Wechsel fand nicht statt! Um das Maß vollzumachen, wurde das Kamioka-Team noch durch einen kurzen Stromausfall betroffen, der die Uhr ihres Detektors angehalten hatte. Trotzdem gelang es, das Signal der Supernova in einer Minute zu registrieren.

Am nächsten Tag wurde das Kamioka-Resultat durch ein Wissenschaftlerteam der University of California in Irvine, der University of Michigan und des Brookhaven National Laboratory bestätigt, die einen Wassertankdetektor im Salzbergwerk von Morton-Thiokol in der Nähe von Painsville, Ohio, betrieben. Sie fanden acht Stöße von Neutrinos der Supernova.

Die Astrophysiker jubelten. Die Zeitdifferenz zwischen der sichtbaren Supernova und den japanischen und amerikanischen Resultaten entsprach genau ihrer Interpretation der Supernova-Entstehung. Rasch durchgeführte Rechnungen zeigten ebenfalls, daß das bislang als masselos angenommene Neutrino einige Milliardstel der Protonenmasse hat. Sonst hätte das Supernova-Licht die vorausfliegenden Neutrinos auf dem 160 000 Jahre dauernden Weg durch den Raum eingeholt. Heute halten unterirdische Detektoren routinemäßig Ausschau nach Anzeichen von Supernovas.

*▲ **Neutrinodetektor (oben):** Ein Techniker des Kamioka-Neutrino-Detektors in Japan läuft durch den Tank mit Lichtröhren-Detektoren, bevor dieser mit Wasser gefüllt wird.*

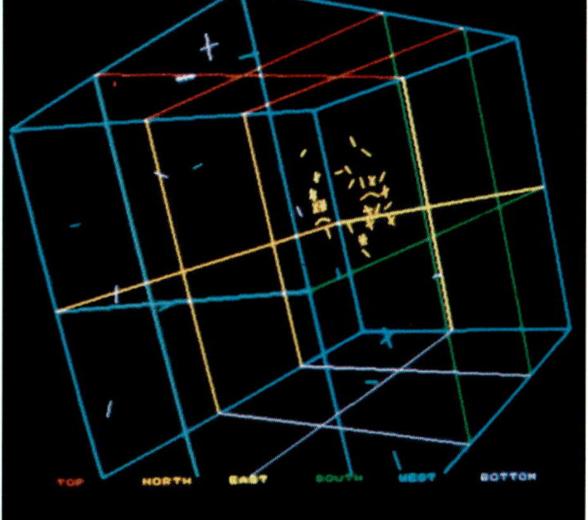

*▶ **Stoß des Neutrinos einer Supernova (rechts):** Eines der 1987 registrierten 8 Neutrinoereignisse, wie sie vom Detektor im Morton-Thiokol-Salzbergwerk in der Nähe von Painsville, Ohio, registriert wurden. In dem 600 m unter der Erde liegenden mit 7 000 t Wasser gefüllten Tank trifft ein Neutrino ein Proton, das in ein Neutron und ein Elektron zerfällt. Die gelben Kreuze markieren die Lichtdetektoren, die die Elektronen registrieren.*

Lange rätselten die Astrophysiker über den Ursprung der kosmischen Strahlen, von Teilchen mit millionenmal höheren Energien als alles, was auf der Erde produziert wird. Wahrscheinlich sind Supernova-Explosionen die wesentliche Ursache dafür innerhalb unserer Galaxis. Doch kosmische Strahlen könnten ebenso von entfernten Neutronenstrahlen herkommen.

Kosmischer Beschleuniger

Die Quellen der kosmischen Strahlen

Die hochenergetischen permanent auf die Erdatmosphäre treffenden Teilchen – „primäre" kosmische Strahlen – sind im wesentlichen Protonen (Wasserstoffkerne) und ein geringerer Anteil schwererer Kerne, hauptsächlich Helium und geringere Mengen von Elektronen. Die meisten dieser Teilchen kommen wahrscheinlich aus dem Inneren unserer Galaxis, von wo aus mehr Energie in Form kosmischer Strahlen als in Form von Radiowellen und Röntgenstrahlen abgegeben wird.

Die geladenen kosmischen Strahlen winden sich auf Spiralbahnen um das Magnetfeld der Galaxis. Obwohl unsere Galaxis nur etwa 100 000 Lichtjahre Durchmesser hat, können kosmische Teilchen leicht einen Weg von 20 Millionen Lichtjahren zurücklegen, bevor sie die Erde erreichen. Wenn sie in die Gashülle der oberen Erdatmosphäre eintreten, dann entstehen durch Kollision große Schauer von Sekundärteilchen, die auf die Erde niederregnen (vgl. S. 42).

Chaotische Wege

Die kosmischen Strahlen scheinen die Erde aus allen Richtungen in vergleichbarer Intensität zu erreichen. Dieses Chaos läßt es schwerfallen zu erkennen, woher sie kommen. Deshalb gab es immer kontroverse Diskussionen über ihren Ursprung. Entsprechend der ursprünglichen Idee von Enrico

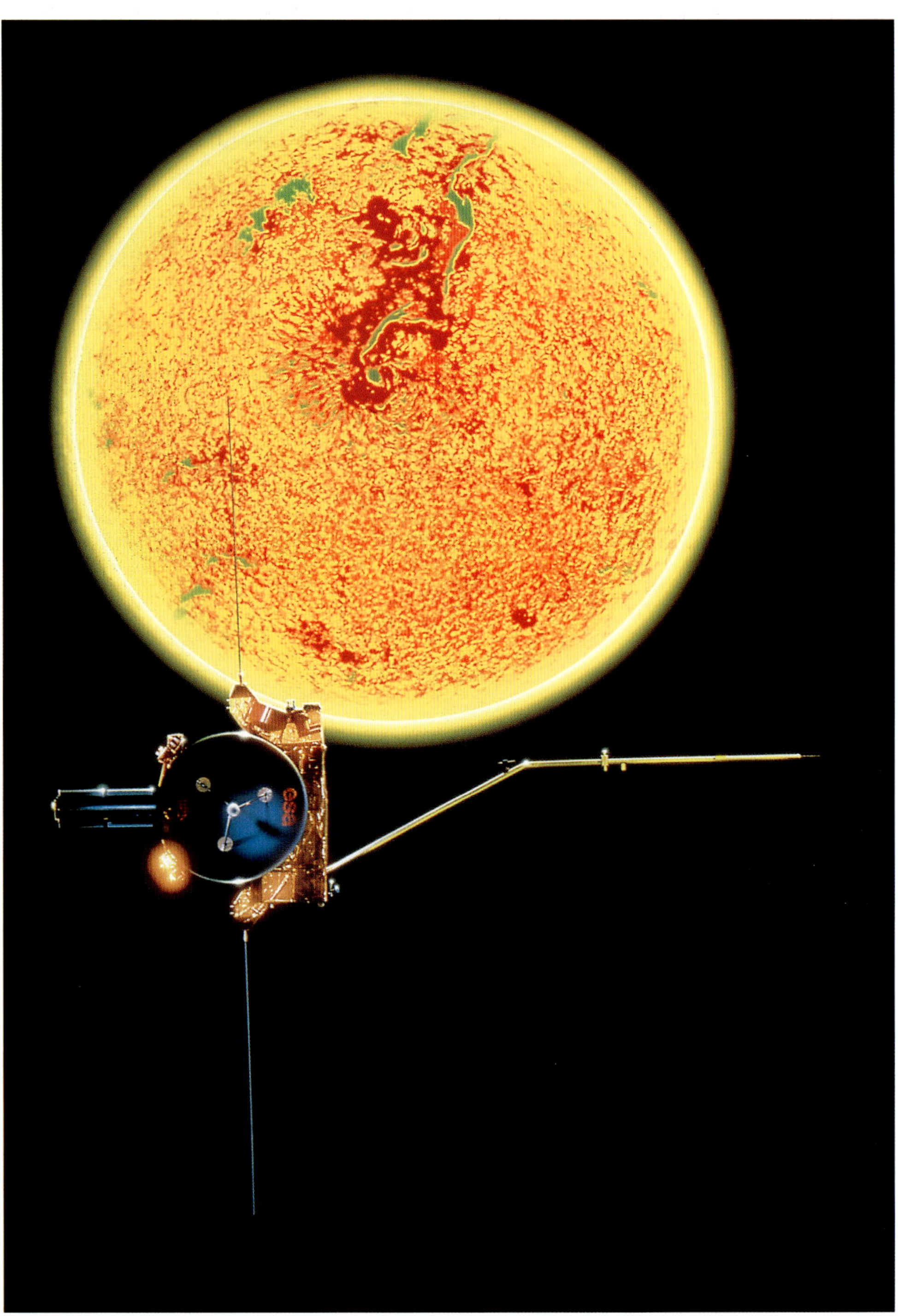

▶ *Über der Sonne: Künstlerische Widerspiegelung des Eindrucks des europäischen Raumschiffes Ulysses. Es wurde dafür ausgelegt, die Sonnenpole 1994 – 95 zu überqueren. Von diesem Beobachtungspunkt kann das Raumschiff kosmische Strahlen detektieren, die sich in das Solarsystem hinein- und in die Galaxis hinausbewegen. Ulysses wurde durch die European Space Agency (ESA) gebaut und durch die US-Raumfähre Discovery im Oktober 1990 ausgesetzt.*

Pavel Cherenkovs blaue Flasche

Pavel Alekseivitch Cherenkov wurde 1904 in Voronezh, Rußland, in einer armen Bauernfamilie geboren. Am Moskauer Lebedev-Institut erhielt er 1934 die Aufgabe zu untersuchen, wie die von Radium ausgehende radioaktive Strahlung in verschiedenen Flüssigkeiten absorbiert wird. Dabei beobachtete er, daß eine dieser Strahlung ausgesetzte Wasserflasche schwach blau glimmte. Über viele Jahre wurde die mysteriöse „Cherenkov-Strahlung" nicht verstanden. Doch sie wurde experimentell benutzt. Im Jahr 1958 erhielten Cherenkov und seine sowjetischen Kollegen Ilya Michaelovitch und Igor Tamm für diese Entdeckung den Nobelpreis für Physik.

▲ **Überbleibsel einer Supernova:** *Der Krebsnebel in einer Entfernung von 6500 Lichtjahren ist das Überbleibsel eines Sternes, dessen Explosion im Jahr 1054 registriert wurde, und eine wahrscheinliche Quelle von kosmischen Strahlen. Das Gas entweicht mit einer Geschwindigkeit von 1450 Kilometern pro Sekunde.*

Fermi sollten die kosmischen Strahlen von niederenergetischen Quellen ausgesandt und danach mehrfach durch aufeinanderfolgende Supernova-Explosionswellen beschleunigt werden. Heute wird angenommen, daß die kosmischen Strahlen von Quellen direkt auf sehr hohe Geschwindigkeiten beschleunigt wurden. Supernova-Explosionen und Supernova- Überbleibsel – aufgeblasene Gaswolken von jüngst explodierten Sternen – sind die wahrscheinlichsten niederenergetischsten Quellen, unter 10 GeV. Fast mit Lichtgeschwindigkeit fliegende Elektronen in den Überbleibseln von Supernovas, wie z. B. dem Krebsnebel, könnten große Elektronenringe bilden, die die Struktur der Galaxis widerspiegeln.

Hochenergetische Teilchen können auch innerhalb unserer Galaxis durch starke binäre Systeme produziert werden. Ein Neutronenstern saugt Materie von einem Partner auf seiner Umlaufbahn an. Die unterschiedlichen Rotationsgeschwindigkeiten des Neutronensterns und der angesaugten Materie („Zuwachsscheibe") bilden einen gigantischen kosmischen Dynamo, der Teilchen auf extreme Energien beschleunigt. Schwankungen in der Absaugrate vom Begleitstern beanspruchen diese Dynamos bis zur Leistungsgrenze und verbiegen die Magnetfeldlinie bis zur Unkenntlichkeit. Schließlich schnappt das Magnetfeld zurück und verursacht charakteristische Strahlungsexplosionen, wodurch die Quelle sporadisch aussieht.

Ein wahrscheinlicher Kandidat dafür ist Cygnus X-3, ein Doppelstern in einem Spiralarm am Rand unserer Galaxis in einer Entfernung von etwa 37 000 Lichtjahren. Cygnus X-3 wurde 1960 als Röntgenquelle entdeckt und zog 1972 die Aufmerksamkeit auf sich durch eine gewaltige explosionsartige Aussendung von Radiowellen.

Blaue Schauer

Gammastrahlung mit beliebiger Reichweite wird durch die Wechselwirkung mit Protonen der kosmischen Strahlung erzeugt. Wenn sie in die Erdatmosphäre eindringen, erzeugen sie Schauer von Elektron-Positron-Paaren. Diese Teilchen erzeugen eine Schockwelle von bläulichem Licht, indem sie sich schneller als Licht durch Luft bewegen. Dieses Licht, das durch den sowjetischen Physiker Pavel Cherenkov 1934 entdeckt und „Cherenkov-Strahlung" genannt wurde, kann von der Erdoberfläche aus detektiert werden.

Die Herkunft der kosmischen Strahlen ist mysteriös, besonders die der Strahlen mit ultrahohen Energien von mehr als 10^{20} Elektronenvolt. Sie könnten außergalaktischen Ursprungs sein und durch gewaltige intergalaktische Zyklone, aus der Energie vieler Supernovas entstanden, zu uns geblasen werden.

Der endgültige Kollaps

Der Eintritt in das schwarze Loch

Große Sterne erleiden schließlich einen totalen Gravitationskollaps. Nach ihrem großen Supernova-Finale sind sie zu groß, um als weiße Zwerge oder Neutronensterne zu enden, doch sie sind dazu verdammt, in einem „schwarzen Loch" zu verschwinden, wo die Gravitation so stark ist, daß es alles verschlingt. Nicht einmal Licht kann entweichen.

Wenn eine Rakete die kritische „Fluchtgeschwindigkeit" von 11 km/s überschreitet, überwindet sie die Gravitation und fliegt in den Weltraum hinaus. Bei geringeren Geschwindigkeiten wird sie zurückfallen oder eine Umlaufbahn um die Erde einnehmen. Diese Fluchtgeschwindigkeit hängt von der Gravitationsmasse ab. Um von der Sonne zu entweichen, ist eine Geschwindigkeit von 620 km/s erforderlich, bei einem Neutronenstern 200 000 km/s.

1783 stellte der englische Astronom John Michell fest, daß, wenn ein Stern schwer genug ist, die Fluchtgeschwindigkeit oberhalb

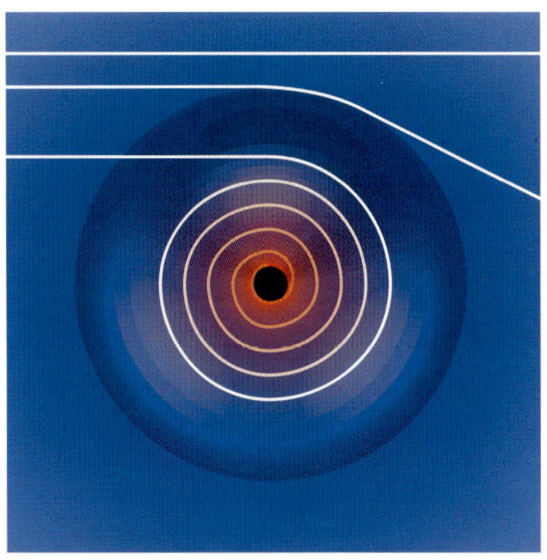

der Lichtgeschwindigkeit von 300 000 km/s liegen würde. Dann wäre Licht nicht in der Lage zu entweichen, und der Stern wäre unsichtbar. Basierend auf Newtons Theorie, daß Licht Teilchencharakter hat, glaubte er, daß die Gravitation das Licht eines Sternes direkt beeinflussen und zurückhalten würde. „Alles von solch einem Körper emittierte Licht würde durch seine eigene Gravitationskraft zur Rückkehr veranlaßt", schrieb er.

Die Physik von Michell war falsch – die Lichtgeschwindigkeit wird nicht durch die Gravitation beeinflußt – , doch er kam zur richtigen Schlußfolgerung.

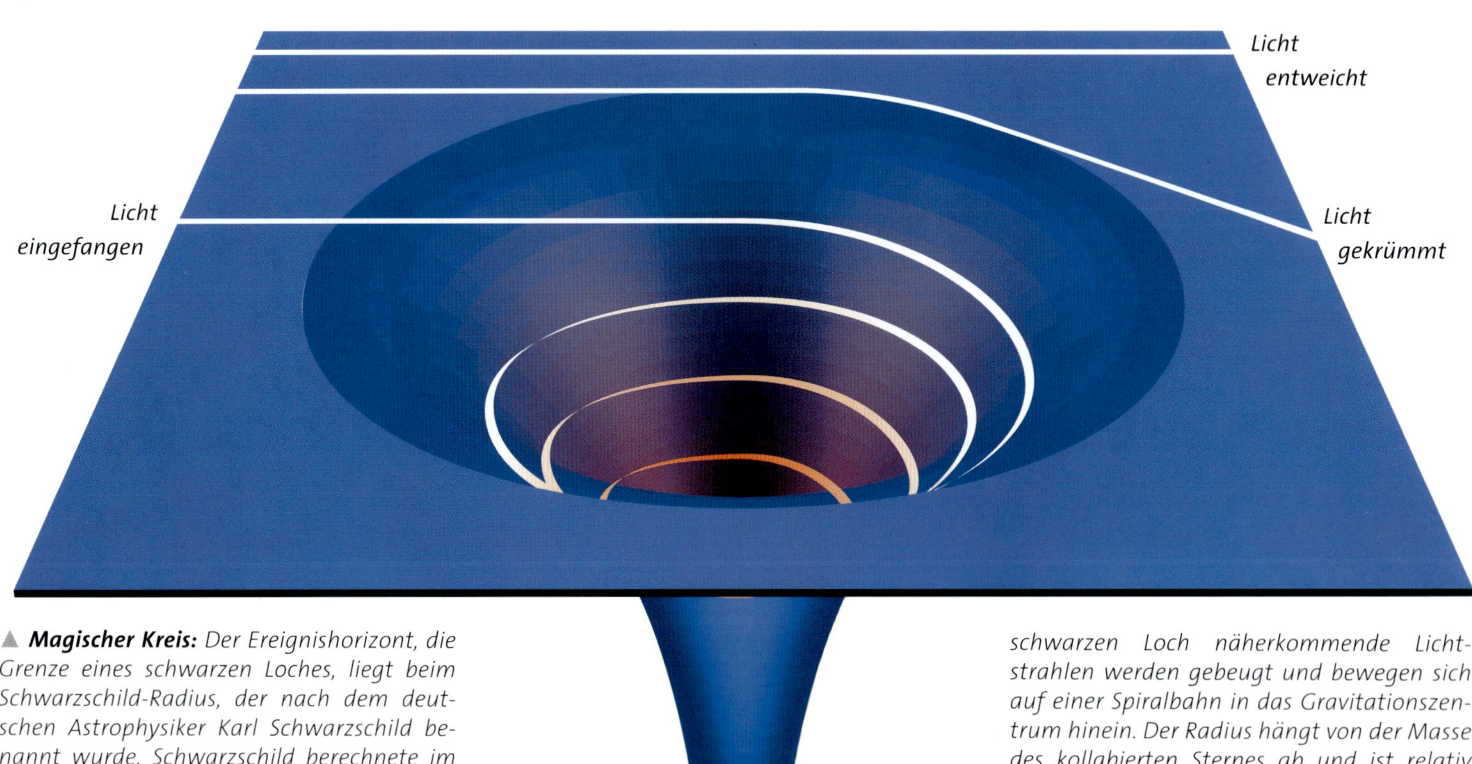

▲ *Magischer Kreis:* Der Ereignishorizont, die Grenze eines schwarzen Loches, liegt beim Schwarzschild-Radius, der nach dem deutschen Astrophysiker Karl Schwarzschild benannt wurde. Schwarzschild berechnete im Dezember 1915 unter Benutzung der damals neuen Gleichungen von Einsteins allgemeiner Relativitätstheorie die Gravitation um eine Kugel. Der Radius markiert eine Kugel, innerhalb derer kein Licht entweichen kann. Einem schwarzen Loch näherkommende Lichtstrahlen werden gebeugt und bewegen sich auf einer Spiralbahn in das Gravitationszentrum hinein. Der Radius hängt von der Masse des kollabierten Sternes ab und ist relativ klein. Bei einem Stern mit der 10fachen Sonnenmasse ist der Radius nur 30 km. „Es gibt einen magischen Kreis, in den uns keine Messung hineinbringen kann", sagte Arthur Eddington.

▲ **Schwanengesang:** *Eindruck eines Künstlers von Cygnus X-1 im Sternbild Cygnus, der Schwan, wie er von einem nahen Asteroiden gesehen wird. Cygnus X-1 kreist um einen heißen blauen Stern, der dessen Masse aufsaugt, die umherquirlt wie in einen Ablauf fließendes Wasser.*

In Einsteins allgemeiner Relativitätstheorie folgt Licht getreu der Krümmung des Raumes um schwere Körper wie Sterne. Ein kollabierender Stern, der einige Male schwerer als die Sonne ist, erzeugt eine „Gravitationswelle", von der aus es für Licht schwieriger ist zu entweichen. Schließlich wird das Licht komplett gebunden, und der Stern wird zum „schwarzen Loch".

Die Möglichkeit eines solchen totalen Gravitationskollapses wurde von Robert Oppenheimer 1939 in den USA vorgeschlagen. Er glaubte jedoch, dies sei lediglich eine Folge der Relativitätsgleichungen und hätte keine wirkliche Bedeutung. Er gab diese Modelle auf und wurde der führende Wissenschaftler des Atombombenprojekts.

Der amerikanische Theoretiker John Wheeler prägte den Begriff „schwarzes Loch"

1969, nachdem das Interesse an diesen Sternenkatastrophen wieder erwacht war.

Zu dieser Zeit zeigten Roger Penrose und Stephen Hawking in Oxford, daß ein schwarzes Loch eine „Singularität" der Relativität enthält – einen Nullpunkt unendlicher Dichte, wo die Physik kollabiert, in sich selbst implodiert und Voraussagen unmöglich macht. Hawking wurde an diesen Singularitäten interessiert. Das Universum wurde in einer zeitumgekehrten Version einer solchen Katastrophe geschaffen – dem Urknall – , als die Physik in die Existenz explodierte.

Ereignishorizont

Ein schwarzes Loch ist außerhalb der Sichtweite verborgen und hat den Ereignishorizont innen. Der umgebende Raum ist so gekrümmt, daß Licht und alles andere nicht entweichen kann. Alles, was vom schwarzen Loch aufgesaugt wurde, bleibt darin verborgen. Der Ereignishorizont bleibt der Beobachtung wegen der physikalischen Singularität im Zentrum verborgen.

Eine in ein schwarzes Loch fallende Uhr würde langsamer und langsamer gehen, im-

mer röter und verschwommener werden und schließlich außer Sichtweite geraten. Ausgedehnte Objekte, wie z. B. Astronauten, würden auseinandergezogen, wenn sie sich einem schwarzen Loch nähern, weil die Gravitationskraft am Loch nahen Ende viel größer als am anderen Ende wäre.

Wahrscheinliche Kandidaten

Als wahrscheinliche Kandidaten für schwarze Löcher kommen Sterne mit der zehnfachen Sonnenmasse oder mehr in Frage. Obwohl ein einzelnes schwarzes Loch unsichtbar ist, rotiert ein schwarzes Loch oft in einem bizarren Tanz mit einem benachbarten Stern. Verschiedene schwarze Löcher wurden beobachtet. Eines der wahrscheinlichen Beispiele dafür ist Cygnus X-1 in einer Entfernung von 6 500 Lichtjahren. Da es Materie von einem umlaufenden Begleitstern absaugt, werden Röntgen-

strahlen von der auf einer Spirale um das schwarze Loch laufenden Materie abgegeben. Es ist zu vermuten, daß im Herzen der meisten Galaxien schwarze Löcher lauern und das Grab vieler alter Sterne sind.

Schwarze Löcher verlangen eine einfallsreiche Physik. Sie können strahlen und sind somit nicht wirklich schwarz. Das revolutionäre Nachdenken über die schwarzen Löcher brachte die beiden großen Theorien des 20. Jahrhunderts – die allgemeine Relativitätstheorie und die Quantentheorie – zusammen, die anfangs unvereinbar erschienen.

Die Kraft der schwarzen Löcher

Quanteneffekte im Kosmos

Die schwarzen Löcher verursachen Probleme. Ihr Eintreten in die Physikszene in den 60er Jahren verlangte ein radikales Überdenken etablierter Auffassungen. Wenn beispielsweise Materie in einem schwarzen Loch verschwindet, bleibt notwendigerweise weniger Materie übrig. Schwarze Löcher könnten wie eine Art kosmischer Staubsauger arbeiten, der das Universum sauberhält. Doch dies widerspricht einem geheiligten Gesetz der Physik, das besagt, daß das sich selbst überlassene Universum die Unordnung bevorzugt, was „Entropie" genannt wird.

Dieser Widerspruch wurde gelöst, als sich der schöpferische Geist Stephen Hawking in den frühen 70er Jahren mit den Ideen der schwarzen Löcher beschäftigte. Während es unmöglich ist, Informationen über das Innere eines schwarzen Loches zu erhalten, gibt der Ereignishorizont, die Grenze, von der aus Licht eingefangen wird, Hinweise auf den Appetit eines schwarzen Loches. Das Aufsaugen von Materie macht das schwarze Loch schwerer und vergrößert dessen Ereignishorizont. Die neuen Ideen von Hawking liesen Jacob Bekenstein in Princeton vermuten, daß der Ereignishorizont ein Maß für die unsichtbare Unordnung im Inneren ist.

Dann ergab sich das neue Problem, daß Entropie mit der Temperatur unmittelbar verbunden ist. Wenn ein schwarzes Loch Entropie hat, dann müßte es auch eine Temperatur haben. Doch ein Körper mit Temperatur müßte strahlen. Also müßten auch schwarze Löcher irgendetwas abstrahlen. 1973 wurde Hawking in Diskussionen mit sowjetischen Physikern davon überzeugt, daß dieses Rätsel mit dem Zauber der Quantentheorie gelöst werden könnte.

Entsprechend der Unschärferelation (vgl. S. 36) ist selbst ein totales Vakuum nicht völ-

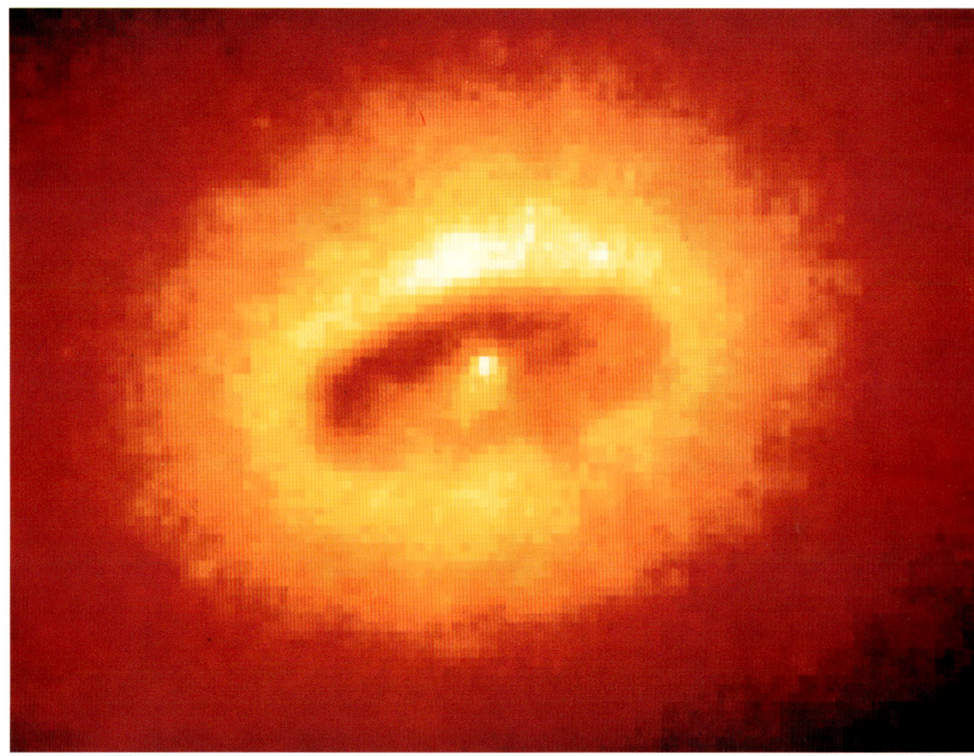

▲ **Beobachtung eines schwarzen Loches:** *Hubble-Raumteleskop-Aufnahme im Bereich sichtbarer Wellenlängen, die eine gewaltige Scheibe heißen Gases und Nebels zeigt, die ein vermutetes schwarzes Loch betanken. Die Scheibe mit einem Durchmesser von etwa 400 Lichtjahren umgibt den Kern der aktiven Galaxis NGC4261 im Virgo-Cluster, der etwa 45 Millionen Lichtjahre entfernt ist. Es wird vermutet, daß der helle zentrale Kern ein schwarzes Loch enthält, das die Energie aus der gesamten Umgebung aufsaugt.*

lig leer, aber mit einem Quantenfeuerwerk gefüllt, das von „geborgter" Energie genährt wird. Entsprechend der Quantentheorie kann Energie kostenlos geborgt werden, wenn sie schnell genug zurückgegeben wird, bevor die Natur dies bemerken konnte.

Explodierende Löcher

Wenn ein solches Quantenereignis in der Nähe eines schwarzen Loches geschieht, dann wird die „Energiebuchhaltung" durch die gewaltigen Gravitationskräfte beeinflußt. Wenn beide beteiligte Teilchen in das schwarze Loch fallen, erfährt man überhaupt nichts. Doch wenn nur ein Teilchen hineinfällt, dann absorbiert das schwarze Loch die Energieschuld, und das andere Teilchen ist plötzlich freigesetzt. Für einen fernen Beobachter erscheint es so, als würde das schwarze Loch ein Teilchen abstrahlen.

Das Anwachsen der Energieschuld verringert die Masse eines schwarzen Loches entsprechend der Einsteinschen Gleichung $E = mc^2$. So dampft also ein schwarzes Loch ständig ab und wird immer kleiner und heißer. Doch die Verdunstungsrate der schwarzen Löcher, die durch den Kollaps von Sternen gebildet wurden, ist vernachlässigbar. Bei einer Temperatur von einem Millionstel Grad über dem absoluten Nullpunkt existiert praktisch keine Strahlung.

1971, am Anfang der Beschäftigung mit den schwarzen Löchern, vermutete Hawking, daß im unmittelbaren Nachgang des Urknalls isolierte Konzentrationen von Temperatur und Druck viel kleinere schwarze Löcher mit so kleinen Durchmessern wie 10^{-13} cm hätten entstehen lassen können, etwa dem Protonendurchmesser, aber mit dem Gewicht von einigen Millionen Tonnen. Die Berechnungen von Hawking zeigten auch, daß die Temperatur zur Masse umgekehrt proportional ist. Je kleiner ein schwarzes Loch ist, desto höher ist seine Temperatur und desto mehr strahlt es. Deshalb müßten kleine schwarze Löcher einfacher als große zu sehen sein!

Schließlich wird ein mikroskopisches schwarzes Loch in einer großen Explosion enden. Es wird nach derartigen Signalen gesucht, doch bislang konnten keine mit Sicherheit identifiziert werden.

Kombinierte Theorien

Die Voraussage der Strahlung schwarzer Löcher durch Stephen Hawking, die inzwischen Hawking-Strahlung genannt wird, war der erste Erfolg beim Kombinieren der Einsteinschen allgemeinen Relativitätstheorie mit der Quantentheorie.

Diese Arbeit verursachte breite Anstrengungen, die beiden grundlegenden Theorien zusammenzubringen. Jede der beiden Theorien funktioniert in den eigenen Gebieten der Physik perfekt. Ihr Zusammenbringen ist aber mit großen Schwierigkeiten verbunden. Dadurch könnte der Weg für eine alles beschreibende „Theorie von allem" geebnet werden.

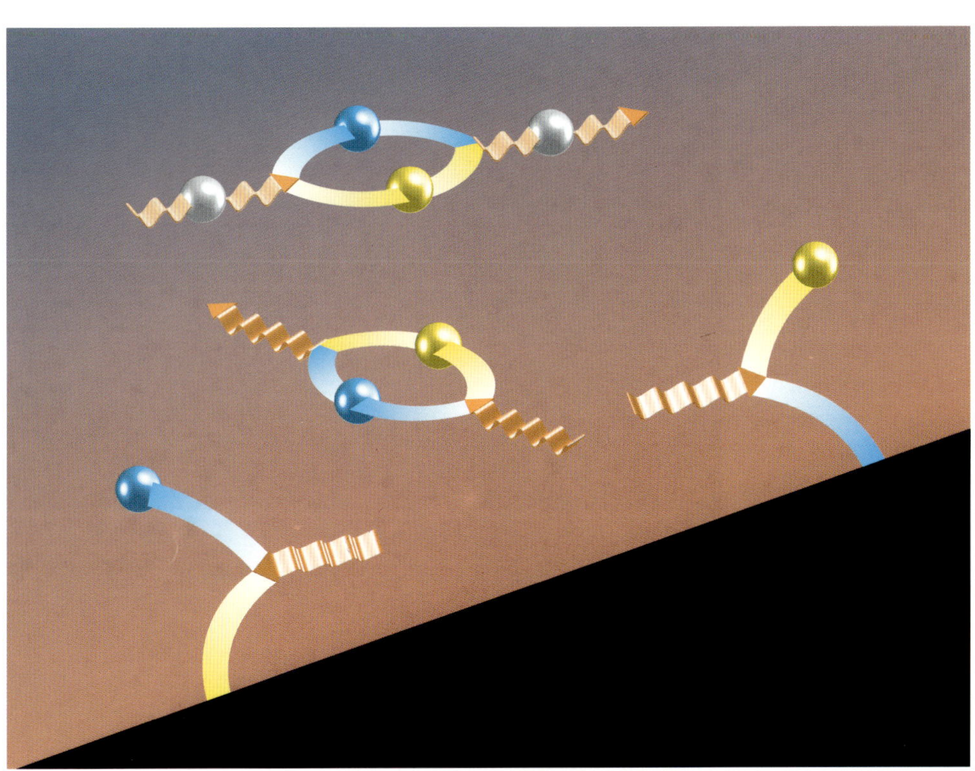

◄ *Verdunstendes schwarzes Loch: Die Unschärferelation erlaubt Paaren aus Teilchen und Antiteilchen, aus dem an ein schwarzes Loch angrenzenden leeren Raum herauszuschießen. Ein Teil dieses Paares kann in das Loch hineinfallen, während der andere Partner entweicht (Hawking-Strahlung). Weil schwarze Löcher Teilchen auf diese Weise emittieren, verlieren sie an Masse und Größe und verschwinden schließlich.*

Hawking und Penrose – Nachprüfung des Urknalls

1965 zeigte Roger Penrose in London, daß ein kollabierender Stern unter der Wirkung seiner eigenen Gravitation am Ende eine „Singularität" schafft – ein Punkt unendlicher Dichte, wo Einsteins allgemeine Relativitätstheorie und ihre Gesetze ihre Gültigkeit verlieren. Am Ort einer solchen Singularität können keine Rechnungen durchgeführt werden, und deshalb sind keine Vorhersagen möglich.

Penrose und Stephen Hawking (der zu dieser Zeit Forschungsstudent in Cambridge war) kehrten dann den Prozeß um. Sowie ein kollabierender Stern in einer Singularität en-

det, zeigten sie, daß ein expandierendes Weltall eben dort begonnen haben muß.

Hawking konstruiert eine Analogie zwischen diesen kosmischen Katastrophen und der Unfähigkeit der klassischen Physik, stabile Atome zu beschreiben (vgl. S. 34). Erst als die Quantenphysik in den 20er Jahren entwickelt wurde, konnten die Physiker verstehen, wie das Atom zusammengehalten wird. In der gleichen Weise schlägt Hawking vor, könnte die Quantentheorie die allgemeine Relativitätstheorie von diesen unberechenbaren Singularitäten erlösen.

1990 begann eine neue Ära in der Astronomie, als das Hubble-Raumteleskop auf die Umlaufbahn um die Erde kam. Zum erstenmal wurde ein großes Teleskop nicht mehr von der Erdatmosphäre gestört. Nachdem das Teleskop 1993 durch Astronauten repariert wurde, sendet es nun wunderbare Bilder.

Ein großes neues Auge am Himmel

Hubble-Raumteleskop

Lange haben die Astronomen davon geträumt, ein Observatorium außerhalb der Atmosphäre zu haben, das ihnen eine ungestörte Sicht des Universums ermöglicht. Die Erdatmosphäre stört das Licht der Sterne und Galaxien und läßt sie im Himmel glitzern. Selbst Teleskope, die auf hohen Bergen errichtet wurden, um diesen Effekt zu reduzieren, liefern nur verschwommene Bilder. Die Sternenbeobachtung von der Erde ist eher mit der Vogelbeobachtung vom Grund eines Schwimmbassins vergleichbar.

Der Traum der Astronomen erfüllte sich endlich, als das Hubble-Teleskop (HST) vom Space Shuttle am 24. April 1990 ausgesetzt wurde. Es ist nach dem großen US-amerikanischen Astronomen Edwin Hubble benannt. Der elf Tonnen schwere Satellit ist ausgelegt, den Himmel mit 10mal besserer Auflösung als zuvor zu erforschen. Anfangs lieferte das Teleskop verschwommene Bilder wegen eines fehlerhaften Hauptspiegels und hatte außerdem ein mechanisches Problem wegen instabiler Solarsegel.

Hochkomplizierte Bildbearbeitung und Raketensteuerung kompensierten diese wesentlichen Probleme. So konnte HST während seiner ersten 3 Jahre im Weltraum reiches Datenmaterial liefern inclusive eindeutiger Hinweise auf die Existenz verschiedener schwarzer Löcher (vgl. S. 128) und überraschender Aufschlüsse über den Orion-Nebel, wo neue Sterne aus Gaswolken geboren werden. Es wurde beobachtet, wie eine große Gaswolke im Orion-Nebel, die als Herbig-Haro Nr. 2 bekannt ist, im Juni 1993 durch Schockwellen aufgeheizt wurde, die durch Gasströme mit großer Geschwindigkeit hervorgerufen wurden, die von einem neugeborenen Stern abgestrahlt wurden. Diese großartige Beobachtung gab den Astronomen einen vorher nie gehabten Einblick in die Bildung eines Sternes.

Hubble sandte auch Bilder des Supernova-Überbleibsels Cygnus Loop, der auch als Schleiernebel bekannt ist. Das Teleskop sichtete ebenfalls einen neuen Typ kosmischer Objekte, eine gigantische Ster-

▶ **Neues Auge im Raum (oben rechts):** *Das Hubble-Teleskop umkreist die Erde auf einer Umlaufbahn in 610 km Höhe.*

▶ **Bilder des Hubble-Teleskops (rechte Seite):** *Die unvergleichliche Tiefe der HST-Bilder eröffnet ein neues astronomisches Wunderland: das Einstein-Kreuz (oben links), ein entfernter Quasar durch eine Gravitationslinse gesehen; die Spiralgalaxis M100 (Mitte links); der Kern der aktiven Galaxis NGC1068 (unten links); das Überbleibsel der Supernova Cygnus Loop (rechts), 2 500 Lichtjahre von der Erde entfernt ist das Überbleibsel eines Sternes, der vor 15 000 Jahren explodiert ist, zur Zeit der Cro-Magnon-Menschen – das Bild zeigt ein Gasnetzwerk, das durch Schockwellen einer Explosion auf 30 000 °C erhitzt wurde.*

nenkonzentration, die durch den Zusammenstoß von zwei Galaxien in einer Entfernung von 200 Millionen Lichtjahren entstanden, „Starburst Galaxy" genannt. Im Februar 1992 beobachtete HST eine sich aufblasende Gaswolke mit 400mal größerem Durchmesser als unser Sonnensystem, die von einer Nova kam (Cygni 1992) – eine thermonukleare Explosion auf der Oberfläche eines weißen Zwerges.

Eine der spektakulärsten Hubble-Aufnahmen zeigt das berühmte „Einstein-Kreuz". Weil das Licht eines Quasars in acht Milliarden Lichtjahren Entfernung eine Galaxis in nur 400 Millionen Lichtjahren Entfernung streift, wird es in zwei Richtungen gebeugt. Von der Erde sehen wir vier Bilder des entfernten Quasars mit der im Vordergrund liegenden Galaxis in der Mitte. Dieser „Gravitationslinsen-Effekt"

wurde von Albert Einstein vorausgesagt. „Licht kann durch schwere Objekte wie Sterne oder Galaxien gebeugt werden", sagte er. Damit liefern die Gravitationslinsen ein Verfahren, anderweitig unsichtbare Sterne nachzuweisen (vgl. S. 132) wenn sie sich vor helleren befinden.

Ein gewaltiger Sprung

Im Dezember 1993 rüsteten unerschrockene Astronauten des Space Shuttle Endeavour das Raumteleskop mit einer Optik zur Korrektur der verschwommenen Bilder und neuen Solarsegeln aus.

Die gewaltige Spiralgalaxis M100, die zig Millionen Lichtjahre entfernt liegt, wurde so klar und detailliert gesehen wie vorher nur die nahen Galaxien in unserer lokalen Gruppe. Das Hubble-Raumteleskop legt auch die zentrale Region einer aktiven Galaxis, NGC1068, frei. Sie liegt in einer Entfernung von 60 Millionen Lichtjahren und gehört zu einer Klasse von Galaxien, die Seyfert Typ 2 genannt werden. Das Kerngebiet scheint eine Million mal heller als unsere Sonne. Die wahrscheinlichste Quelle für diesen phantastischen Energieausstoß dieser Galaxis ist ein supermassives schwarzes Loch, 100 Millionen mal schwer als die Sonne.

Mit seiner verbesserten Beobachtungstechnik wird HST weiter in den Raum blicken und Wunder des Universums erforschen, wie sie nie zuvor gesehen wurden. Seine unvergleichliche Fähigkeit, kosmische Distanzen zu messen, könnte helfen, eine der größten aller Fragen zu beantworten: Wie groß und wie alt ist das Universum?

Das sichtbare Licht stellt einen nur kleinen Ausschnitt des breiten Spektrums elektromagnetischer Strahlung dar. Hinter den Bildern selbst des besten optischen Teleskops verbirgt sich ein großartiges unsichtbares Universum. Die Raumastronomie mit außerhalb der Erdatmosphäre befindlichen Detektoren beginnt, einen viel gewaltigeren Kosmos freizulegen.

Der gewaltige Himmel

Das Universum in einem anderen Licht

Das Gebiet der unsichtbaren Astronomie begann 1931, als Karl Jansky ein seltsames Rauschen registrierte, das vom Zentrum der Milchstraße kam. Doch sein Bericht „elektrische Störungen mit außerirdischem Ursprung" blieb unbeachtet. Nach dem 2. Weltkrieg machte die Radioastronomie rasche Fortschritte unter dem Einfluß der neuen Radar-Technologie. Der Radiohimmel eröffnete ein neues Fenster zum Weltraum, und große Entdeckungen folgten, wie z. B. Quasare (vgl. S. 128) und die Mikrowellen-Untergrundstrahlung.

Das heiße Universum

Der Erfolg der Radioastronomie ermutigte die Astronomen, andere Spektralbereiche zu untersuchen. Zuerst wandten sie sich der Infrarot-Strahlung zu, jenseits des roten Endes des Farblichtbandes. Infrarot-Strahlen werden in der Atmosphäre absorbiert, können aber auf hohen Bergen registriert werden.

Infrarot-Strahlung wird oft „Wärmestrahlung" genannt. In kosmischen Begriffen ist Infrarot-Strahlung kalt und wird von halbkalten Körpern mit Temperaturen unterhalb 6 000 Grad ausgesandt.

Jenseits des anderen Endes des sichtbaren Spektrums liegt die ultraviolette Strahlung. Dieser Teil des Spektrums, der durch den International Ultraviolet Explorer (IUE) erfolgreich beobachtet wurde, der 1978 gestartet wurde, stellt die Schwelle zum wirklich heißen Universum dar, das Temperaturen von Millionen Graden hat und Strahlung bis hin zu Röntgen- und Gammastrahlen abgibt.

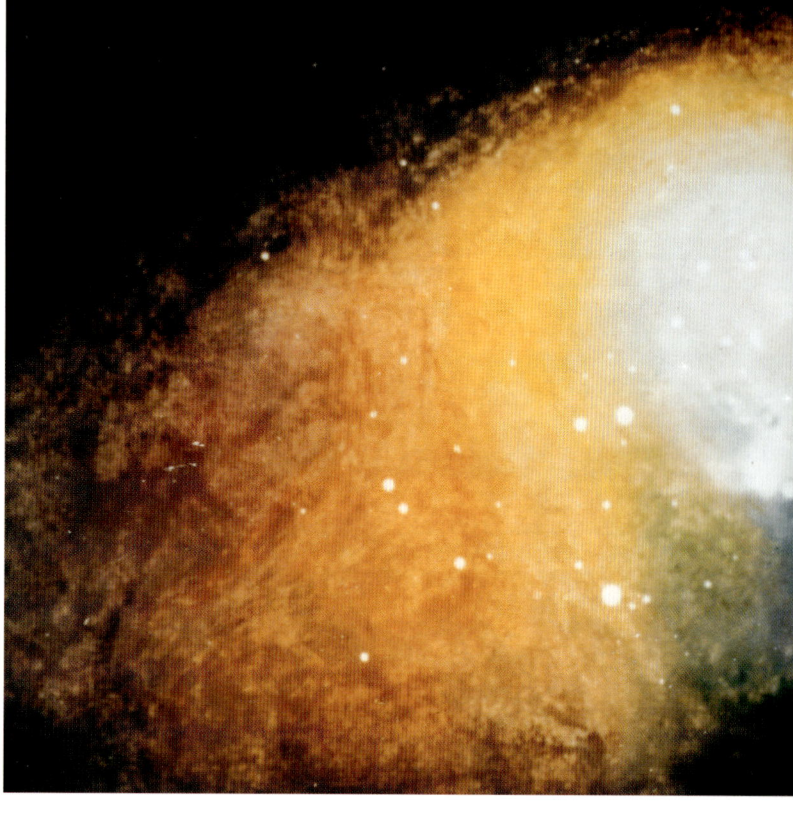

Röntgensonne

Die Sonne gibt nur einen geringen Teil ihrer Energie als Röntgenstrahlen ab. Diese rühren von der äußeren Atmosphäre der Sonne, der Korona, her, die auf eine Million Grad erhitzt wird durch gewaltige Erhebungen auf der Sonnenoberfläche, die Flecke genannt werden. Durch das dünne Gas jagende Elektronen geben Röntgenschreie ab, wenn sie von den Atomkernen abgelenkt werden.

Zwischen Oktober 1991 und Januar 1992 nahm der japanische Röntgensatellit Yohkoh (Sonnenstrahl), der nicht größer als ein Schreibtisch ist, einen dramatischen zehnminütigen Film von einer Sonnenkorona auf. Diese wurde abwechselnd heller und dunkler und veränderte die Form wie ein wildes Feuer. Große Gasmengen wurden ausgeschleudert, und mächtige Eruptionen am Rand der Sonnenoberfläche wuchsen zu helmartigen Strukturen.

Neue Beobachtungen

Für die nächsten Jahre sind drei neue Observatorien zur Erforschung des unsichtbaren Lichtes des Universums geplant. Die NASA plant, 1998 das Advanced X-Ray Observatory (AXAF) zu starten, dem um einige Jahre später ein neues Infrarot-Teleskop (SIRTF) folgen wird. ESA, die Europäische Raumagentur, wird 2001 INTEGRAL starten, ein Gammastrahlungs-Observatorium.

Röntgenüberraschung

Die Röntgenastronomie begann 1948, als amerikanische Wissenschaftler eine speziell ausgerüstete deutsche V2-Rakete starteten und entdeckten, daß die Sonne Röntgenstrahlen abstrahlt. 1962 sah ein raketengebundener Detektor, der dafür ausgelegt war, Strahlung von hochenergetischen Solarpartikeln zu registrieren, die im Mond einschlagen, unerwartet den ersten fernen Röntgenstern, Scorpius X-1.

1960 wurde über einige weitere Röntgenobjekte berichtet. Und als die Begeisterung über diese neue Astronomie wuchs, startete die NASA 1970 den ersten Röntgensatelliten, Uhuru (Suaheli für „Freiheit"). Zum Ende der 70er Jahre waren mehr als 1000 Röntgenquellen katalogisiert.

Röntgen im Himmel

Kürzlich hat der deutsche ROSAT (Röntgensatellit) benannt nach Wilhelm Konrad Röntgen, dem Entdecker der Röntgenstrahlen, die erste Röntgenkarte des gesamten Himmels geliefert. Mehr als 60 000 Röntgenquellen wurden katalogisiert, inclusive Dutzende von bislang unsichtbaren Supernova-Überbleibseln. Der 1990 gestartete 2,5 t schwere Satellit kann Objekte erkennen, die 1000mal kleiner als der Vollmond sind. Er schaut tief in benachbarte Galaxien – wie z. B. Andromeda – und sieht darüber hinaus 10 000 Millionen Lichtjahre entfernte Röntgenquasare und Wolken dunkler interstellarer Materie.

Kürzlich hat ROSAT ein neues Bild eines bekannten Sternenclusters geliefert, der Plejaden (Sieben Schwestern), die 410 Lichtjahre entfernt sind und 500 Sterne enthalten. Das Röntgenbild dieses Clusters sieht völlig anders aus als das optische Bild. Diese relativ jungen Sterne senden relativ große Mengen von Röntgenstrahlen ab. Und die 6 oder 7 hellen Sterne, die „Schwestern", die mit bloßem Auge leicht gesehen werden können, verschwinden, während umgekehrt unsichtbare Sterne im Röntgenbild dominieren. Dieses sind jüngere Sterne, die schneller rotieren und deshalb eine viel größere Menge von Röntgenstrahlen erzeugen.

◄ **Stellarer Kindergarten:** *Infrarot-Bild des Orion-Nebels, eine berühmte Region in 1500 Lichtjahren Entfernung, wo neue Sterne aus Wolken kondensierenden Gases geboren werden. Das Bild entstand durch die Überlagerung des Bildes eines NASA-Flugteleskops mit dem Infrarot-Bild einer Schwarz-Weiß-Aufnahme des Nebels. Die Farbkodierung zeigt Temperaturen an, wobei die kältesten Regionen rot sind. In der Mitte des Bildes ist eine Gruppe von vier dicht zusammenliegenden Sternen, die Trapezium genannt werden und Teil eines Clusters heißer junger Sterne sind, vielleicht erst 20 000 Jahre alt. Dicht links über diesen vier Sternen ist der gegenwärtige Kindergarten im Orion, der mit optischen Teleskopen unsichtbar ist.*

▼ **Großer Bär:** *Falschfarbenbild der Spiralgalaxie M81, das mit dem Ultraviolett-Teleskop aufgenommen wurde, das Teil der ASTRO-1-Mission des Space Shuttle Columbia 1990 war. Das Bild zeigt Gebiete der Sternenbildung und andere Strukturen in den Spiralarmen. M81 ist im Sternbild Großer Bär, zehn Millionen Lichtjahre entfernt.*

Ein neues Rätselspiel in der Astronomie sind die kontinuierlichen Ausbrüche von Gammastrahlen im Kosmos, die scheinbar willkürlich verteilt fast täglich auftreten. Diese Ausbrüche, die nun vom NASA-Compton-Gammastrahlungs-Observatorium untersucht werden, könnten einfach außerhalb unseres Sonnensystems aber auch von fernen Ecken des Kosmos herkommen.

Gammastrahlen werden bei einer Vielzahl kosmischer Prozesse erzeugt. Dazu gehören Supernova-Explosionen, Teilchenbeschleunigung durch starke Felder, die Materie-Antimaterie-Annihilation und Strahlung von solchen Exoten wie Neutronensternen, schwarzen Löchern, aktiven galaktischen Kernen und Quasaren.

Das faszinierendste Phänomen in diesem Teil des elektromagnetischen Spektrums sind die mysteriösen Ausbrüche von Gammastrahlen, das plötzliche Aufblitzen hochenergetischer Gammastrahlung mit Dauern von einer Hundertstelsekunde bis zu 1 000 Sekunden. Diese kurzen und intensiven Blitze treten unvorhersehbar und aus allen möglichen Richtungen auf. Sie wurden zuerst 1967 durch einen US-Spionagesatelliten registriert, der die Gamma-Ausbrüche aufspüren sollte, die unterirdische Kernexplosionen begleiten.

Die Suche nach diesen mysteriösen Gamma-Ausbrüchen stand weit oben auf der Prioritätenliste des Compton-Gammastrahlungs-Observatoriums der NASA, das 1991 vom Space Shuttle Atlantis in den Raum gebracht wurde. Der 16 t schwere Satellit, der nach dem Physiker Arthur Holly Compton benannt wurde, trägt vier Instrumente und tastet das gesamte Spektrum kosmischer Gamma-Energien ab. Er kann 50mal schwächere Signale registrieren als alle anderen früheren Geräte.

In den ersten beiden Jahren seines Raumeinsatzes konnte das Compton-Observatorium durchschnittlich einen Gamma-Ausbruch pro Tag registrieren. Der mächtigste Aus-

▶ ***Gamma-Augen (rechts):** Abkoppeln des Compton-Observatoriums vom Space Shuttle Atlantis in 400 km Höhe über der Erde. Die detaillierten Bilder des Satelliten, die das gesamte Gammaspektrum umfassen, eröffnen ein neues Fenster zum Weltraum.*

Mysteriöse Ausbrüche am Himmel

Das Rätsel der Gammastrahlen

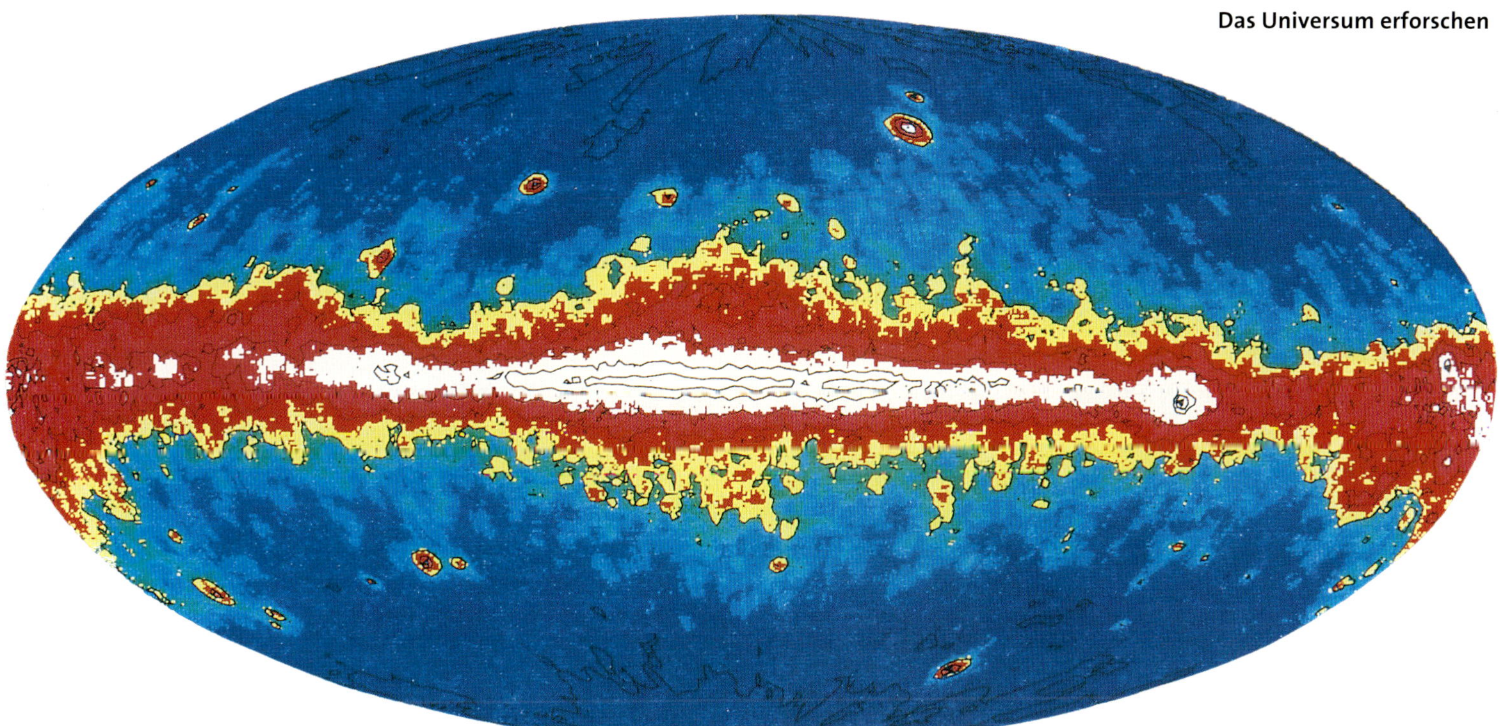

▲ *Gammastrahlungs-Himmel (oben): Die erste Karte des Gammastrah-lungs-Himmels, wie er vom Compton-Gammastrahlungs-Observatori-um geliefert wurde. Die intensivsten Regionen mit den stärksten Quellen sind weiß, die schwächsten sind blau. Der horizontale Streifen ist die Milchstraßen-Galaxis. Geminga ist der weiße Fleck ganz rechts im Bild.*

▶ *Geminga (unten rechts): Von Compton geliefertes Bild des einst mysteriösen Gammapulsars Geminga (violetter Fleck) und des Pulsars im Krebs-Nebel (in der Mitte). Von den 500 bekannten Pulsaren sind nur wenige Gammaquellen. Geminga könnte ein Beispiel für einen neuen Typ des Pulsars sein, der keine Radiowellen aussendet.*

bruch wurde im Sternbild der Jungfrau am 31. Januar 1993 registriert, dem Tag des Superbowl-Spiels der amerikanischen Football-Liga, und wurde als „Superbowl-Ausbruch" bekannt. Dieser Ausbruchr war 100mal intensiver als jede ständige Gammaquelle innerhalb unserer Galaxis und so intensiv, daß sogar eines der Beobachtungsinstrumente geblendet wurde.

Von Anfang an war die Ursache dieser Gamma-Ausbrüche ein Rät-sel. Bevor das Compton-Observatorium in Dienst gestellt wurde, glaubten die meisten Astrophysiker, daß diese Ausbrüche von seis-mischen Explosionen oder Aufschlägen von Asteroiden auf der Ober-fläche von Neutronensternen verursacht wurden. Das Observatorium lieferte ein weiteres mysteriöses Ergebnis: Die Quellen der Gamma-Ausbrüche scheinen eine bestimmte räumliche Anordnung mit der Erde im Zentrum zu haben. Im Jahr 1997 konnte der Abstand zu einem Gammastrahlungsausbruch gemessen werden. Es wurde ge-zeigt, daß die Quellen mehrere Milliarden Lichtjahre entfernt und weit außerhalb unserer Galaxis lokalisiert sind.

Geminga

Die lebhafteste Gammaquelle am Himmel ist Geminga, die nach ihrer Lage im Sternbild Zwillinge (Gemini) benannt ist. Die Quelle wurde 1973 vom NASA Small Astronomy Satellite (SAS-2) entdeckt, und das

Mysterium von Geminga scheint nun gelöst. Compton hat Geminga als Gammastrahlungs-Pulsar (vgl. S. 110) identifiziert.

Geminga ist ein schnell drehender Neutronenstern, das Überbleibsel einer gigantischen Sonne, die vor 340 000 Jahren eine Supernova wurde. Der Pulsar bewegt sich durch den Raum. Man glaubt, daß der explo-dierte Stern ursprünglich im Sternbild Orion war, vielleicht in einer Ent-fernung von nur 100 Lichtjahren. Diese Supernova war wahrscheinlich 20mal heller als der Vollmond und 2 Jahre lang selbst bei Tageslicht sichtbar und muß unsere Vorfahren beunruhigt haben. Die Schockwelle könnte für die Bildung der sogenannten „lokalen Blase" auf der Sonne geführt haben, ein großes Gebiet niedriger Dichte um die Sonne herum.

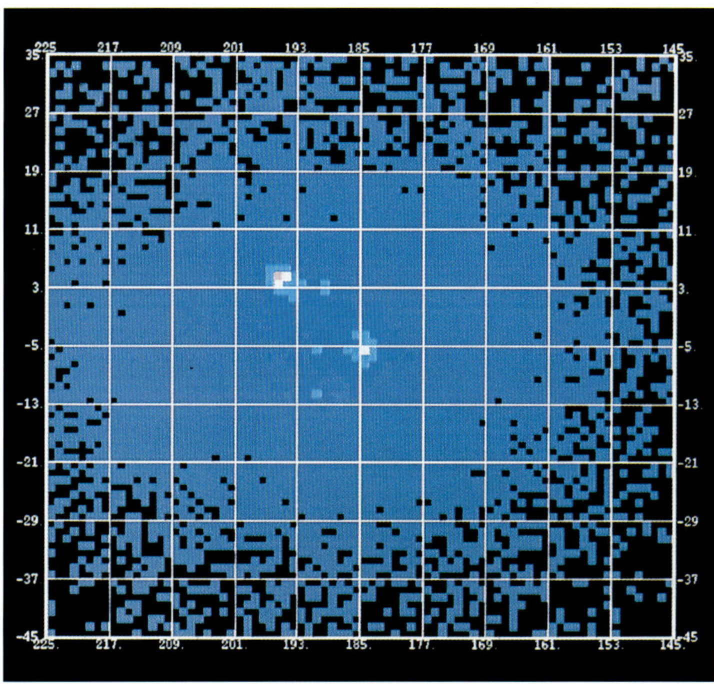

Während wir immer kleinere Bausteine der Materie entdeckten, entstand auch ein neues Bild im großen Maßstab des Universums. 1980 haben die Astronomen herausgefunden, daß die Galaxien in größeren und komplexeren Strukturen in größeren Tiefen des Raumes angeordnet sind.

Muster der Unendlichkeit

Die allergrößten Strukturen

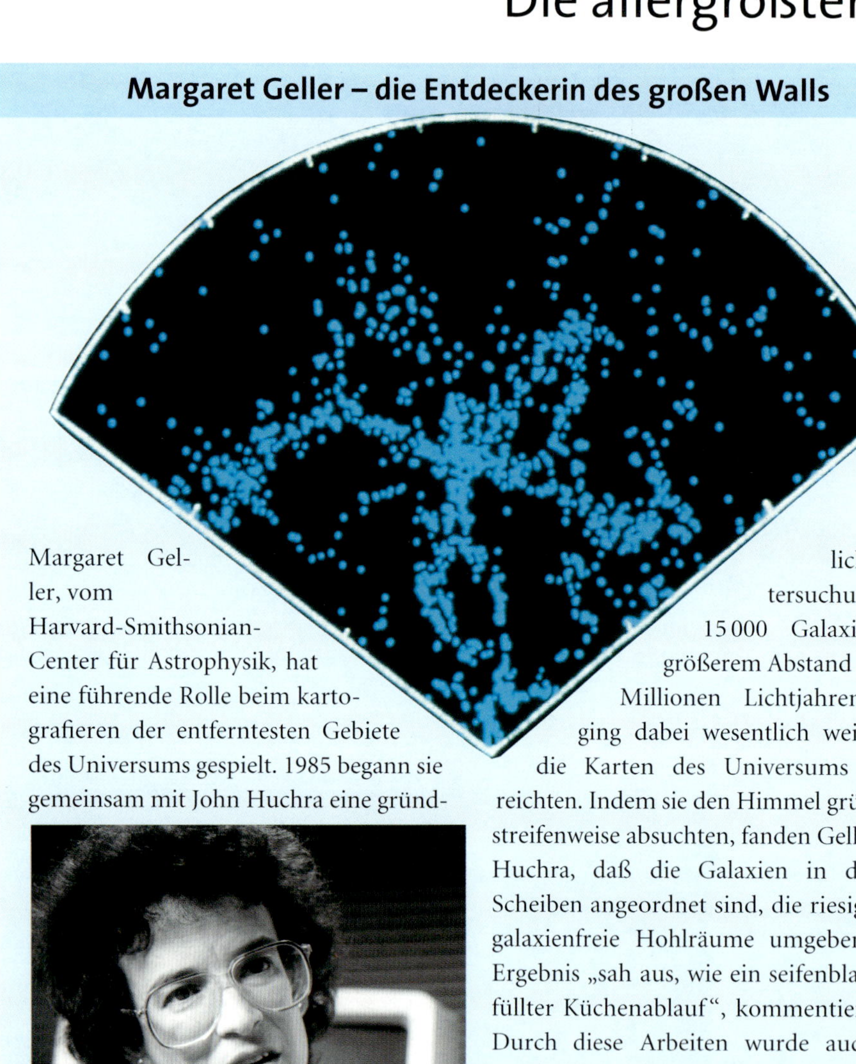

Margaret Geller – die Entdeckerin des großen Walls

Margaret Geller, vom Harvard-Smithsonian-Center für Astrophysik, hat eine führende Rolle beim kartografieren der entferntesten Gebiete des Universums gespielt. 1985 begann sie gemeinsam mit John Huchra eine gründliche Untersuchung von 15 000 Galaxien in größerem Abstand als 600 Millionen Lichtjahren und ging dabei wesentlich weiter als die Karten des Universums zuvor reichten. Indem sie den Himmel gründlich streifenweise absuchten, fanden Geller und Huchra, daß die Galaxien in dünnen Scheiben angeordnet sind, die riesige, fast galaxienfreie Hohlräume umgeben. Das Ergebnis „sah aus, wie ein seifenblasengefüllter Küchenablauf", kommentierte sie. Durch diese Arbeiten wurde auch der Große Wall entdeckt, eine riesige Scheibe von Galaxien mit einer Ausdehnung von 500 Millionen Lichtjahren und einer Dicke von einigen Millionen Lichtjahren, die sich über die nördliche galaktische Hemisphäre ausdehnt.

Bevor Margaret Geller ihren Berufsweg in der Astronomie begann, wollte sie Designerin werden. In ihrer Arbeit als kosmische Kartografin vereinigen sich beide Seiten.

Die Menschen haben immer nach Mustern im Himmel gesucht. Mit viel Phantasie haben die Griechen die Sterne in 48 Bildern oder Sternbildern mit Motiven der Mythologie organisiert. Sie nannten dies „Astronomie" (Sterne anordnen), und wir benutzen diesen Brauch immer noch als Führer zu den 100 Milliarden Sternen in unserer Milchstraßen-Galaxis.

Im größeren Maßstab ziehen sich die Galaxien tendenziell gegenseitig durch die Gravitation an, und zig oder hunderte oder tausende von ihnen gruppieren sich in kugelförmigen „Clustern" mit einem typischen Durchmesser von 10 bis 20 Millionen Lichtjahren. Die Milchstraße befindet sich in einem kleinen Cluster von etwa 20 Galaxien, die lokale Gruppe genannt werden und auch unsere nächste Galaxis, Andromeda, enthält.

Supercluster

Der nächste große (oder „reiche") Cluster ist die Jungfrau in einer Entfernung von 40 Millionen Lichtjahren und bestehend aus einigen 1 000 Galaxien. Dieser Cluster bildet selbst den Mittelpunkt eines lokalen Superclusters, der mindestens 11 Cluster und 40 zusätzliche Gruppen enthält, inclusive unserer lokalen Gruppe – und insgesamt aus 50 000 Galaxien besteht. Wir befinden uns am Rand dieser gigantischen linsenförmigen Struktur mit einem Durchmesser von 100 Millionen Lichtjahren.

Anfangs glaubten die von zweidimensionalen Sternenkarten geleiteten Astronomen, daß die Cluster gleichmäßig über den Himmel verteilt wären. Auf einem Foto können die Positionen vieler Sterne gemessen werden. Doch dreidimensionale Karten sind viel komplizierter, da der Abstand jeder einzelnen Galaxis separat gemessen werden muß. Die

Ketten sind, wie aufgefädelte Perlen. (Diese fadenähnlichen Strukturen sind wahrscheinlich von der Seite her gesehene Flächen.) Zwischen den Superclustern sind riesige leere Räume, die fast keine Galaxien enthalten.

Ein Loch im Himmel

Der größte im Kosmos gefundene leere Raum befindet sich im Sternbild Boötes, hat einen Durchmesser von 300 Millionen Lichtjahren und wird von einem „Wall" von Superclustern umgeben.

◄ *Großer Cluster: M13 im Sternbild Herkules ist der größte kugelförmige Cluster am nördlichen Himmel. Er enthält 500 000 Sterne und liegt in einer Entfernung von 22 500 Lichtjahren. Kugelcluster sind ringartig um Galaxien angeordnet und zählen mit einem Alter von mindestens 13 Billionen Jahren zu den ältesten bekannten Objekten. In unserer Galaxis sind etwa 125 Cluster bekannt. Die Cluster sind über den Himmel nicht gleich verteilt, sondern sind selbst in irregulären „Superclustern" angeordnet.*

▼ *Schnappschuß der galaktischen Evolution: Vom Hubble-Raumteleskop geliefertes Bild des Clusters der Galaxien CL0939 + 4713 (vier Billionen Lichtjahre entfernt). Dieser Cluster enthält viel mehr Spiralgalaxien als andere weiterentwickelte Cluster. Das Bild läßt den Eindruck entstehen, daß einige der Spiralen dabei sind zusammenzustoßen und sich zu elliptischen Galaxien zusammenzulagern.*

Farbverschiebung im Spektrum der Galaxis sagt uns, wie schnell sie sich bewegt (vgl. S. 96). Im ständig expandierenden Universum entfliegt ein Objekt um so schneller, je weiter entfernt es ist. Auf diese Weise gibt die Geschwindigkeit einer Galaxis Auskunft über ihren Abstand.

Die Milchstraße bewegt sich nicht exakt in der Richtung des restlichen expandierenden Universums. Wir driften mit der unbarmherzigen Geschwindigkeit von 600 km/s in Richtung des Sternbildes Zentaurus, so als ob wir von einer großen entfernten Masse angezogen würden, die „der große Attraktor" genannt wird.

Als die Astronomen Anfang der 80er Jahre neue Beobachtungen unternahmen, waren sie erstaunt herauszufinden, daß manche Supercluster flächenartig, während andere lange

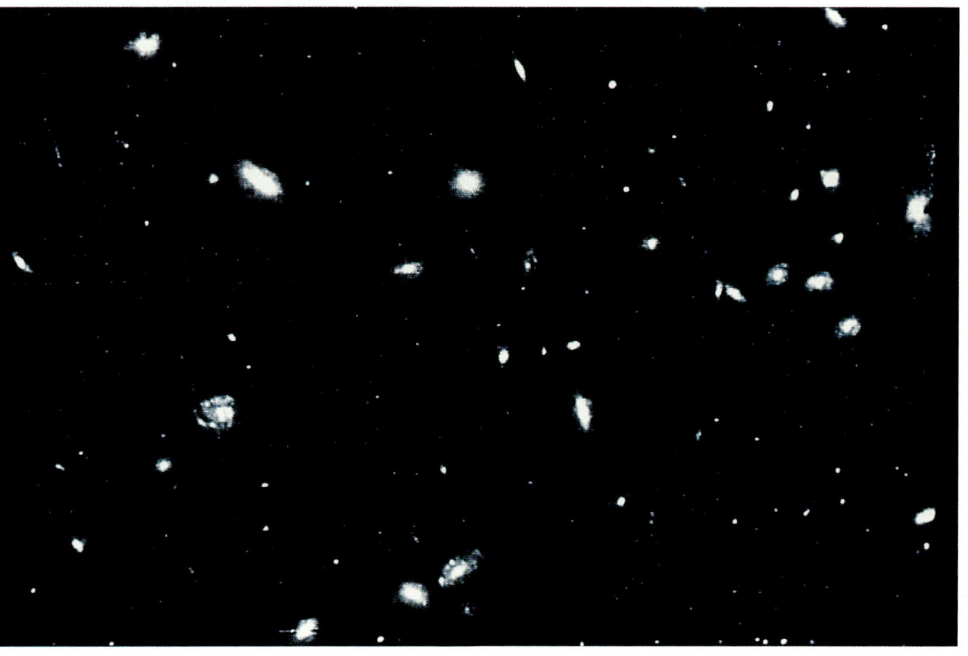

Lodernde Funken

Aktive Galaxien

1960 entdeckten die Radioastronomen starke Quellen, die völlig anders als alle bekannten Sterne zu sein schienen. Diese Quasare am Rand des Universums strahlen unvorstellbare Energiemengen ab. Sie beziehen ihre Energie wahrscheinlich von supermassiven schwarzen Löchern und könnten die ersten Stadien der Galaxisbildung darstellen.

Galaxien sind nicht so ruhig, wie sie durch Fernrohre erscheinen. 1943 fand der US-Astronom Karl Seyfert Spiralen – die jetzt „Seyfert-Galaxien" genannt werden – mit sehr hellen Zentren. Mit der Entwicklung neuer Technologien entstand in den 1950ern die Radioastronomie, die schwache Radiosignale aus den Fernen des Kosmos registriert. Auch mit den stärksten Fernrohren waren einige dieser Quellen optisch nicht erkennbar.

Um 1960 wurden scharf lokalisierte Radioquellen ausgemacht, die mit dem zusammenfielen, was wie schwache Sterne aussah, so schwach, daß viele Stunden Belichtung erforderlich waren, sie zu fotografieren. Normalerweise zeigen die Farbbänder im Spektrum eines Sterns, woraus er besteht. Doch diese Spektren waren mit nichts Bekanntem vergleichbar. Die Astrophysiker waren verblüfft.

Der Holländer Maarten Schmidt verstand, was vor sich ging. Wenn eine Quelle alt ist, dann hat sich ihre Emissionswellenlänge mit dem Universum vergrößert, wodurch sie rötlicher wirkt (vgl. S. 96). Diese Radioquelle war jedoch so weit entfernt, daß ihre Farbe aus dem Sichtbarkeitsbereich verschoben wurde. 3C273 befindet sich am Außenrand des Universums in einer Entfernung von zwei Milliarden Lichtjahren. Nur eine Handvoll Galaxien ist so weit entfernt. Das entfernteste Objekt ist PC1247 + 3406 in einer Entfernung von weit mehr als zehn Milliarden Licht-

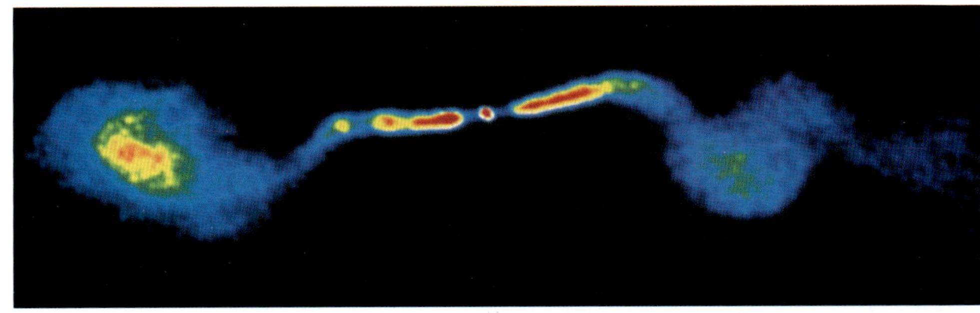

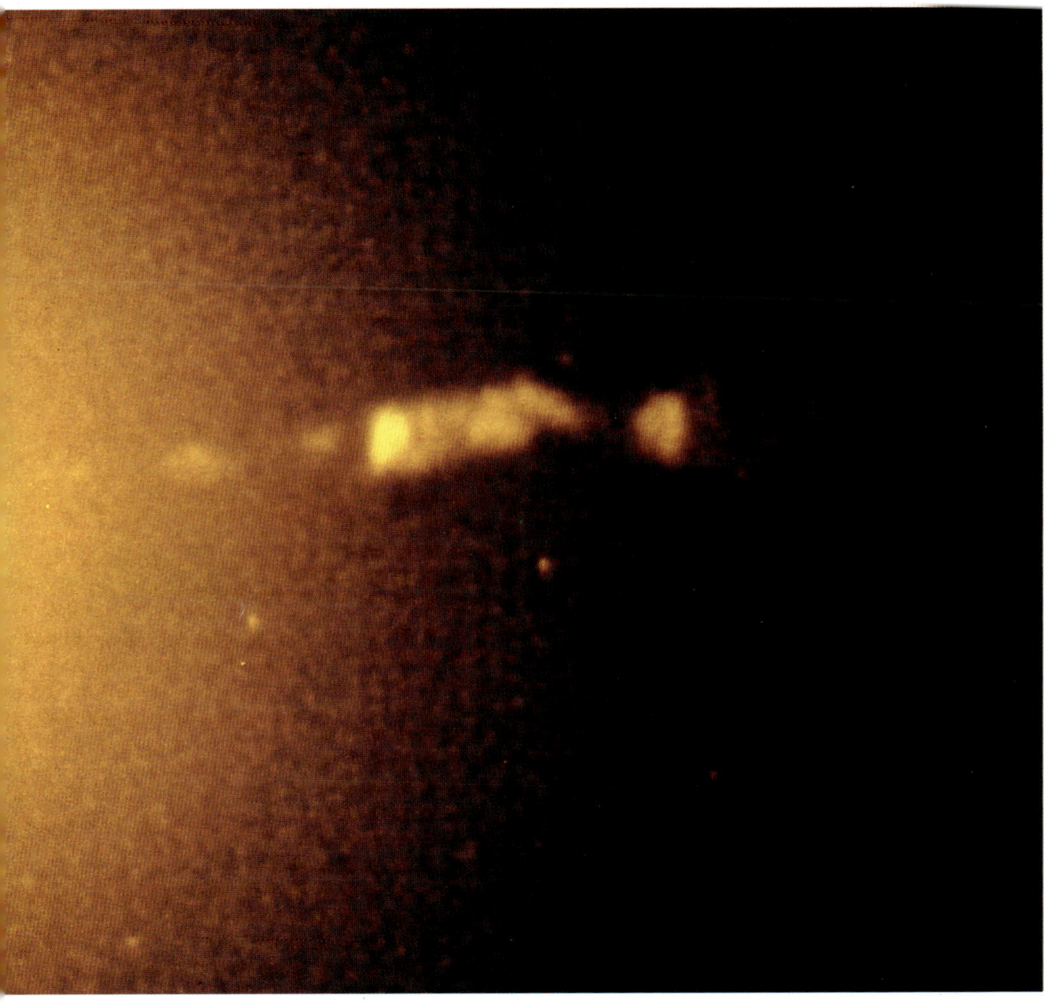

jahren. Das Licht dieses weitentfernten kosmischen Vorpostens hat 90% des Alters des Universums benötigt, um zu uns zu gelangen.

Um überhaupt sichtbar zu sein, müssen diese entfernten Objekte die Leuchtzeichen aus dem Morgengrauen der kosmischen Geschichte sind, unvorstellbare Energiemengen ausstoßen. Ein durchschnittlicher Quasar, der wahrscheinlich nicht größer als unser Sonnensystem ist, ist heller als 100 Galaxien oder 1 Million Sterne!

Die galaktische Kraft

Wo kann diese enorme Energie herkommen? Frühe Spekulationen favorisierten Kettenreaktionen von Supernovas oder gigantischen Pulsaren. Doch später stimmten die meisten Theoretiker überein, daß Quasare einen viel stärkeren Motor haben müssen. Dies könnte ein „supermassives" schwarzes Loch mit etwa der 100milliardenfachen Sonnenmasse sein. Ein solches furchteinflößendes Objekt könnte gebildet worden sein, als Sterne, die sich in Richtung des Zentrums einer Galaxis bewegten, zu dicht zusammenkamen und in einem schwarzen Superloch kollabiert sind. Es ist möglich, daß insbesondere starke Quasare mehr als ein solches schwarzes Loch haben.

Die Gravitation des supermassiven schwarzen Loches saugt alle Materie aus der näheren Umgebung auf und läßt sie wie eine sich formierende Scheibe aussehen, wenn die Sterne sie umkreisen, bevor sie im „Ablauf" des schwarzen Lochs verschwinden. Durch diesen Mechanismus wird der Quasar eingeschaltet, strahlt starke Materieströme und alle Arten von Strahlung ab, da geladene Teilchen herumgeschleudert werden.

Während Quasare immer noch mysteriös sind, kristallisiert sich die Erkenntnis heraus, daß sie zu galaktischen Kernen verbunden und wichtig für die Bildung und Entwicklung der Galaxien sind.

Die unterschiedlichen Arten aktiver Galaxien – Quasare, Radiogalaxien und Seyferts – könnten unterschiedliche Stufen in der Entwicklung von Galaxien darstellen. Der erste Quasar erschien wahrscheinlich, als das Universum weniger als eine Million Jahre alt war, als die Galaxien zu kondensieren begannen.

▲ ***Ohrläppchen (oben):*** *Die Radiogalaxis 3C449 ist eine elliptische Galaxis mit einem heißen Kern in einer Entfernung von 350 Millionen Lichtjahren. Sie erzeugt zwei heiße Plasmaströme, die sich zu Radiostrahlung emittierenden Ohrläppchen verbreitern.*

◄ ***Seyfert-Galaxis (links):*** *Die Spiralgalaxis NGC1068 vom Seyfert-Typ. Der helle Kern enthält Gas, das sich mit Geschwindigkeiten von 5000 km/s bewegt. Seyferts können vorübergehende Stadien in der Entwicklung der Galaxien sein.*

▲ ▲ ***Kosmischer Jet (ganz oben):*** *Etwas Seltsames, wahrscheinlich ein schwarzes Loch mit einer Masse von mindestens 2 Milliarden Sonnen liegt im Zentrum von M 87, der nächsten aktiven Galaxis in einer Entfernung von 50 Millionen Lichtjahren von der Erde im Sternbild der Jungfrau. M87 emittiert einen glühenden Jet 5000 Lichtjahre in den Raum hinaus. Im Zentrum von M 87 wirbelt Gas mit einer Geschwindigkeit von 750000 km/h. Diese hoch aktiven Galaxien sind wahrscheinlich in rascher Entwicklung.*

Die dunkle Seite der Materie

Das fehlende Universum

Die gründliche Beobachtung der Gravitationsbewegung zeigt an, daß im Universum viel mehr sein muß, als mit dem Auge sichtbar ist. Da 99 % aller Galaxien und allen kosmischen Materials aus unsichtbarer „dunkler" Materie besteht, könnten wir eine kosmische Besonderheit sein – eine Sommersprosse auf einem ansonsten sehr ebenmäßigen Universum.

1932 veröffentlichte der holländische Astronom Jan Oort in einer holländischen Zeitung eine bizarre Idee, die er seit Jahren in Vorträgen vertrat. Sterne und Galaxien bewegen sich durch die anziehende Gravitation infolge ihrer Masse. Und aus der Bewegung der Sterne in unserer Galaxis hatte Oort die Gesamtmenge abgeschätzt, die vorliegen müßte. Doch dies schien etwa doppelt soviel zu sein, wie durch Fernrohre sichtbar war. Vielleicht war etwas Unsichtbares da draußen.

Im folgenden Jahr sah Fritz Zwicky denselben Effekt in größerem Maßstab. Indem er die Geschwindigkeiten innerhalb des Sternbildes Coma maß, fand er heraus, daß sich viele darin befindliche Galaxien so schnell bewegten, daß der Cluster auseinanderfliegen würde, wenn er nicht 10mal mehr Masse enthielte, als das Licht vermuten läßt.

Die Idee der unsichtbaren „dunklen" Materie erschien solange abwegig, bis Vera Rubin und ihre Kollegen vom Carnegie-Institut in Washington D. C. die Weise untersuchten, in der Spiralgalaxien rotierten.

Die Gruppe von Rubin begann ihre Untersuchungen mit der zwei Millionen Lichtjahre entfernten Andromeda-Galaxis. Die Andromeda-Galaxis hat ebenso wie die Milchstraße eine äußere Spirale. Und Rubin erwartete, daß sich die Sterne am äußeren Rand der Galaxis langsamer bewegen würden als die in Zentrumsnähe, etwa so wie die Planeten um die Sonne. Sie war überrascht festzustellen, daß alle Andromeda-Sterne fast unabhängig vom Abstand zum Zentrum der Galaxis dieselbe Geschwindigkeit hatten.

Erst glaubte sie, daß Andromeda eine besondere Galaxis sei. Doch dann stellte sich heraus, daß andere Galaxien sich ebenso verhalten. Als immer mehr solche Ergebnisse in den 70er Jahren gesammelt worden waren, bestätigten umfangreiche Computerrechnungen die Vermutung von Oort. 90 % der Spiralgalaxien scheinen schwarze Materie zu sein. Ein mysteriöser äußerer „Ring" scheint das zentrifugalkraftbedingte Auseinanderreißen der inneren Spirale zu verhindern.

Dunkle Materie ist ebenfalls für die Kosmologie wichtig. Das Bild vom Aufblasen des Universums nach dem Urknall (vgl. S. 102) besagt, daß das Universum auf des Messers Schneide zwischen ewiger Ausdehnung und letztlichem Kollaps balanciert ist. Die sichtbare kosmische Masse repräsentiert höchstens 10 % der kritischen Dichte, die für ein solches Gleichgewicht erforderlich ist. Das sichtbare Universum erwuchs aus einem immensen fruchtbaren Boden.

Heiß und kalt

Die in den Halos der Galaxien verborgene unsichtbare dunkle Materie könnte einfach träge Materie sein, die aus Protonen und Neutronen besteht – Sterne, die „braune Zwerge" genannt werden, unsichtbare Planeten von Jupitergröße, intergalaktisches Gas und Staub und schwarze Löcher. Doch um die rechte Menge leichter Kernmaterie im sichtbaren Universum zu bekommen, wie Helium und Lithium, können nur 10 % der dunklen Materie dafür verantwortlich sein. Der Rest muß aus schwereren Teilchen gemacht werden, die die normalen nuklearen Prozesse nicht beeinflussen.

Es könnte auch „heiße" dunkle Materie geben, die aus masselosen oder sehr leichten Teilchen besteht, die sich mit Lichtgeschwindigkeit oder fast mit Lichtgeschwindigkeit bewegen. Der natürliche Kandidat für heiße dunkle Materie ist das Neutrino, das sowieso unsichtbar ist. Kurz nach dem Urknall sind

---

Vera Rubin – eine astronomische Großmutter

Vera Rubin veröffentlichte ihre ersten Ergebnisse über die Bewegung der Spiralgalaxien 1950 im Alter von 22 Jahren, drei Wochen nach der Geburt ihres ersten Kindes. Sie ist nun 66 Jahre alt und hat ein Buch mit dem Titel *Meine Großmutter ist Astronomin* geschrieben, das ihrer Enkelin gewidmet ist.

Rubin wurde von dem bekannten Urknall-Forscher George Gamov zur Beschäftigung mit der Astronomie angeregt. Ihre inzwischen sehr ernstgenommenen Erkenntnisse wurden bis 1963 kaum beachtet. Rubin hat den größten Teil ihres Arbeitslebens am Department für terrestrischen Magnetismus des Carnegie-Instituts verbracht und auf der Suche nach dunkler Materie 200 Galaxien untersucht. Sie hofft, junge Menschen, speziell Mädchen zur Suche nach dem unsichtbaren Stoff anzuregen, aus dem der größte Teil unseres Universums besteht.

rie bildet die größten Strukturen, die kalte Materie die galaktischen Details.

Der größte Teil der dunklen Materie besteht wahrscheinlich aus schweren Teilchen, die nur wenig Wechselwirkung mit der gewöhnlichen Materie haben und die „schwach wechselwirkende schwere Teilchen" (weakly interacting massive particles – WIMPS) genannt werden. Supersymmetrische Teilchen (vgl. S. 84), die bei Hochenergie-Laborexperimenten entstehen könnten, sind wahrscheinliche Kandidaten.

◄ *Dunkle Wolke: 1993 verkündeten Astronomen die mit dem ROSAT-Röntgensatelliten gewonnene Erkenntnis einer großen Konzentration dunkler Materie in der kleinen Galaxiengruppe NGC2300 in einer Entfernung von 150 Millionen Lichtjahren in Richtung des Sternbildes Cephus. Die Röntgenaufnahmen zeigen eine Gruppe, die sich in einer Wolke heißen Gases (10 Millionen Grad) 1,3 Millionen Lichtjahre entfernt befindet.*

▼ *Warten auf einen Zusammenstoß: An einem der ruhigsten Plätze der Erde, 1 100 m unter der Erde in einem Salzbergwerk in Boulby an der Nordostküste von England, wartet ein speziell von Physikern des UK Rutherford Appleton Laboratory konstruierter Detektor auf einen Stoß mit vagabundierenden Teilchen dunkler Materie aus dem Kosmos. Der Detektor ist von 100 t Wasser umgeben.*

Schwälle von Neutrinos aus der kosmischen Suppe aufgestiegen und haben sich seitdem ziellos durch den Raum bewegt. Wenn jedes Neutrino eine verschwindende Masse hat, dann gibt es genug Neutrinos, um die dunkle Materie zu bilden.

In einem Universum im Anfangszustand, das von frei umherfliegenden Neutrinos erfüllt ist, würden kleine lokale Irregularitäten rasch verschwinden und nur große Strukturen wie Supercluster könnten überleben. Kleinere Objekte wie die Galaxien selbst hätten auf das Aufbrechen dieser Supercluster zu warten, doch die vergangene Zeit hätte nicht gereicht, all diese Galaxien aufzubrechen. Deshalb kann die Form des Universums nicht durch Neutrinos bestimmt worden sein.

Sowohl heiße als auch kalte Materie ist notwendig, um die beobachteten Strukturen des Universums zu erklären. Die heiße Mate-

Machos
und braune Zwerge

Die ersten Anzeichen dunkler Materie?

1993 kam die Gewißheit, daß „braune Zwerge" – relativ kleine Gaswolken, die keine Sterne gebildet haben – dunkle Materie enthalten. Die einzige Möglichkeit, diese unsichtbaren Objekte zu sehen, besteht dann, wenn sie vor einem entfernteren und helleren Stern vorbeifliegen und kurzzeitig das Bild stören, indem sie es intensiver erscheinen lassen.

▲ **Die Suche nach dem Unsichtbaren:** *Mount-Stromlo-Observatorium in der Nähe von Canberra, Australien, wo seit 1989 nach dunkler MACHO-Materie gesucht wird. Die Untersuchungen betrafen etwa 500 000 Sterne.*

Unser Universum könnte voll von kleinen Gaswolken in Planetengröße sein, die zu klein sind, nukleare Funken zu entzünden und zu leuchtenden Sternen zu werden. Am Außenrand unserer Galaxien fliegend, könnten diese zarten Wölkchen einen Teil der vermißten dunklen Materie des Universums darstellen. Astrophysiker nennen sie „massive astrophysikalisch kompakte Halo-Objekte" oder MACHOs. Das Problem war, wie man sie sehen kann, wenn sie unsichtbar sind.

1986 schlug Bohdan Paczynski aus Princeton vor, Teleskope auf helle Sterne zu fokussieren, die sich hinter der MACHO-Region befinden, und zu beobachten, ob sich etwas dazwischen bewegt. Wenn MACHOs die Beobachtungsrichtung zu den Sternen in unserer nächstgelegenen Galaxis, der Großen Magellanschen Wolke in ungefähr 150 000 Lichtjahren Entfernung, kreuzen würden, dann würden sie das Bild der Sterne stören. Normalerweise verursacht ein astronomisches Objekt, das sich vor einem anderen vorbeibewegt, eine Sonnenfinsternis, die zeitweilig das entferntere Licht auslöscht. Doch Paczynski zeigte, daß unter geeigneten Bedingungen der umgekehrte Effekt eintreten könnte, daß das Licht des entfernteren Sterns bei einer „Anti-Sonnenfinsternis" heller wird.

Licht wird durch die Gravitation leicht gebeugt. Dies war eine von Einsteins Vorhersagen. Und die Anziehung der Sonnengravitation auf das Sternenlicht wurde 1919 beobachtet, indem die Sternenpositionen während und nach einer Sonnenfinsternis verglichen wurden. Das Licht eines entfernten Sterns könnte durch einen MACHO so gebeugt werden, daß das unsichtbare Objekt das Sternenlicht wie eine Linse fokussiert und dadurch den Stern heller werden läßt.

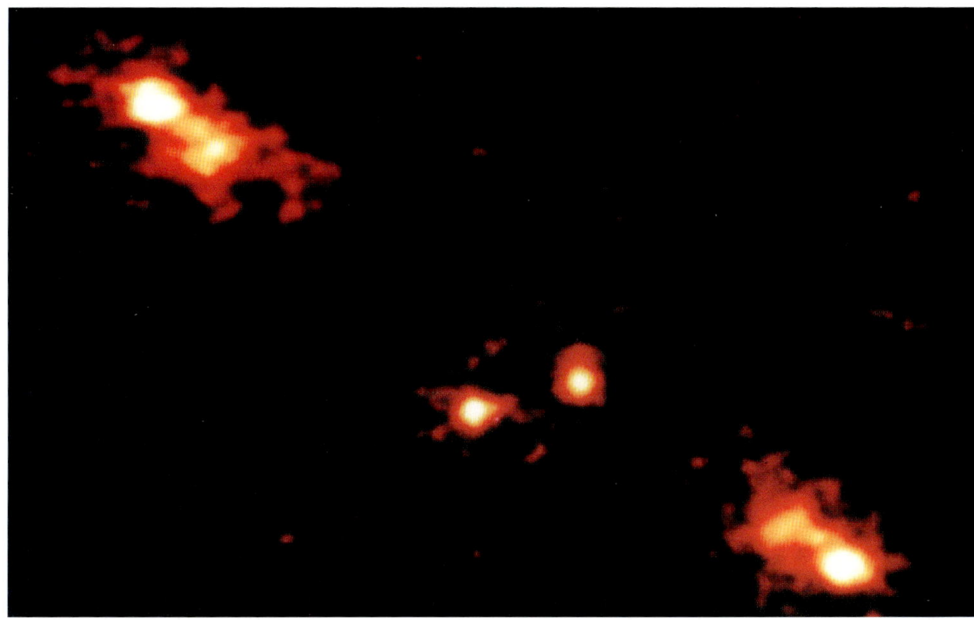

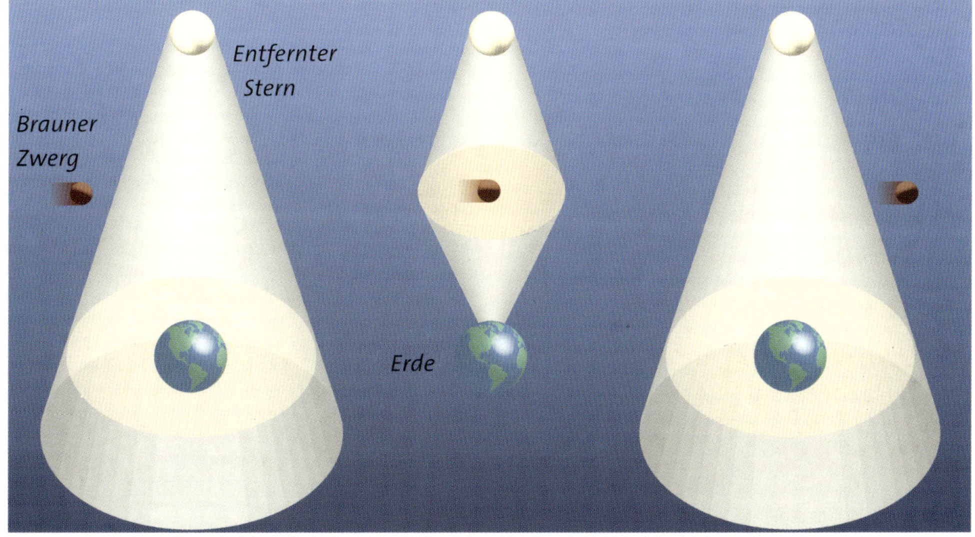

◄ *Spiegelbilder: Das Licht der Galaxis AC114 wird durch die Gravitationskraft der dunklen Masse in einem Cluster von Galaxien im Vordergrund gebeugt, bevor das ursprüngliche Bild wieder erscheint, wie diese Hubble-Raumteleskop-Aufnahme zeigt.*

▲ *Lichtbeugung: Braune Zwerge bestehen vorherrschend aus Wasserstoff und Helium. Doch sie sind mit einem Zehntel der Sonnenmasse zu klein, um die thermonukleare Fusion zur Lichtproduktion entstehen zu lassen. Auf der anderen Seite haben sie genug Gravitationskraft, ihr Material so stark anzuziehen, daß es nicht in den Raum verdunstet, und Licht entfernter Sterne auf dem Weg zur Erde zu beugen.*

Durch die Rotation unserer Galaxis bedingt, wird die MACHO-Wolke vor dem Bild entfernter Sterne vorbeigezogen wie ein bewegter Vorhang. Zufällig könnte ein MA-CHO an die richtige Stelle kommen. Nach-dem ein MACHO sich vorbeibewegt hat, wäre die Fokussierung vorüber, und der Stern würde wieder in seiner ursprünglichen Form erscheinen. Wahrscheinlichkeitsberechnungen zeigten, daß man etwa eine Million Sterne beobachten müßte, um einen solchen „Mikrolinsen-Effekt" zu erhaschen.

Zwei Teams

1989 schlug Charles Alcock aus Berkeley eine neue Suche nach dunkler Materie vor. Wenn man nach seltenen Phänomenen sucht, dann ist es immer gut, unabhängige Experimente zu haben, so daß anfängliche Ergebnisse rasch bestätigt werden können. Die Astrophysiker aus Berkeley arbeiteten mit dem Mount-Stromlo-Observatorium in der Nähe von Canberra in Australien zusammen. Eine französische Gruppe mit dem Namen EROS (Expérience de Recherche d'Objects Sombres) benutzte ein Fernrohr am European Southern Observatory (ESO) in La Silla, Chile.

Das EROS-Team benutzte zwei Techniken. Eine war für MACHOs bis zu einem Zehntel der Sonnengröße empfindlich, wobei $5\,\text{m}^2$ große fotografische Platten benutzt wurden, von denen jede einzelne weniger als ein Tausendstel des sichtbaren Himmels erfaßte. Von 1989 bis 1993 wurden mehr als 300 dieser großen Platten für jeweils etwa eine Stunde am La-Silla-Fernrohr belichtet. Es wurden etwa zehn Millionen Bilder von Sternen aufgenommen und die fotografische Information dieser Platten wurde im Pariser Observatorium von einer speziellen Anlage digitalisiert. Der Gesamtinformationsgehalt dieses Experiments ist etwa eine Million mal größer als der dieses Buches!

Die zweite EROS-Technik zielte auf kleinere MACHOs ab, die mindestens 1 000mal kleiner als die Sonne sind. Anstelle von Fotoplatten wurde eine schachbrettartige Anordnung kleinster Halbleiter-Chips des Typs CCD benutzt, die auch in Video-Kameras zu finden sind. Das amerikanisch-australische MACHO-Team benutzte außerdem eine lichtverstärkende CCD-Kamera.

Bei den meisten registrierten Daten blieben die Bilder der Sterne der Großen Magellanschen Wolke unverändert. Doch in einigen wenigen Fällen wurde ein entfernter Stern plötzlich einigemale heller und blieb so für einen Monat, bevor er wieder so aussah wie zuvor. Diese zeitweilige Fokussierung entspricht MACHOs, die etwa 10mal kleiner als die Sonne sind und potentielles Sternenmaterial darstellen, das zur Sternenbildung zu wenig ist. Diese „braunen Zwerge" können jedoch nicht die einzigen Komponenten schwarzer Materie sein.

Die Kosmologie geht in den Weltraum

Der COBE-Satellit

1989 startete die NASA ihren ersten Satelliten für Kosmos-Forschung. Der „Cosmic Background Explorer" (COBE) war entwickelt worden, um die schwache Mikrowellenstrahlung zu registrieren, die als Überbleibsel des Urknalls den Weltraum durchdringt um nach Hinweisen auf den Ursprung der Galaxis zu suchen. Dieser kleine Flugkörper wurde zu einem großen Erfolg.

Nachdem die Mikrowellenstrahlung einmal entdeckt worden war (vgl. S. 100), wollten sie die Astrophysiker daraufhin untersuchen, ob sie Hinweise auf den Urknall geben könnte. Bei diesem extrem schwachen Effekt, der etwa 100 Millionen mal schwächer ist als die uns täglich umgebende Wärmestrahlung, sind Präzisionsmessungen schwierig. Unbeirrt unternahmen die Wissenschaftler Experimente in Ballons, Raketen und hochfliegenden Flugzeugen.

1974 schlug der 1946 in New Jersey geborene und am Goddard-Institut für Raumforschung arbeitende John Mather vor, daß die NASA einen kleinen Satelliten für Untersuchungen der Mikrowellenstrahlung oberhalb der Atmosphäre bauen sollte. Er hatte diese Strahlung bereits von der Erde aus gemessen.

Billiger Satellit

Die NASA akzeptierte Mathers Idee. Da der Satellit ziemlich billig war, war das Risiko für die NASA gering. So wurde COBE entwickelt und 1982 von der NASA angenommen. 1986 war der Flugkörper für den Transport in den Weltraum bereit. Doch der Start wurde infolge des Challenger-Unfalls, der das US-Raumprogramm unterbrach, um vier Jahre verschoben. In einem beschleunigten Programm wurde COBE nochmals wesentlich leichter gebaut, um am 18. November 1990 durch eine Rakete auf die Umlaufbahn gebracht zu werden.

Zwei Monate später berichtete das in Goddard von Mather geführte COBE-Team über die ersten Erkenntnisse. Das „absolute Spektrofotometer für Infrarot-Strahlung" (FIRAS), das einer der drei Detektoren war, maß das Spektrum der Untergrundstrahlung aus und fand heraus, daß es exakt dem Spektrum eines perfekt abstrahlenden Materials

entsprach, der sogenannten Strahlung eines „schwarzen Körpers", wie es aus der einfachsten Version der Theorie des Urknalls folgt. Die Temperatur der Strahlung liegt bei 2,735 Grad über dem absoluten Nullpunkt. Die Übereinstimmung ist so perfekt, daß 99,97 % der Strahlung offenbar während des ersten Jahres nach dem Urknall emittiert wurde.

Die Verkündung dieses Ergebnisses durch Mather vor der Amerikanischen Physikalischen Gesellschaft im Januar 1990 brachte unmittelbaren Applaus. Dieses Experiment war 100mal genauer als die vorhergehenden Messungen und erleichterte die Kosmosforschung sehr. Sie waren irritiert gewesen, als ein vorangegangenes Raketenexperiment eine starke Abweichung vom idealen Spektrum zeigte.

Zu glatt

In den folgenden neuen Messungen vom Differential-Mikrowellenradiometer (DMR) von COBE wurde die erste Mikrowellenkarte des gesamten Himmels erstellt. Diese bestätigte die Meinung der Kosmosforscher von einem perfekt glatt verlaufenen und einheitlichen Urknall.

Obwohl dieser frühe Erfolg von COBE ihm einen Platz in der Wissenschaftsgeschichte sicherte, blieb eine grundlegende Frage der Weltraummission unbeantwortet. Ein ursprüngliches Universum mit einem Urknall, der in alle Richtungen gleichstark wirkte, war zu gut, um wahr zu sein. Überall im Raum ist die Materie klumpig, mit Galaxien von Sternen, Clustern von Galaxien und selbst Superclustern von Clustern. Für die Entwicklung

Das erste Licht

Der Cosmic Background Explorer ist hier während des Tests im Goddard-Raumfahrtzentrum zu sehen. Er mißt 2,5 m im Durchmesser und 5,5 m in der Länge und wiegt etwa 2,5 t. Er umkreist die Erde in einer polnahen Bahn in einer Höhe von 900 km. Im Winter kann er unmittelbar nach Sonnenuntergang und kurz vor Tagesanbruch mit leicht fluktuierender Helligkeit gesehen werden.

Es war eine große Aufgabe, die Detektoren von COBE bei niedrigen Temperaturen zu halten, um ihre Empfindlichkeit zu erhöhen. Zwei der Detektoren wurden mit fluidem Helium auf −271 Grad gekühlt. DIRBE, das dritte Instrument, überwacht den Infrarot-Himmel, um nach den ersten schwachen Anzeichen sich neu bildender Sterne und Galaxien zu suchen.

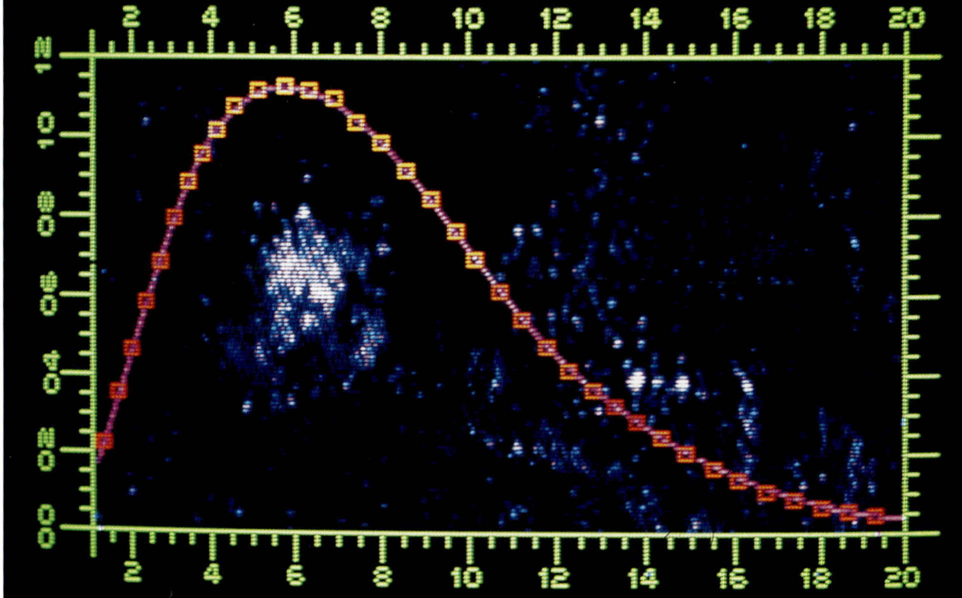

▼ **Der perfekte Strahler (unten):** *Das Spektrum der Mikrowellen-Untergrundstrahlung (gekrümmte Linie) aufgenommen durch Absolutspektrometer für fernes Infrarot (FIRAS) von COBE. Das Spektrum eines hypothetischen perfekten Strahlers, eines „schwarzen Körpers", wird durch das Ergebnis von 67 Messungen perfekt gefittet, innerhalb von Bruchteilen eines Prozent, wie die Vorstellungen vom Urknall voraussagten.*

▼▼ **Glatt (ganz unten):** *Mikrowellenkarte des gesamten Himmels wie sie vom Differential-Mikrowellenradiometer (DMR) von COBE aufgenommen wurde. Die Karte zeigt einen allmählichen Übergang von blau zu violett (0,0033 Grad) als Ergebnis der Bewegung unseres Sonnensystems durch das Universum. Wenn diese Bewegung abgezogen wird, dann ist die sich ergebende Temperaturverteilung sehr glatt.*

derartiger Strukturen wären entsprechende „Mikroklumpen" im frühen Universum notwendig gewesen, die ihre Spuren in der Mikrowellen-Hintergrundstrahlung hinterlassen hätten. Diese Urschwankungen der Dichte wären die Keime der Galaxien.

Zu Beginn der 80er Jahre hatten die Kosmosforscher mit der anhaltenden Gleichheit der Untergrundstrahlung und identischer Temperatur am gesamten Himmel Probleme. 1982 wies Stephen Hawking darauf hin, daß dadurch das Ergebnis der kritischen Aufblasphase erzwungen und das entstandene Universum zusammengehalten wurde.

Die ersten COBE-Ergebnisse unterstrichen die beachtliche Konstanz dieser Temperatur, die am gesamten Himmel nur um ein Fünfundzwanzigtausendstel schwankte. Die Kosmosforscher mußten ihre Rechnungen überprüfen, um sicherzugehen, daß ihre Abschätzungen der allerersten Dichteschwankungen klein genug waren, um sich den Beobachtungen von COBE bislang zu entziehen. Nachdem 1992 alle möglichen Ursachen für Irrtümer in Betracht gezogen worden waren, sah das COBE-Team die ersten schwachen Anzeichen einer Textur in ihrer Karte des Mikrowellenhimmels erscheinen.

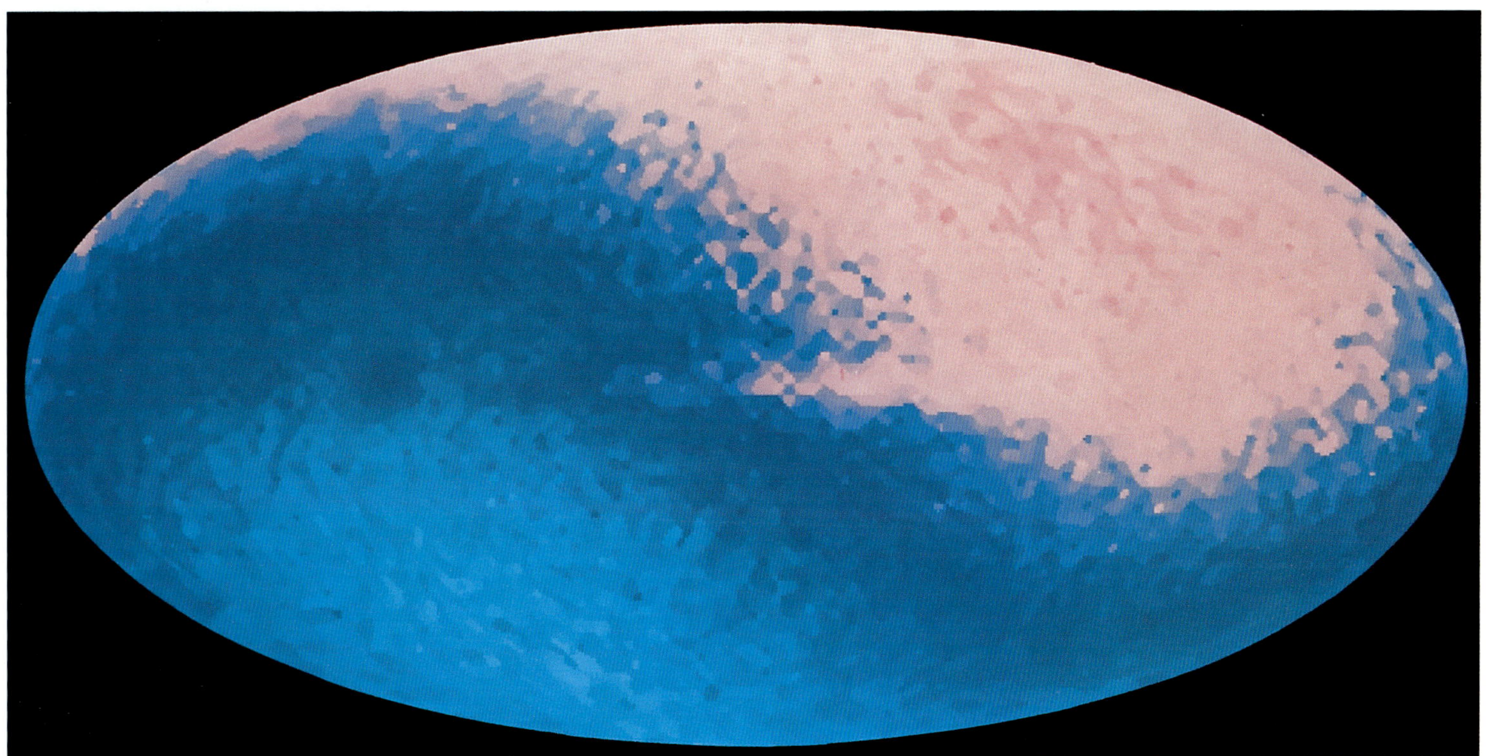

Keime des Universums

Wispern vom Anfang der Zeit

Die beim Urknall vorhandene winzige Raum-Zeit-Blase wurde von Quantenschauern gefüllt. Als die mächtige Kraft des Aufblasens zu wirken begann, expandierten diese Quanten in das Universum. Die Gravitation begann dann zu einer bestimmenden Kraft im Kosmos zu werden.

Der Raum und die Zeit, die durch den Urknall geschaffen wurden, waren nicht leer. Auf subatomare Dimensionen zusammengepreßt war der erste Sekundenbruchteil wild und chaotisch, bestimmt durch die Unschärferelation. Teilchen-Antiteilchen-Paare und anderer Quantenmischmasch flammten ständig auf und ab und ließen das Vakuum mit winzigen Eruptionen vorübergehender Energie glitzern.

Doch 10^{-35} Sekunden nach dem Urknall wurde das Universum von einer starken aufblasenden Kraft erfaßt, als die Energie in das Vakuum freigesetzt wurde, wodurch die ursprüngliche Raum-Zeit-Blase mit Überlichtgeschwindigkeit aufgeblasen wurde (vgl. S. 102). Quantenblitze leuchteten unregelmäßig auf. Im gewaltigen Verstärker des Aufblähens gefangen, explodierten sie außerhalb, wurden von ihrem Quantenschicksal, auf immer zu verschwinden, verschont.

Nach 10^{-32} Sekunden, als das Aufblähen plötzlich unterbrochen wurde, war das Universum, das wir heute sehen können, so

Wellenbildung

George Smoot vom Lawrence-Berkeley-Laboratorium führt die Wissenschaftlergruppe, die das Differential-Mikrowellenradiometer (DMR) von COBE betreibt, das Präzisionsinstrument, das die kosmische Untergrundstrahlung gescannt und die kosmischen „Wellen" entdeckt hat. Diese geringen Fluktuationen, eine der größten wissenschaftlichen Entdeckungen des Jahrhunderts, ließen George Smoot zu einem gefeierten Wissenschaftler werden. Er wurde 1945 geboren und ist Mitglied eines Komitees, dessen Anliegen es ist, der Wissenschaft eine größere öffentliche Wertschätzung zu verschaffen.

▲ *Kreuselung des Hintergrundes:* Vom COBE-Satelliten wurden 1992 schwache Temperaturvariationen im Universum nachgewiesen, die nur 30 Millionstel Grad ausmachen. Diese lassen Rückschlüsse auf die Bildung des Universums unter dem Einfluß der Gravitation zu. Bereits vor mehr als 300 Jahren wurde von Isaac Newton erstmals groß wie ein Tennisball. Mit leuchtenden Punkten gefüllt, war es nicht länger ebenmäßig. Die Keime des Universums wurden erkennbar. Es war nun Sache der Gravitation, sie wachsen zu lassen. Gravitation wirkt nur in eine Richtung und zieht Masse immer zusammmen. Immer mehr Material pappte zusammen und bildete die Grundlage für die Entstehung der Galaxien.

Anfangs der 70er Jahre zeigten der britische Theoretiker Ted Harrison und der sowjetische Kosmosforscher Yakov Zeldovich, daß alle ursprünglichen Quantenpunkte die gleiche Expansion genommen haben würden. So wie sich bei einem punktbedeckten Ballon beim Aufblasen deren Abstand erhöht, aber die relative Anordnung unverändert bleibt, war es auch bei den Quantenpunkten. Das Muster der Gravitationskraft wäre ebenso auf dem Hintergrund der kosmischen Strahlung erhalten geblieben.

Am 23. April 1992 beschrieb der Astrophysiker George Smoot beim Kongreß der Amerikanischen Physikalischen Gesellschaft in Washington D.C. den erstaunten Zuhörern, wie der COBE-Satellit der NASA Gebiete von heißer und kalter Materie am Himmel gesehen hat, schwache Temperaturwellen mit nur 30 millionstel Grad. Es wurde selten eine wissenschaftliche Entdeckung so breit und schnell anerkannt.

Acht Monate nach diesen überraschenden Ergebnissen bestätigten unabhängige Messungen der Mikrowellen-Untergrundstrahlung, die von einem Team von Wissenschaftlern des Massachusetts Institute of Technology der NASA und der Princeton-Universität durchgeführt wurden, die Existenz von Mikrowellen in der Untergrundstrahlung.

Der benutzte Detektor war 25mal empfindlicher als der von COBE, und sechs Stunden Messungen reichten, die schwachen Wellen aufzudecken, obwohl der Detektor sich nur in einem Ballon in 40 km Höhe und nicht in einem Satelliten von 900 km Höhe befand. Die Ähnlichkeit der schwachen Fluktuationen, die unter unterschiedlichen Bedingungen durch zwei Präzisionsexperimente gemessen wurden, bestätigt den Quantenursprung des Universums.

Nachdem die wissenschaftliche Mission von COBE abgeschlossen ist, ist es die nächste Aufgabe, den Zusammenhang der Wellen mit dem heutigen Universum herzustellen.

behauptet, daß kleine irreguläre Massen unter dem Einfluß der Gravitation zusammenklumpen könnten. Wenn die Materie über einen unendlichen Raum verteilt wäre, dann würde eine unendliche Anzahl größerer Massen über diesen Prozeß entstehen. Diese könnten in großen Abständen voneinander in diesem unendlichen Raum existieren.

COBE in Person

John Mather vom Goddard Raumfahrtzentrum der NASA hatte die Idee zum COBE-Satelliten und leitete das wissenschaftliche Team, das zuerst das Mikrowellen-Spektrum vermessen hat. Er ist auch weitgehend für die Fortführung des Projekts trotz der mit dem Challenger-Unglück verbundenen Rückschläge verantwortlich. Für viele ist er COBE in Person. Er wurde 1946 als Sohn eines Farmers in New Jersey geboren und war schon frühzeitig von der Astronomie und dem Bauen von Fernrohren fasziniert. „Was mich am meisten beeindruckt, ist der Fakt, daß wir uns wirklich ein kohärentes Bild vom Urknall machen können, obwohl er schon so lang zurückliegt und unter solch extremen Bedingungen vor sich ging", sagt er.

Die Schwierigkeiten der Abstandsbestimmung zu den Galaxien liegen in der Wurzel der Auseinandersetzung darüber, wie schnell das Universum expandiert. Diese Unsicherheiten lassen am Alter des Kosmos zweifeln. Einige dieser Abschätzungen besagen absurderweise, daß das Universum jünger ist, als seine ältesten Sterne!

Wie alt ist das Universum?

Messen, wie sich der Raum ausdehnt

1929 entdeckte Edwin Hubble, daß das Universum sich ausdehnt. Die entfernten Galaxien schienen sich mit Geschwindigkeiten wegzubewegen, die ihrem Abstand von der Milchstraße proportional waren. Je weiter entfernt eine Galaxis ist, desto schneller entfernt sie sich. Diese offenbare Proportionalität zwischen Abstand und Geschwindigkeit wird Hubble-Verhältnis genannt.

Das Universum dehnt sich aus. Das Hubble-Verhältnis sagt uns, wie schnell dies geschieht, und es gibt einen Hinweis darauf, wie alt das Universum ist. Je schneller die Ausdehnung geschieht, desto weniger Zeit ist seit dem Urknall vergangen. Die Anziehungskraft zwischen aller Materie im Universum bremst die Ausdehnung allmählich ab. Um das Alter des Universums zu bestimmen, muß das Hubble-Verhältnis in eine Gleichung eingesetzt werden, zusammen mit der Massendichte des Kosmos, einer Größe, die naturgemäß schwer zu messen ist, und die niemand genau kennt.

Edwin Hubble gab anfangs einen Wert von 530 an. Dies war eine starke Überschätzung, die durch Meßfehler verursacht wurde und beinhaltete, daß das Universum nur ein oder zwei Milliarden Jahre alt ist. Die Arbeit wurde von Allan Sandage fortgesetzt, der 1956 einen Wert von 180 ableitete, entsprechend eines Alters des Universums von fünf Milliarden Jahren. Später reduzierte Sandage mit dem Schweizer Astronomen Gustav Tammann den Wert auf 50. Sie gaben das Alter mit 12 Milliarden Jahren an. Doch diese Altersschätzungen hängen von der höchst unsicheren kosmischen Massendichte ab.

1976 kam der französische Astronom Gerard de Vaucouleurs von der Universität Texas zu dem Hubble-Verhältnis von 100 und dem Alter des Universums von 10 Milliarden Jahren. Es ist nicht ausgeschlossen, daß dieses Verhältnis nicht konstant ist, sondern unterschiedliche Werte für unterschiedliche Altersstufen des Universums hat.

▶ *Tychos Stern: Das Überbleibsel der Supernova SN1572 vom Typ I, die im Sternbild Cassiopeia im Jahr 1572 explodierte. Die bei Tageslicht sichtbare Supernova wurde von dem dänischen Astronom Tycho Brahe beobachtet. Das Gas der Explosion, das sich immer noch mit einer Geschwindigkeit von 11 000 km/s ausdehnt, ist hier vom Röntgensatelliten ROSAT dargestellt.*

▶ *Cepheiden in M81: Das Hubble-Raumteleskop identifizierte mehr als 30 Cepheiden (durch weiße Linien in jedem Bild markiert) in der Spiralgalaxis M81. Zuvor waren lediglich zwei Cepheiden in der Galaxis identifiziert worden. Die Hubble-Entdeckung ermöglichte die bislang genaueste Entfernungsabschätzung für M81: 11 Millionen Lichtjahre. Cepheiden sind gelbe supergroße Sterne, die regelmäßig pulsieren, mit Perioden des Anschwellens und Hellerwerdens von 1 bis 20 Tagen. Cepheiden stellen einen Standard dar, mit dem andere Sterne vermessen werden können. Je länger die Pulsierungsperiode ist, um so heller leuchtet der Stern.*

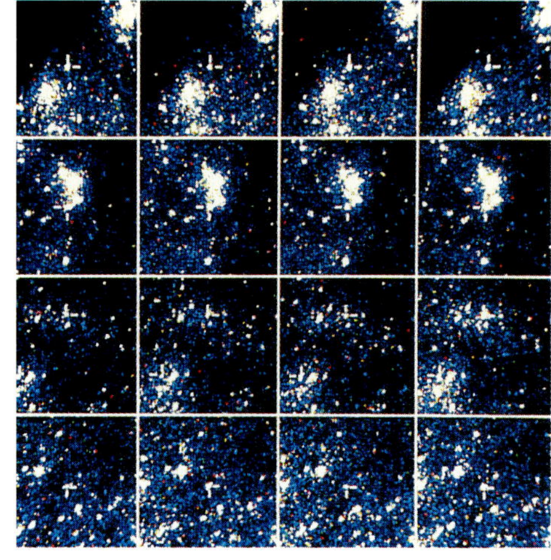

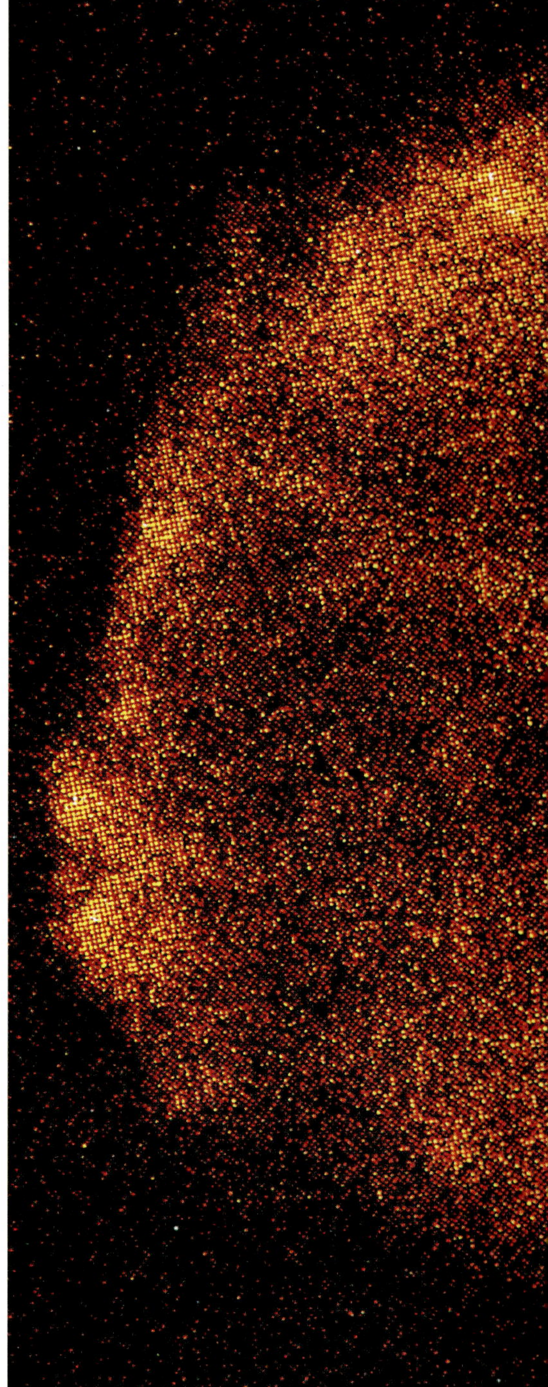

Hubble-Fluß

Der erste Teil der Bestimmung des Hubble-Verhältnisses wird durch die Messung der „Rotverschiebung" (vgl. S. 97) bestimmt, dem vergleichbaren Rötlichwerden des Lichtes entfernter Sterne, das durch die kosmische Expansion verursacht wird.

Um die Rotverschiebung zu erklären, müssen die Astronomen so weit wie bis zum

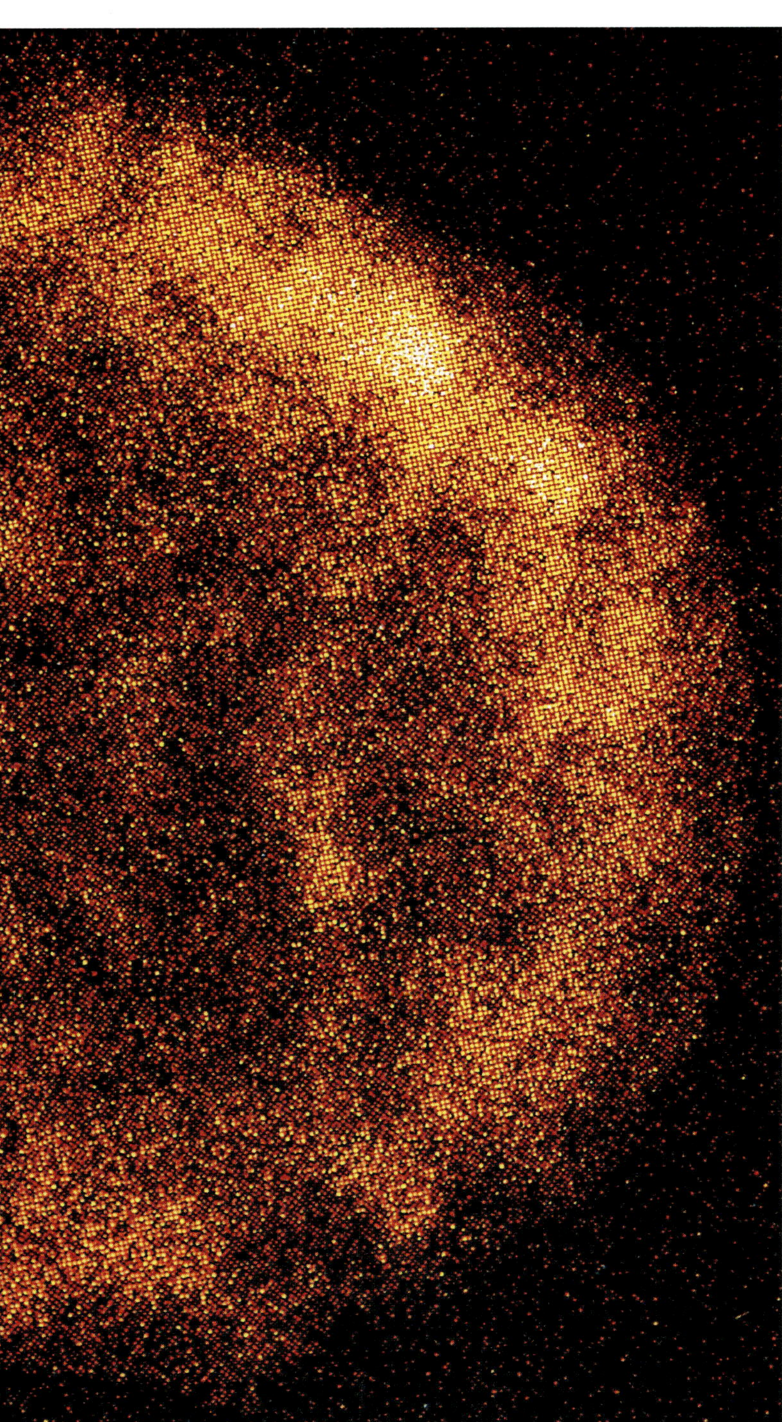

Jungfrauen-Cluster schauen, einer Entfernung von 50 Millionen Lichtjahren.

Die andere Aufgabe ist die Bestimmung der galaktischen Abstände. Dies ist der schwierige Teil. Es werden verschiedene Methoden angewandt, die davon abhängen, wie weit Objekte entfernt sind. Für relativ nahegelegene Galaxien ist die traditionelle Methode, variable Sterne zu benutzen, die Cepheiden genannt werden und von Henrietta Leavitt 1912 entdeckt wurden. Diese Sterne pulsieren jedoch regelmäßig, da sie expandieren und kontrahieren. Sie können nur bis zu einer Distanz von 25 Millionen Lichtjahren als zuverlässige Indikatoren für die Entfernung benutzt werden.

Kürzlich wurde gezeigt, daß planetare Nebel eine alternative und zuverlässige Größe für nahe Galaxien sind.

Kosmische Kerzen

Sogenannte Supernovas vom Typ Ia sind nun offenbar zu vielversprechenden „Standardkerzen" für die Messung von Abständen von über 50 Millionen Lichtjahren geworden. Solche Supernovas werden normalerweise in elliptischen Galaxien oder älteren Spiralen gefunden und tauchen auf, wenn ein weißer Zwerg Sternmaterial von einem umlaufenden Nachbarstern aufnimmt. Wenn die kritische Masse erreicht ist (Chandrasekhar-Grenzwert), explodiert der Zwerg plötzlich.

Weil diese Supernovas alle in der gleichen Weise entstehen, leuchten sie mit derselben Helligkeit auf. Sie sind leuchtstärker als die gewöhnlich stärker bekannten Supernovas vom Typ II (vgl. S. 108). Obwohl es schwer ist, die maximale Helligkeit von Explosionen weißer Zwerge zu messen, könnte diese Methode geeignet sein, das kosmische „Lineal" bis auf eine Milliarde Lichtjahre oder noch weiter auszudehnen.

Eine neue kontroverse Diskussion ergab sich aus den Ergebnissen des Hubble Space Teleskops vom Jahr 1994 über die extrem weit entfernten Cepheiden, die in so großer Entfernung gesehen wurden, daß sich hierfür eine Hubble-Konstante von ungefähr 80 ergab. Doch die Werte könnten durch intergalaktische Bewegung beeinflußt sein. 1997 wurden eindrucksvolle Präzisionsmessungen vom Hipparcos-Satelliten durchgeführt. Dabei wurden die Sternenpositionen über die Parallaxe bestimmt, indem die scheinbare Position eines entfernten Objekts von zwei unterschiedlichen Punkten der Erdumlaufbahn aus verglichen wurde. Daraus resultierte ein niedrigerer Wert der Hubble-Konstante, wodurch auf ein älteres Universum geschlossen werden kann. Der Kampf um die genaue Bestimmung des Verhältnisses dauert an.

Im 20. Jahrhundert hat der Fortschritt unserer Kenntnis zu dem Bewußtsein geführt, daß die Menschheit auf einer sehr wackeligen Leiter steht. Auf einem empfindlichen Schwimmring sitzend, verschwommen zu den Atomen hinabblickend und zu den Sternen hinaufstarrend, haben wir gerade erst begonnen, die kosmische Ordnung auszuloten.

„Furcht und die Blindheit des Denkens können nicht durch das helle Licht der Sonne verjagt werden – nur durch das Studium der Natur und der sie regierenden Gesetze", schrieb der römische Dichter und Philosoph Lukrez in seinem im 1. Jahrhundert v. Chr. verfaßten Buch *De rerum natura*, das die griechische atomistische Theorie bekanntmachte. Diese Atomisten bekämpften den Glauben und Aberglauben, gaben eine umfassende natürliche Erklärung der Welt ohne Hinzuziehung von Übernatürlichem.

Die im 20. Jahrhundert erreichten Entdekkungen der Mikrowelt zeigten eine inhärente Komplexität, die von früheren Generationen nicht erträumt wurde. Diese Suche nach der tiefsten Grundstruktur der Materie führte die Physiker immer tiefer in die Mikrowelt, ließ sie das ungewohnte Quantengebiet betreten, wo Alltagserfahrungen wie Ursache und Wirkung neue Bedeutungen bekommen.

Diese Reise in die Mikrowelt weckte zugleich den Bedarf an „Mikroskopen" mit höherer Auflösung. Sie führten die Physiker in der Zeit zurück und ließen sie die Bedingungen des ursprünglichen Universums und des Urknalls nachempfinden, der Zeit, als das Universum, das größer und komplexer ist, als wir uns vorstellen können, vor etwa 15 Milliarden Jahren aus der Explosion eines winzigen Punktes entstand.

Jetzt, etwa 2 000 Jahre nach der Schrift von Lucretius, könnte die Wissenschaft das letzte Ziel dieser frühen Atomisten erreicht haben. Es erscheint jetzt möglich zu erklären, wie das Universum anfing, ohne eine Gottheit zu benötigen, die „den Knopf drückte". Nach den Gesetzen der Physik kann ein Universum plötzlich aus einem ungeordneten Quantenereignis entstehen und sich selbst aus dem leeren Raum heraus erschaffen.

Das ultimative Quizspiel

Physik und Metaphysik

Das Ende der Arroganz

Vor 500 Jahren hielten die meisten Menschen den arroganten Glauben aufrecht, die Erde sei das Zentrum des Universums. Doch Galilei zeigte, daß die Erde die Sonne umläuft. Dann kam die Erkenntnis, daß sich die Sonne in einer weitentfernten Ecke unserer Galaxis befindet. Die Sonne ist weit entfernt davon, der Glanzpunkt des Himmels zu sein. Sie ist nur ein bescheidener Stern unter Millionen anderer. Die nächste neue Bewertung gab es zu Beginn des 20. Jahrhunderts, als die

▲ *Die wissenschaftliche Methode (oben und rechts): Die Suche nach neuen Antworten wird hier durch das Mauna-Kea-Observatorium in Hawaii (oben) und die im CERN fotografierte Kollision eines Sauerstoff-Ions (rechts) symbolisiert. Das Werkzeug der Wissenschaft ist die wissenschaftliche Methode, das gründliche Wechselspiel zwischen intelligenter Hypothese und gründlichem Experiment. Im Lauf der Jahrhunderte wurden systematisch und genau durchgeführte Messungen immer bedeutender. Die Suche nach neuen Schlüsseln treibt die Vorstellungskraft und Genialität bis zu den Grenzen.*

Die verschwimmende Grenze

„Die Erforschung des Raumes endet bei einem Punkt der Unsicherheit. Dies ist notwendigerweise so. Per Definition sind wir im Mittelpunkt der beobachtbaren Region. Wir kennen unsere unmittelbare Umgebung ziemlich genau. Mit wachsendem Abstand wird unser Wissen immer unsicherer und nimmt rasch ab. Schließlich erreichen wir die verschwimmende Grenze – die entferntesten Grenzen unserer Teleskope." Edwin Hubble, *Das Königreich der Nebel*

Forschungen von Edwin Hubble und anderen zeigten, daß die Milchstraße nicht allein ist und das Universum aus einigen 100 Milliarden weitverstreuten Galaxien besteht.

Mit der Kenntnis, daß das Universum große Mengen unsichtbarer dunkler Materie enthalten muß, vermuteten die Astrophysiker, daß der größte Teil des Universums auf unbekannte Weise entstanden sein könnte. Das nukleare Material, so wie wir es kennen, der Stoff, aus dem unsere Welt besteht, war nur eine nachträgliche kosmische Idee, die spät nach dem Urknall entstand. Die Zeit goß diesen nuklearen Tod, der größte Teil des Universums hätte schon gegossen sein können.

Anstelle von Arroganz haben wir nun Demut. Während wir immer mehr Verständnis der uns unmittelbar umgebenden Welt erreichen, wissen wir nicht, was oder selbst wo der größte Teil des Universums ist! Die Natur scheint ein immerwährendes Quiz mit uns zu spielen, bei dem nach jeder neuen richtigen Antwort ein neuer mysteriöser Hauptgewinn erscheint und die Meßlatte höhergelegt wird.

Worauf kommt es an?

Je mehr wir über das Universum verstehen, desto sinnloser erscheint es, schreibt Steven Weinberg in seinem geschätzten Buch *Die ersten drei Minuten*. Weinberg studierte Philosophie, bevor er sich der Physik zuwandte. Er ist ein Vordenker auf dem Weg zu einer letztendlichen vereinheitlichten Theorie.

Andere Physiker sind vorsichtiger. „Das Universum ist so mysteriös eingerichtet, daß ich geneigt bin zu glauben, da ist ein Zweck", sagte Allan Sandage, einer der 27 Kosmosforscher, die in dem Buch *Die Ursprünge* von Allan Lightman und Robert Brewer mit dem sinnlosen Universum konfrontiert wurden.

Großer Rahmen, kleines Bild

Trendbestimmende Teilchenphysiker und Kosmosforscher haben eine Ader für das Finden bezwingender Namen wie „eine Theorie von allem", der populäre Namen für die letztendliche vereinheitlichte Theorie. Doch es ist ein irrer Glaube anzunehmen, die Wissenschaft würde jetzt die letzten weißen Flecken der letzten Fragenliste füllen. Große Rätsel wie „Wo kommen die Gesetze der Natur her?" und „Warum bemüht sich das Universum zu existieren?" bleiben immer noch.

Die Anzeigetafel des Quiz der Natur vergibt eine hohe Punktezahl für den Nachweis der kosmischen „Wellen" durch den COBE-Satelliten. Fragen für die nächste Runde des Quiz sind die Bestimmung des exakten Wertes des Hubble-Verhältnisses und das Erkennen des Schicksals des Universums – wird es expandieren oder kontrahieren? Das Auffinden supersymmetrischer Teilchen, der Hauptkandidaten für dunkle Materie, würde die Meßlatte noch höher legen.

Während die heutige Wissenschaft immer mehr versteht, vergrößert sich der Rahmen des Bildes noch schneller und läßt immer mehr erkennen, was unverstanden ist. Im Angesicht dieses Dilemmas sind die Wissenschaftler zunehmend bescheidener geworden. Sie erkennen die Schwierigkeiten, absolute Antworten zu finden und setzen fleißig ihre „Suche nach dem Unendlichen" fort.

Sachverzeichnis

3C48 129
3C273 128
3C449 129

absoluter Nullpunkt 101
Achtfacher Weg 60
Adams, John 57
AGS 57
Alchimist 16–7
ALEPH 73, 78, 83
allgemeine Relativitätstheorie 88, 111,
    117, 119
Alpha Centauri 13
Alpha-Teilchen 32–3, 38, 40
Alpher, Ralph 100
Alvarez, Louis 55
Anaxagoras 15
Anaximander 14, 92
Anaximenes 14
Anderson, Carl 45, 52–4
Andromeda 13, 96–7, 130
anmutiges Ausgangsproblem 103
Annalen der Physik 31
Anti-Elektron siehe Positron
Antimaterie 44–5, 85
Anti-Proton 45, 56
Antiquark 73, 105
Antiteilchen 44–5, 85, 104
Antiwelten 45
Archimedes 93
Aristarchos von Samos 93–4
Aristoteles 16–9, 93
Äther 19
Atom 12–4
    Demokrits Theorie 15
    frühe Theorien 15–7, 20–1
Atombombe 40–1
Atomismus 16–7
Atomkern siehe Kern
Atommodelle 29, 34–5, 37
    Bohr 34–5
    Schrödinger 37
Atomtheorie 29
Ausschlußprinzip 35, 61, 107
Avogadro, Amadeo 20

Baade, Walter 108
Baryon 55, 61, 63
Beauty siehe Quark, Bottom
Becker, Herbert 40
Becquerel, Henri 26–7
Bekenstein, Jacob 118
Bell, Jocelyn 110–1
Beta-Radioaktivität siehe Beta-Teilchen
Beta-Teilchen 32, 46–7, 49, 69
Betelgeuse 106
Bethe, Hans 106
Bevatron 56
Bjorken, James D. 63, 70
Blackett, Pattrick 38

Blasenkammer 55
blauer Superriese 109
Bohr, Niels 21, 34–6, 46
Boltzmann, Ludwig 30
Bondi, Hermann 101
Boötes 127
Born, Max 37
Bothe, Walther 40
Botschafterteilchen 48–9, 77
Bottom-Quark siehe Quark
Boulby-Detektor 131
Boyle, Robert 17
Brahe, Tycho siehe Tycho Brahe
brauner Zwerg 130, 132–3
Broglie, Louis de 36–7
Brookhaven National Laboratory 57, 60
Brown, Robert 31
Burrows, Christopher J. 120–1
Butler, Clifford 54

Casimir, Hendrik 34
Cavendish, Margaret, Herzogin von
    Newcastle 17
CCD (charge-coupled device) 133
Cepheiden 96, 138–9
CERN 56–7, 63, 68, 74–5, 77, 80–1,
    87, 141
Chadwick, James 40–1, 46
Chandrasekhar, Subrahmanyan 107
Chandrasekhar-Grenzwert 107, 139
Charm-Quark siehe Quark
Charpak, George 83
chemische Verbindungen 76
Cherenkov, Pavel Alekseivitch 115
Cherenkov-Strahlung 113, 115
Cluster 126
    kugelförmiger 127
COBE (Cosmic Background Explorer)
    134–7
Cockcroft, John 38–9
Cockcroft-Walton-Maschine 50
Cockcroft-Walton-Technik 39
Compton, Arthur Holly 124
Compton-Gammastrahlungs-
    Observatorium 124–5
Conversi, Marcello 53
Cowan, Clyde 47
Crookes, Sir William 28–9
Curie, Irène 40
Curie, Marie 26–7
Curie, Pierre 26–7
Cygnus Loop 120
Cygnus X-1 117
Cygnus X-3 115

Dalton, John 20–1
Davisson, Clinton 37
Davy, Sir Humphrey 21
DELPHI 78
Demokrit 15, 93

DESY 73, 87
Detektoren 81–3
Dicke, Robert 101
Dimension, aufgerollte 89
Dirac, Paul 36, 44–5
Doppelspalt-Experiment 19
Down-Quark siehe Quark
Drei-Jet-Ereignis 72
Dubna-Laboratorium 57
dunkle Materie 130–3
    kalte 130
    heiße 130

$E = mc^2$ 41, 118
Eddington, Sir Arthur 99, 106, 116
Ehrenfest, Paul 46
Eichsymmetrie 66
Einstein, Albert 23, 30–1, 37, 41,
    64–5, 89, 98–9
Einstein-Kreuz 120
Eisen 110
Elektrizität 22–3
Elektromagnet, supraleitend 86–7
elektromagnetische Wellen 22–3, 25
Elektromagnetismus 64–6, 70, 77, 105
Elektron 12, 28–9, 31, 40, 59, 70, 76–7
    Ladung 29
    Umlaufbahnen 33–7
Elektron-Neutrino 76–7
Elektronenvolt 50
Elektroskop 43
Elektrotherapie 22
Element 20–1, 35, 76
    Verwandlung 38–9
    Daltons Liste 21
Ellis, John 89
Empedokles 15
Entropie 118
Epikur 16
Ereignishorizont 117–8
EROS 133
ESO (European Southern Observatory)
    133
Eudoxus 93

Faissner, Helmut 68–9
Faraday, Michael 22–3
Farbkraft 72–3
Feld 22
Fermi, Enrico 41, 46–7, 49, 58, 66, 68,
    114–5
Fermilab/Fermi National Accelerator
Laboratory 74, 86–7
Feynman, Richard 63, 66
Fluchtgeschwindigkeit 116
fotoelektrischer Effekt 31
Frank, Ilya Michaelovitch 115
Franklin, Benjamin 22
Friedman, Jerome 63
Friedmann, Alexander 99

Frisch, Otto 41
Funkenkammer 58–9

Galaxis 13, 105
    aktive 128–9
    Entwicklung 129
Galaxiencluster 127
Galileo Galilei 18, 94–5, 140
Gammapulsar 125
Gammastrahlen 32, 115
Gammastrahlen-Astronomie 124
Gammastrahlungs-Himmelskarte 125
Gamov, George 34, 39, 100–1, 130
Gargamelle 68
Gassendi, Pierre 17
Gay-Lussac, Joseph 20
Gell-Mann, Murray 55, 60–1
Geller, Margaret 126
Geminga 125
Georgi, Howard 84
Germer, Lester 37
Gesetz des reziproken Quadrats 95
Glaser, Donald 55
Glashow, Sheldon 66–8, 70, 84
Gluon 72, 77
Goddard-Raumfahrtzentrum 134
Gold, Thomas 101, 111
Graviton 77
Gravitation 22–3, 95, 102, 104–5, 107,
    116
Gravitationswellen 111
Greenberg, O.W. (Wally) 61
griechische Philosophie 14–6, 18, 22,
    92–3
großer Attraktor 127
GUT (Grand Unified Theory) 64–5,
    84–5, 102
Guth, Alan 102–3

Hadron 55
Hahn, Otto 41
Halley, Edmund 95
Halleyscher Komet 95
Harrison, Ted 137
Hawking Stephen 117–9, 135
Hawking-Strahlung 119
Heisenberg, Werner 36–7, 44–5, 49
Helium 100, 105–8
Helix-Nebel 107
Helmholtz, Hermann von 106
HERA 87
Heraklit 15
Herbig-Haro Nr. 2 120
Herman, Robert 100
Herschel, Sir William 96
Hertz, Heinrich 23, 29
Hess, Victor 43
Hewish, Anthony 110–1
Higgs, Peter 67
Higgs-Feld 67

Higgs-Teilchen 67, 77
Hofstadter, Robert 62−3
Hooft, Gerard't 67−8
Horizontabstand 102
Hoyle, Fred 101
Hubble, Edwin 96−7, 138, 141
Hubble-Fluß 139
Hubble-Verhältnis 138−9
Hubble-Weltraumteleskop 120−1
Hulse, Russell 111
Humason, Milton 97
Huygens, Christian 19

Iliopoulos, John 70
Inflation 102−5
Inseluniversen 96
intergalaktischer Staub 130
intergalaktisches Gas 130
Internationales Zentrum für
    Theoretische Physik 67
Isotop 41
IUE (International Ultraviolet
    Explorer) 122

J/Psi 70−1
Jansky, Karl 122
Joliot, Frederick 40
Jordan, Pascual 36
Jungfrau 126

Kamioka−Neutrinodetektor 113
Kant, Immanuel 96
Kaon 54−5
Kapteyn, Jacobus 96
Kathodenstrahlen 24, 28
Kathodenstrahlröhren 28−9
Kelvin, Lord (William Thomson) 23,
    29, 106
Kendall, Henry 63
Kepler, Johannes 94−5
Kern 12, 32−3, 105
    Bildung 100
    Reaktionen 32
    Spaltung 41
    Verwandlung 38−9
Kettenreaktion, nukleare 40−1
Klein, Oscar 65
Klystron 62
Kopernikanisches System 94
Kopernikus, Nicolaus 94
kosmische Strahlung 42−3, 52−4,
    114−6
Kosmologie 92−141
Kosmologische Konstante 98−9
Kosmos siehe Universum
Krabbenpulsar 111
Kraft
    elektroschwache 64−5, 67−9,
    76−7, 84, 105
    schwache 48−9, 65−70, 74−5, 77,
    106
    starke 48−9, 64−5, 72, 76−7, 84
Krebsnebel 115, 125

L3 78
Ladung, neutrale 68−9

Lambda 54−5
Landau, Lev 110
Laue, Max von 25
Lavoisier, Antoine Laurent 20
Lawrence, Ernest Orlando 50−1, 56, 62
Leavitt, Henrietta 139
Lederman, Leon 59, 68, 71, 89
Lee, Tsung-Dao (T.D.) 47
Leeuwenhoek, Anton van 12
Lemaître, George 99
Lenard, Philipp 29, 31
LEP 73, 77−83
Lepton 59, 70, 76, 84, 105
Leucippus 93
LHC 87
Licht 23
    Theorien 18−9, 22−3, 30−1
    als Teilchen 36
    als Welle 36
Lichtgeschwindigkeit 19
Lichtjahr 13
Lichttagebuch 109
Lightman, Allan 141
Linde, Andrej 103
Linearteilchenbeschleuniger 62, 87
Lokale Blase 125
Lokale Gruppe 126
Lorentz, Hendrik Anton 29
Lukrez 16, 140

M13 127
M81 123, 138
M100 121
Mach, Ernst 29
MACHO (massive astronomical
    compact halo objects) 132−3
Magnetismus 22−3
Maiani, Luciano 70
Marconi, Guglielmo 22−3, 32
Marsden, Ernest 38
Mather, John 134, 137
Matrizenmechanik 36−7
Mauna-Kea-Observatorium 140
Maxwell, James Clerk 22−3, 29
McMillan, Edwin M. 56
Meer, Simon van der 75
Meitner, Lise 41
Mendelejev, Dimitri Ivanovich 21
Meson 48−9, 53, 55, 61, 63, 72
Michell, John 116
Mikrokosmos 12
Mikrolinsen-Effekt 133
Mikroskop 12
Mikrowellenkarte des Himmels 135−7
Mikrowellen-Spektrum 134−5
Milchstraße 13, 93, 96, 126
Millikan, Robert 29, 43, 53
Molekül 76
Morton-Salzbergwerk 85, 113
Mount-Stromlo-Observatorium 132−3
Myon 52−3, 55, 59, 71, 76−7
Myon-Neutrino 58−9, 76−7

Nagaoka, Hatari 29
NCG 1068 129
NCG 4261 118

Nebelkammer 43, 52, 55
Neddermeyer, Seth 52
Ne'eman, Yuval 60
Neutrino 46−7, 58−9, 70, 75, 105,
    112−3, 130−1
Neutrino-Astronomie 112−3
Neutrinostrahl-Experiment 58−9
Neutron 13, 40−1, 55, 63, 76, 104−5
Neutronenstern 108−11, 115, 125
Newcastle, Margaret Cavendish,
    Herzogin von 17
Newton, Isaac 17−9, 22, 95, 136
NGC 1068 121
NGC 2300 131
Nishijima, Kazuhito 55
November-Revolution 70−1

Objekt Hades 108
Oersted, Hans Kristian 22
Omega 70
Omega Minus 60−1
Oort, Jan 130
OPAL 78
Oppenheimer, Robert 117
Orion 106
Orion-Nebel 123
Ostwald, Wilhelm 29

Paczynski, Bohdan 132
Pancini, Ettore 53
Panofsky, Wolfgang („Pief") 63
Parmenides 15
Pauli, Wolfgang 35−6, 46−7
PC1247+3406 129
Pechblende 26−7
Penrose, Roger 117, 119
Penzias, Arno 100−1
perfekter Abstrahler 30
Periodensystem 21, 35
Perkins, Donald 69
Perl, Martin 71
Phasenübergänge 103−4
Phi 70
Photon 34−5, 66, 77
Piccioni, Oreste 53
Pion 53, 55, 59, 63
Planck, Max 30−1, 41
Planckkonstante 31
planetare Nebel 107
Plejaden 13, 123
Positron 44−5, 80−1
Powell, Cecil Frank 49
Projekt Poltergeist 47
Proton 13, 40−1, 48−9, 55, 62−3, 76,
    104−5
    Zerfall 84
PS 57, 80−1
Ptolemäisches System 92−4
Ptolemäus 93
Pulsar 109−11, 115
Pythagoras 14, 92−3

QCD (Quantenchromodynamik) 72,
    77, 88
QED (Quantenelektrodynamik) 66, 72
Quantenmechanik 35−7, 44

Quantensprung 34−6
Quantentheorie 19, 30−1, 34−5, 66,
    119
Quantentunnelung 39
Quark 13, 60−1, 70−3, 76, 84, 87,
    104−5
    Anordnung in Teilchen 63
    Bottom 76−7
    Charm 70−1, 76−7
    Down 60−1, 70−1, 76−7
    Farbe 61
    Farbkraft 72−3
    Ladung 61
    Strange 60−1, 70−1, 76−7
    Top 76−7
    Up 60−1, 70−1, 76−7
Quasar 128−9

Rabi, Isidor 52
radioaktiver Zerfall 32
Radioaktivität 26−7, 32
Radioastronomie 122−3
Radiogalaxis 129
Radioisotop 41
Radiostern siehe Pulsar
Radium 26−7
Reines, Fred 47
reziprokes Quadrat siehe Gesetz
Rho 70
Richter, Burton 70
Rochester, George 54
Rømer, Ole 19
Röntgen, Wilhelm Konrad 24−6
Röntgenastronomie 122−3
Röntgenstrahlen 24−5
ROSAT 123
Rotation 46−7
roter Riese 107
roter Superriese 106
Rotverschiebung 97, 139
Rubbia Carlo 74−5
Rubin, Vera 130
Ruske, Ernst 37
Rutherford, Ernest 32−5, 38
Rutherfordstreuung 32−3

Sacharow, Andrej 85
Salam, Abdus 67−8, 74
Samios, Nick 61
Sandage, Allan 138−9, 141
Sanduleak −69° 202 109
SAS-2 (Small Astronomy Satellite) 125
Schmidt, Maarten 128
Schrödinger, Erwin 36−7, 45
Schuster, Arthur 44
Schwartz, Melvin 58−9, 68
schwarzer Körper 30, 134−5
schwarzes Loch 108−9, 116−9, 129−30
Schwarzschild, Karl 116
Schwarzschild-Radius 116
Schwinger, Julian 66
Scorpius X-1 123
Segré, Emilio 49
Seyfert, Karl 128
Seyfert-Galaxien 128−9
Shapley, Harlow 96

Shelton, Ian 109
Sieben Schwestern siehe Plejaden
Sigma 54–5
Sitter, Willem de 99
Sklodowska, Maria siehe Curie, Marie
SLAC 62–3
Slipher, Vesto M. 97
Smoot, George 136–7
SN1572 138
SN1987A 109, 112
Soddy, Frederick 33
SPEAR 71
Spektrallinien 34–5
Spektrum
    elektromagnetisches 22–3
    Licht 18
Sphärenmusik 92–3
SPS 75, 78, 80–1
Standardmodell 76–7, 79
Stanford Linear Accelerator Center
    siehe SLAC
Steilchen 85
Steinberger, Jack 58–9, 68
stellare Fusion 108
stochastische Kühlung 75
Stokes, Sir George 23
Stoney, George Johnstone 28
Strange Quark siehe Quark
Superbowl-Ausbruch 125
Supercluster 126–7
Superkühlung 103
Supernova 94, 107, 109–10, 114
    Überbleibsel 115
    Typ I 109, 139
    Typ II 109, 139
Super Proton Synchrotron siehe SPS

Superstrings 88–9
Super-Teilchen 85
SUSY (Supersymmetrie) 85, 88
Symmetrie 46–7, 66–7, 103
Symmetriebruch 67, 84, 105
Synchrophasotron 57
Synchrotron 56–7

Tamm, Igor 115
Tammann, Gustav 138
Tau 59, 71, 76–7
Tau-Neutrino 71, 76–7
Taurus A 111
Taylor, Joseph 111
Taylor, Richard 63
Teilchen
    seltsame 54–5
    subatomare 12–88
    supersymmetrische 131
Teilchenbeschleuniger 38–9, 50–1,
    56–7, 78–83, 86–7
    (siehe auch CERN, DESY, Fermilab,
    SLAC)
Tevatron 87
Thales 14, 22, 92
Thomson, George 37
Thomson, Joseph John (J.J.) 28–9, 32
Thomson, William siehe Kelvin
Ting, Samuel 70–1
Tomonaga, Sin-Itiro 66
Top-Quark siehe Quark
Truth siehe Quark, Top
Tycho Brahe 94–5, 138–9

UA1 75
UA2 75

Uhuru 123
Ultraviolett-Astronomie 122–3
Ulysses 114
Universum 12–3, 92–141
    Alter 97, 138–9
    Ausdehnung 96–7, 99, 104–5,
    138–9
    geschlossenes 102
    gleichbleibendes 100
    Größe 97
    Massendichte 138
    offenes 102
    Struktur 126–7, 131, 134
Untergrundstrahlung 101–2, 134–7
Up-Quark siehe Quark
Uran 26–7
Urknall 13, 85, 98–105, 134, 136, 138, 141

Van-de-Graaf-Generator 50
Vaucouleurs, Gerard de 138
Vereinigung der Kräfte 63
Vieldrahtkammer 83
Vier Elemente 14–7, 20
Villard, Paul 32

Walton, Ernest 39
Wasserstoff 106, 108
Weinberg, Steven 67–8, 74, 141
weißer Zwerg 107, 111
Weisskopf, Victor 46, 99
Weizsäcker, Carl von 106
Wellenlänge 12
Wellenmechanik 36–7
Wheeler, John 117
Wideröe, Rolf 50
Wilson, C.T.R. 43

Wilson, Robert Rathbun 86, 100–1
WIMPS (weakly interacting massive
    particles) 131
W-Teilchen 66–9, 74–5, 77, 79, 105
Wu, Chien-Shiung 47
Wu, Sau-Lan 73
Wulf, Theodor 43

Xi-Teilchen 54–5
X-Teilchen 84

Yang, Chen–Ning (Frank) 47
Yohkoh 122
Young, Thomas 19
Yukawa, Hideki 48–9, 51, 53

Zehnerpotenzen 12–3
Zeit 13, 104–5
Zeldovich, Yakov 137
Z-Teilchen 66–9, 74–5, 77, 79, 81, 83,
    105
Zweig, George 60
Zwei-Jet-Ereignis 72
Zwei-Neutrino-Experiment 68
Zwicky, Fritz 108–9, 130
Zyklotron 50–1

PICTURE ACKNOWLEDGEMENTS
AIP Niels Bohr Laboratory 108, /Dorothy Crawford Collection 130, /Dorothy Davis Locanthi 99, /Harvey Pasadena 61 top, /Physics Today Collection 101, 107 top; Bettmann /UPI 52, 65, 67 top; Bridgeman Art Library /Gavin Graham Gallery, London 14–15; Brookhaven National Laboratory 58, 61 bottom, 70 left, 85 top, 113 bottom; University of Cambridge Cavendish Laboratory 39; CERN 57 top, 59 top, 63 left, 69, 73 top and bottom, 74, 75 top and bottom, 78, 79, 82, 83 top and bottom; Jean-Loup Charmet 22, 28, 92, 95 top; ESA 114; Mary Evans Picture Library 16, 17 top, 46 top; Fermilab Visual Media Services 86; Harvard–Smithsonian Center for Astrophysics 126 top; Harvard University /Joe Wrinn 126 bottom; Hulton Deutsch Collection 19 top right, 20 top, 25, 37 top, 49, 96; Interfoto /Archiv 30 bottom, /Karger-Decker 36 bottom; Joint Institute for Nuclear Research /Yu. Tumanov 115 top; Lawrence Berkeley Laboratory 136 bottom left; Los Alamos National Laboratory 47 top, 113 top; MIT /Donna Coveney 102; Roger M. Macklis 26; Manchester City Council 20 bottom; Mount Stromlo and Siding Spring Observatories 132; NASA 97 bottom, 112, 118, 120, 121 top, centre right and bottom left, 122–23, 124, 127 top and bottom, 128–29, 131 top, 133 top, 134, 138 bottom left; Reed International Books Ltd /Michael J.H. Taylor 53 top; Roger Ressmeyer, Starlight 100; Rex Features /Sipa 85 bottom; Ann Ronan/Image Select 18 bottom, 21 top, 23, 24 bottom, 29 bottom, 94, 95 bottom; Rutherford Appleton Laboratory 131 bottom; The Science Museum 17 bottom, 21 bottom, 31 bottom, 37 bottom; Science Photo Library 8–9, 24 top, 27 top, 34 bottom, 48 top, 93 bottom, /CERN 68, 141, /Fred Espenak 93 top, /Hale Observatories 97 top, /David Hardy 117, /Anthony Howarth 119 bottom left,

/Mehau Kulyk 135 top, /Lawrence Berkeley Laboratory 51, 54, 55, /Dr Jean Lorre 8, 128 left, /NASA 122 bottom left, 123 bottom right, 125 top and bottom, 135 bottom, 136–37, /National Library of Medicine 15 top right, /NOAO 107 bottom, 109, /Novosti 56–57, /NRAO, AUI 129 top, /David Parker 71 bottom, 84, /Max Planck Institut für Physik und Astrophysik 138–39, /Roger Ressmeyer, Starlight 90–91, 140, /J.C. Revy 27 bottom, /John Sanford 106, /Robin Scagell 111 right, /Dr Rudolf Schild 115 bottom, /Science Source 66, /Smithsonian Institution 111 left, /U.S. Army 41; Stanford Linear Accelerator Center 44, 62; Sygma /Abe Frajndlich 119 bottom right; Topham Picture Library 33; Pedro Waloschek 87; Andy Warhol Foundation 45 left and right.

Every effort has been made by the publishers to credit organizations and individuals with regard to the supply of photographs and illustrations. The publishers apologize for any omissions which will be corrected in future editions.

ARTWORK
Julian Baum 12–13, 34–5, 42–3, 76–7 right-hand rows, 80–81 top, middle and bottom, 89, 98–9, 104–5, 110

Keith Williams 14, 19, 22–3, 29, 30, 31, 32 top and bottom, 36, 38, 40, 46–7, 48, 50, 53, 55, 56, 58–9, 60, 63, 64, 67, 69, 70–71, 72, 76 left two rows, 77 top, 88, 97, 102, 103, 116, 119